# 中国野菜野果的识别与利用
# 野果卷

林 祁　林 云　赵 阳 主编

河南科学技术出版社
·郑州·

## 内容提要

《中国野菜野果的识别与利用》（野菜卷·野果卷）涉及 10 000 余种可食用野菜、野果，对其中常见的 1 000 余种重点进行了图解说明和文字描述。

本书为野果卷，概述部分介绍了野菜野果的含义、野菜野果的特点、野菜野果采食的注意事项、野菜野果形态识别的名词与术语（野果卷用）、野菜野果的分类、野菜野果资源的利用、野菜野果的食用方法等内容。野果类群部分重点介绍了 449 种野果，包括它们的中文名、拉丁学名、识别要点、分布与生境、食用部位与食用方法、食疗保健与药用功能、注意事项等内容，并通过相关科、属类群果实及其他形态识别要点的介绍，能举一反三地识别野果植物 2 500 余种。对每种重点介绍的野果配有原植物采摘季节的形态彩色照片，或形态线描图，或植物标本照片，以便于普通大众野外识别与采摘。

本书内容丰富，语言通俗易懂，图文并茂，不仅可作为部队人员、户外爱好者、大中专院校学生野外生存训练的教材，还可作为农副产品开发利用、增加农民收入、丰富农业结构多样性的参考书，亦适合于野菜野果爱好者、野菜野果开发部门、医药保健、食品烹饪、宾馆饭店、植物教学及科研人员阅读收藏。

**图书在版编目（CIP）数据**

中国野菜野果的识别与利用·野果卷 / 林祁，林云，赵阳主编 .—郑州：河南科学技术出版社，2017.1

ISBN 978-7-5349-8164-7

Ⅰ. ①中… Ⅱ. ①林… ②林… ③赵… Ⅲ. ①野生植物 – 中国 – 图解 ②野果 – 中国 – 图解 Ⅳ. ① Q949-64

中国版本图书馆 CIP 数据核字 (2016) 第 141745 号

出版发行：河南科学技术出版社
地址：郑州市经五路 66 号　　邮编：450002
电话：（0371）65737028　　65788631
网址：www.hnstp.cn
策划编辑：周本庆　杨秀芳
责任编辑：杨秀芳　申卫娟
责任校对：司丽艳
封面设计：张　伟
版式设计：张　伟
责任印制：朱　飞
印　　刷：河南省瑞光印务股份有限公司
经　　销：全国新华书店
幅面尺寸：210mm × 297mm　　印张：20.75　　字数：560 千字
版　　次：2017 年 1 月第 1 版　　2017 年 1 月第 1 次印刷
印　　数：1–10 000
定　　价：298.00 元

# 本书编写人员名单


**主　编**　林　祁　林　云　赵　阳

**编　者**（按姓氏拼音排序）

安明态　毕海燕　陈玉秀　段林东　李　林

李明红　林　祁　林　云　罗　翀　吴　轩

杨志荣　尤立辉　于　勇　喻勋林　张贵平

赵　阳　赵运林　郑慧芝　周晓艳

# 图片提供者

名词与术语形态图

仿《中国高等植物图鉴》（中国科学院植物研究所，1972）

植物形态线描图

仿《中国高等植物》（傅立国，陈潭清，郎楷永，洪涛，林祁，李勇，1999-2009）

植物标本照片

国家标本资源共享平台项目

彩色照片

安明态　陈炳华　段林东　付　英　黄宏全　李明红　李晓娟
林　祁　林秦文　林　云　刘　冰　刘　晓　税玉民　王亮生
汪　远　吴　轩　向　东　徐晔春　严令斌　杨　文　杨成华
叶建飞　于胜祥　喻勋林　赵运林　赵　阳　张代贵　张志翔
周海成　褚建民

感谢中国植物图像库（www.plantphoto.cn）提供彩色照片代理授权

# 前　言

早在近3 000年前的春秋时期就记载了："采采芣苢，薄言采之。采采芣苢，薄言有之。采采芣苢，薄言掇之。采采芣苢，薄言捋之。采采芣苢，薄言袺之。采采芣苢，薄言襭之。"，表现了古人采摘野生车前草的快乐。"于以采蘩，于沼于沚"，则是采摘生长在水边沙洲的白蒿。还有"于以采蘋？南涧之滨；于以采藻？于彼行潦。"蘋和藻都是可食用的野生水草。在《诗经》中，还有许多歌颂当时野菜野果（野生或人工栽培暂且不论）的诗句："桃之夭夭，灼灼其华……桃之夭夭，有蕡其实……桃之夭夭，其叶蓁蓁。""摽有梅，其实七兮。""何彼襛矣？唐棣之华。""于嗟鸠兮，无食桑葚"等，这些诗句成了我们现代人了解那个时代社会生活状态的重要参考资料。

其实，我们的祖先利用野菜野果的历史远早于春秋时期。在4 500多年前的盘古之初，神农氏就尝遍百草，利用野生植物过活，其传说生动地记载了我们祖先认识并利用野菜野果的过程。人类起初主要以采集和狩猎为生，正是大自然无私恩赐的野菜野果和猎物使我们的祖先得以繁衍和生息。可以说，野菜野果是我们的祖先赖以生存的重要食物来源之一。最初，我们的祖先不会选择和甄别可食用的野菜野果，腹中饥饿时，什么野生植物都吃，因为误食了有毒植物而导致中毒甚至死亡的事情时有发生。神农氏看到这种现象十分痛心，他决定自己尝百草、定药性，为大家选择可食用的野生植物，同时用中草药为人们消灾祛病。神农氏亲自品尝各种各样的植物，从根、茎、叶到花、果实、种子，酸、甜、苦、辣、咸均有，发现了16 000多种可以食用植物。我们的祖先又从中选出一些来进行栽培种植，有食茎叶的，有食果实的，从那时开始，人类才逐步进入农耕社会。

中国古代历史上，每到社会安定、生活富裕的阶段，都会将食用野菜野果作为一种时尚。唐代贺知章有诗云："镜湖莼菜乱如丝，乡曲近来佳此味。"宋代宋之问亦有诗云："家住嵩山下，好采旧山薇。"这里的莼菜、薇都是野菜的名字。可见那时这些野菜野果就已经摆上了人们的餐桌，成为人们的佐餐佳肴。对于那些诗人、士大夫们而言，吃这些野菜野果绝不是为了充饥，而是为了饱口福。

及至明代，一个无意于争夺皇位的皇子朱橚，在自己的菜园中广植百草，口尝滋味，历经数年写成了世界上最早的研究救荒食用植物的专著——《救荒本草》。全书记载植物414种，每种都配有精美的木刻插图、形态与生长环境的描述，以及加工处理与烹调方法等。

并非只有我国百姓对野菜野果情有独钟，国外亦然。纵览全球，在任何一个有人类居住的地方，食用野菜野果的记录都出现在众多的历史文献中。直至今日，在世界的许多地方，如非洲一些贫困部落，野菜野果仍然是主要的食物来源之一。野菜野果在食品和营养安全方面发挥着显著作用，而且一些野菜野果甚至比种植的蔬菜和水果有更好的营养价值、食疗价值或保健功能。

随着社会现代化进程的加快，人们生活水平的提高和保健意识的增强，人们对环境健康、食品安全、绿色消费、返璞归真、野外生存技能等越来越关注，正在形成当今社会一个全新的生活生存理念。人们对野菜野果的接触和关注产生了浓厚的兴趣，野菜野果的食用价值和地位不断上升，野菜野果在许多地方早已进入农贸市场和超市，而且种类在逐步增多，它们不但在许多宾馆、饭店、酒楼、度假村、乡村农家乐中作为特种风味上了餐桌，登上了大雅之堂，还作为保健食品，而深受青睐，同时也成为我国重要出口商品之一。野菜野果及其衍生产品的识别与利用方法已成为各阶层人士均不可或缺的科普知识。

野菜野果营养丰富，具有独特风味，无农药污染，食用安全，是重要的可食性植物资源。野菜野果可以在人们的营养中发挥显著作用，特别是作为碳水化合物的来源，并提供丰富的蛋白质、维生素、各种矿物质和膳食纤维，还有巨大的保健与药用潜力。据估计，通过食用它们可提供人体需要的91％的维生素C、48％的维生素A、30％的叶酸、27％的维生素$B_6$、17％的硫胺素和15％的烟酸。同时，这些野菜野果还可提供16％的镁、19％的铁和9％的热量。在我国农村和城镇郊外，野菜野果种类多、产量大、再生能力强，而且大多数有较高的营养价值、医药功效和保健功能。指导人们如何很好地利用我们身边宝贵的野生植物资源，是当前我们植物学工作者的重要任务之一。

在我国，近年有越来越多的人热衷于走出家门，参与登山、徒步穿越、攀岩等户外探险活动。但是，由于发展过于迅猛，相应的野外生存知识普及有限，探险者时有意外发生，如果能够正确认识可食用的野菜野果，就可以大大提高遇险者的生存概率。一些大专院校和中学，除了开展传统的军训以外，还意识到有必要让学生进行野外生存训练，使其掌握在野外识别可食用野菜野果的能力。但大多数人对野菜野果的种类、形态、采集时间、加工方法和医药价值缺乏全面的了解，尤其是部分野菜野果含有有毒成分，若误食或多食，不仅危害人体健康，甚至危及生命。还有不法之人，以假乱真、以伪充真，兜售假品、伪品，甚至是毒品植物，牟取不义之财。因此，我们有必要掌握一些植物学知识，才能准确识别辨认可食用的野菜野果，从而做到科学、安全及放心地食用。

本书编写组主要成员曾被中国航天员科研训练中心聘请，承担我国航天员的“野外常见植物识别”课程讲授。对野菜野果的识别，一直以来都是作为植物学科中基础的分类学工作内容，不被重视，而今已然成为中国航天员海量学习的内容之一。我们何不对前期航天员培训的教案讲义做进一步的补充与整理，编写成一套内容丰富、语言通俗易懂、图文并茂而实用的科普书，以提高普通公众野外生存技能、开发利用可食用野菜野果而服务于“三农”、丰富人们的“菜篮子”和植物学知识呢？本着普及植物分类学科技知识、倡导科学方法、宣传科学思想、弘扬科学精神的宗旨，以提高国民科学文化素质为目的，我们着手编写此书，并希望能将此书尽早呈现给读者。

正是基于此目的，我们在此基础上补充和丰富了大量内容，涉及10 000余种可食用野菜野果，重点对其中常见的1 000余种野菜野果进行高清彩色照片、标本扫描照片和形态线描图图解说明，以及形态识别要点描述，并对它们的地理分布与生态环境、采集食用部位与食用方法、食疗保健与药用功能（含药性中的四气、五味、归经等内容）、注意事项等做详细介绍，还对与野菜野果形态相似的有毒植物、不可食用植物或伪品植物的形态特征做比对鉴定区分。例如：介绍根类可食用植物何首乌时，附带介绍对假何首乌的识别；介绍茎类可食用植物天麻时，附带介绍对假天麻的识别；介绍叶类可食用植物野水芹（水芹）时，比对介绍形态相似而不可食用的有毒植物毒芹（水毒芹）；介绍可食用野果八角时，比对介绍莽草等同属的有毒植物或不可食用植物；介绍可食用野果壳斗科植物的坚果时，附带介绍街头行骗假药补肾果（又称龟头果，实为壳斗科植物烟斗柯）；介绍常用于火锅的调味香料草果时，比对介绍不法之人在火锅中使用的毒品植物罂粟及其鉴别特征；还有误食有毒植物后的简易常规救治或解毒知识，等等。因此，本书是将植物分类学知识科普化，并运用到人们日常生活的可食用野生植物资源的开发与利用中。

编　者

2015年1月

# 目 录

## 第一部分 概述



## 第二部分 野果类群

# 第一部分

# 概　述

# 一、野菜野果的含义

在本书中，野菜野果是指那些整体或部分可制成菜肴或食品的非人工栽种的（野生的）可供人们食用的植物，为“狭义”的野菜野果。如果食用部位是植物的根（如葛根、人参、麦冬等）、茎（如鱼腥草、竹笋、土茯苓等）、叶（如香椿、紫苏、蒲公英等）、花（如木棉花、桂花、槐花等），或嫩苗嫩株（如地肤、灰灰菜、荠菜等），或叶状体（如紫菜等）、带状体（如海带等）、枝状体（如鹿角菜等）、片状体（如石耳等）、子实体（如蘑菇等）等，则称之为野菜；如果食用部位是植物的果实（如桑葚、悬钩子、毛樱桃等）或种子（如松子、香榧子、梧桐子等），则称之为野果。栽培植物（如蔬菜、水果、农作物等）和外来植物不在本书介绍范围之内，除非它们原本就有大量野生或已经逸为野生。“广义”的野菜还包括可食用的野生动物，亦不在本书的介绍范畴。

# 二、野菜野果的特点

1. 种类多、分布广　我国人民历来有采食野菜野果的习惯，在长期的实践中，发现并食用的野菜野果多达数千种，常见的也有近千种。它们分属于植物的不同科或属，类型广泛，形态各异，风味有别。有些作为大众果菜食用，有些为高档山珍，只有在国宴、家宴、药膳席上才能见到。

野菜野果在我国的分布范围很广，从东南到西北，从平原到山区，从沿海到内陆沙漠，无论是陆地或是水塘溪沟边，还是近到房前屋后，远至深山幽谷、茫茫草原、旷野荒地、浅海礁岩、河畔湖荡，凡是有植被的地方或是有适宜生长的自然环境，均有野菜野果存在。

每种野菜野果都有自己的生态习性和分布范围，不同地区有其特定的种类。在平原区，主要有蒲公英、车前草、马齿苋、荠菜、地肤、灰灰菜等。由于平原地区农业发达，土壤利用率高，荒地较少，野菜野果的种类数量少于山地丘陵区。在山地丘陵区，主要有蕨菜、薄荷、地榆、野大豆、枸杞、玉竹、悬钩子、竹笋等，以及大量浆果类、核果类、坚果类植物。山地丘陵区野菜野果种类与平原区、低平海岸区相比，多年生植物最多，食药兼用性强。在低平海岸区，由于其地貌单一，土壤盐渍化程度较高，野菜野果种类最少，主要有盐地碱蓬、猪毛菜、三棱草等。

2. 天然无公害　野菜野果多自然生长在山野丛林、灌丛、草原、溪岸边，它们采集天地之灵气，汲取日月之精华，是大自然给予人类的礼物，特别是森林、大草原中的野菜野果受大气污染和化肥、农药等人为污染少，为天然的有机食品、真正的绿色食品，倍受人们的崇尚，亦是人类与自然相互关爱的见证。即使偶有人工栽培，由于长期自然选择的结果，野菜野果的生命力极强，生长旺盛，病虫害很少或根本没有，不用农药、化肥。

3. 营养丰富、价值高　野菜野果生长在自然状态下，其营养成分大多高于栽培的蔬菜水果，除含水分、蛋白质、脂肪、糖类、粗纤维外，往往还含有大量维生素、无机盐、微量元素、人类必需的氨基酸，以及另外一些特殊成分，有的营养价值高出几倍、十几倍，甚至几十倍。例如：每 100 g 鲜重中，猪毛菜维生素 $B_2$ 的含量高达 1.16 mg，堇菜、地榆、桔梗等维生素 C 的含量高于 200 mg，蒌蒿中钙的含量高达 730 mg，紫苏中铁的含量高达 23 mg。又如紫苜蓿中所含某些氨基酸的量比农作物稻米、小麦都高。另外，有些野菜野果中还含有一般蔬菜水果中所没有的维生素 D、维生素 E、维生素 $B_6$、维生素 $B_{12}$、维生素 K 等。如玫瑰果实富含维生素 C、葡萄糖、果糖、蔗糖、苹果酸、胡萝卜素等；又如薏苡果实含碳水化合物 52%~80%、蛋白质 13%~17%、脂肪 4%~7%，油以不饱和脂肪酸为主，亚麻油酸占 34%，并有薏仁酯；再如胡桃（核桃）富含优质脂肪、蛋白质、碳水化合物，以及磷、钙、铁、钾、镁、硒、维生素 A、维生素 $B_1$、维生素 $B_2$、维生素 E、肌醇、咖啡酸、亚油酸、核黄酸等。据估计，通过食用野菜野果可提供人体需要的 91%的维生素 C、48%的维生素 A、30%的叶酸、27%的维生素 $B_6$、17%的硫胺素、15%的烟酸和 9%的热量。野菜野果中含有的各种无机盐，其中特别有益的元素有钙、磷、镁、钾、钠、铁、锌、铜、锰等，这些元素在野菜野果中含量的比例基本一致，正好符合人体需要的比例。

因此，采食野菜野果不至于因某种元素过量而影响人体代谢，而从野菜野果中得到的维生素和无机盐，大都有益于人体生长和身体健康，尤其对缺乏野菜野果的地方更有食用意义和营养价值。

4. 食疗保健与药用效果好　几乎所有的野菜野果都可以入药或有食疗保健功能，我国民间就有很多用野菜野果治疗常见病的配方。如马齿苋用于治疗痢疾；蒲公英用于抗菌消炎、清热解毒；荆芥用于止咳、治感冒；小蓟用于开胃、行气、化食；紫苏治疗慢性气管炎、肝炎；荨麻治疗肾病；发菜用于止血等。近代医学研究表明，有些野菜野果中的特殊成分具有很高的医疗价值，如食用菌类用于防治高血压、癌症，并可用于减肥；蒲公英、松茸等用于防治癌症及心血管病等。因此，野菜野果的保健品开发已经为医学界所重视。

由于野菜野果有丰富、特殊的营养成分，亦菜亦药，人们多食野菜野果除了可以补充特殊营养，还有利于防病、治病、强身、健体、调节人体免疫功能、增强防病能力等。正因为许多野菜野果既可食用又可入药，还对于一些疾病具有一定的治疗功效，因此，野菜野果是药食同源的天然保健品。

5. 风味独特、吃法多样　由于野菜野果的生长环境不同于栽培植物，所以食用起来常给人以“野味”之感，其风味独特，能满足人们的猎奇心理。还由于野菜野果种类多，吃法多样，可鲜食、凉拌、炒食、做馅，亦可熘、烩、煮、蒸，还可做汤、做汁、做酱，也能腌制、罐制、干制而用于较长时期保存和食用，使人们的餐桌更丰富多样。特别是一些名贵山珍野菜野果，其菜谱就有数十种之多，在一些旅游景点的餐桌上，或菜档、果档上，各种野菜野果深受游客欢迎。目前，世界上许多地方开始兴起“野菜野果”热，出现一些“野菜餐馆”，将野菜精心烹饪，做成味美可口的佳肴、食品，使顾客盈门，生意兴隆。

6. 独特的商品价值　采集山珍野菜野果方法简单，成本低廉，但其经济效益却很可观。由于野菜野果需求量大，货源紧缺，因此价格不断上扬，特别是一些特殊种类和名贵山珍，如发菜、薇菜、松茸、香榧子、越橘、茶藨子、麦冬、党参、石斛等。因此，加强这些野菜野果的开发利用，可获得较高的经济效益，不失为增加农民收入和丰富农业结构多样性的一条好途径。

## 三、野菜野果采食的注意事项

我国野菜野果资源丰富，特点明显，大多数种类有良好的食疗保健作用，对人充满了诱惑力，许多人跃跃欲试，到荒郊野外、崇山峻岭之中去采集。有些野菜野果生长在陡峭的山坡或山崖上，或生长在河流湖泊旁，采集时一定要注意人身安全，有危险的地方不要涉足，注意防止毒虫蛇蝎叮咬，应携带必要的药品应急备用。在无人居住的森林、草甸或荒漠中采集野菜野果时最好结伴而行，可随身携带指南针或卫星导航仪，以防迷失方向，同时也要避免遭受野兽的伤害。

有的人由于缺少相关知识，往往选错地方、采错物种或食用不当，甚至出现食物中毒等问题。所以采集、食用野菜野果时，还必须注意以下事项：

1. 提高识别能力　我国地域辽阔，植物种类丰富。有不少野菜野果的外形特征非常相似，但却是两种完全不同的植物，一种可能有剧毒，不能食用，而另一种无毒可食。没有专业知识，不会仔细辨识，就区别不清。而且，同一种野菜野果在不同地方会有不同的俗名或地方名，不同种类的野菜野果又往往有同一个俗名，若仅凭听说的俗名去采集，也很容易采错。在野菜野果采集过程中，不认识的野菜野果或拿不准的野菜野果不要随意采集或品尝，特别是不认识的蘑菇类更不要吃，以免引起食物中毒。野菜野果的采集部位也很重要，有些部位不能食用，如商陆的嫩茎叶可以食用，但根有毒不可食用。玉竹的嫩茎叶和根状茎可以食用，而果实有毒不可食用。最安全的办法是采来野菜野果以后，先请林业、农业部门的蔬菜水果专业技术人员、学校生物教师或有食用经验的老人识别，确认无误后方可食用。这是关系身体健康与生命安全的大事，千万马虎不得。

若一时找不到有经验的人员识别所采植物是否有毒，也可用一些简易方法判断它们是否有毒性。一般情况下，有涩味则表示有单宁、鞣酸等盐类，有苦味则表示含生物碱、配糖体、苷类、萜类等成分，不可直接食用。民间常将煮后的野菜野果汤水加入浓茶，观察汤水是否沉淀，若产生大量沉淀，则表示其中含有金属盐或生物碱，不可食用；也可将煮过的汤水振摇，观察是否产生大量泡沫，若产生大量泡沫，则表示其内含有皂苷类物质，不可食用。当然，用动物做试验，用野菜野果喂养动物，观察动物有无反应，动物如不正常，则说明有毒性，不可食用。

若遇到野外生存或荒野求生问题而需要采摘野菜野果时，一般来说，为了找寻和检验可食用野菜野果，可先观察老鼠、松鼠、兔子、猴子、熊等哺乳动物吃过的植物，或鸟类食用的果实或种子，这些野菜野果一般可以食用。也可先摘下植物的一部分，将其放在手腕或手背上来回揉搓，等候 15 min 左右，观察皮肤（带汗毛的皮肤）反应；若皮肤没有痒、痛、红肿等不良反应，则将植物的一小部分放于嘴唇外沿，观察有何反应；若嘴唇没有不良反应，则放一小片植物于口中，用舌头舔尝，静候 15 min 左右；若舌头没有不良反应，则将其充分咀嚼，但不吞咽，再等 15 min 以观察有何反应；若口腔内没有不良反应，则吞咽一小块；若吞食后，过段时辰或 8 ～ 12 h 后仍没有不良反应，就可确定这种植物可以食用；若大量食用后，半天内无不良反应发生，就不会有问题。一旦皮肤、嘴唇、舌头、口腔有过敏反应或疼痛感，则立即中止检验，并用清水洗或漱口；若吞食后有不良反应，则大量饮水，用手指压舌根，催吐，并反复进行，直到将所食植物全部呕吐出。

2. 选择采集地点　野菜野果生长在野外环境中，一般来说受污染少，符合绿色食品、有机食品条件，可以放心采集、食用。但是，有些野菜野果既能在森林、草原、湖泊等无人为因素影响的环境中生长，也能在田野、路旁、村庄甚至城市中生长。而且，有些野菜野果如桑树林、果木林本身就分布在村庄、城市、工厂附近。所以，采集野菜野果必须懂得选择适宜的地点。工厂附近有废气、污水、烟尘污染，公路两边有汽车尾气污染，医院周围有病菌污染，垃圾场周围受污水、细菌污染，喷施农药不久的林地和园地受农药污染，采集野菜野果不能选择这些地方，应该到没有工厂、医院、垃圾场，不施农药，离开公路的地方去采集，受污染的野菜野果不要采集。

一方水土，一方植物。除了广泛分布的桑、构树、栎树、榆树、藜、地肤、悬钩子、蔊菜、荠菜、碎米荠、诸葛菜、香椿、马齿苋、水芹、枸杞、紫苏、蒲公英、苣荬菜、苦苣菜、莲、竹子等植物外，许多野菜野果都有自己的地理分布区域或生长在一定的生态环境中。如红松、辽东楤木、东北羊角芹、白芷、轮叶党参、轮叶沙参、东北百合等植物主产东北地区或为东北地区特有，葛仙米、发菜、欧荨麻、胡杨、糖芥、沙芥、白梨、楸子、野豌豆、沙棘、宁夏枸杞、猪毛菜、蒙古韭等植物主产西北地区，莲、莼菜、荇菜、芦苇、南荻、野慈姑、香蒲等植物生于池塘、沼泽、河溪、湖泊、江河岸边及低湿地，棕榈科植物生长在热带、亚热带地区，五味子科植物生长在丘陵山地，壳斗科植物生长在阔叶林中，等等。了解或熟悉植物的地理分布区和生长环境，对于专类或专项野菜野果的采集十分必要。

3. *熟悉采集时间* 野菜野果的采集季节性很强，每种野菜野果及其食用的部位，都有一个最佳采集期或食用期。农谚“当季是菜，过季是草”，讲的就是这一道理。一般来说，食用嫩茎叶部位的野菜，应在幼苗出土不久或在新叶萌生、茎叶嫩绿的春季采集。食用花的野菜，要在花朵欲开未开或刚张开时的春季、夏季采集。食用野果，多在果实成熟的秋季采集，少数在果实未熟时采集。食用根（块根）或茎（块茎、鳞茎、根状茎等）的野菜，当在秋、冬季采集。例如：榆钱在北方通常 4 月上旬嫩绿时采摘食用，中旬变白色成熟老化而不适宜食用；楤木以未展叶嫩芽为食，叶片展开、刺硬化后口感粗糙、坚硬，不能食；刺槐花应在未开放前采收，过早或过迟都会影响其产量和风味；野慈姑以地上部分枯黄后开始采收为宜，如早收减产而不耐收藏。应在实践中根据野菜野果的种类、特性、生长情况、气候条件等综合因素加以考虑，才能确切地决定适当的野菜野果采摘季节。

总之，适时采集，品质最好，价值最高。采集的野菜野果要当日食用或加工处理，不宜久存，存放过久会使野菜野果老化变质，品质下降、营养流失、味道变差，而且不适口成分、有毒成分会增多。俗语称“春吃叶、夏吃花、秋吃果、冬吃根（含地下茎）”，适时采集适当部位，适时进食，是顺应自然的养生方法。

4. *懂得食用方法* 野菜野果虽然好吃，但不是人人可吃。由于各人体质不同，你吃了平安无事的野菜野果，别人吃了却不舒服。如一些野菜野果味苦性凉，有清热解毒之功效，但它不适合阳虚畏寒者，即使是正常人，过量食用也会损伤脾胃；有些野菜野果含有单宁等成分，口味苦涩，要经过一定处理后才可食用；有些野菜野果还含有生物碱、苷类等毒性物质，要经过蒸煮、晒干或反复换清水漂洗等加工处理后才可食用；有的人是过敏体质，食用或接触某些物质后容易产生过敏，食用后出现周身发痒、水肿、皮疹或皮下出血等过敏或中毒症状，此时应该停止食用，并到医院治疗，以免引起肝、肾功能的损害，影响身体健康。不懂得食用方法，采后乱吃或过量食用，很容易产生不良反应，甚至中毒，对此要充分注意。

本书对每种野菜野果尽可能地介绍多种食用方法（详见本部分野菜野果的食用方法）。为避免发生意外事故，本书在一些种类介绍中列出了注意事项，对与野菜野果形态相似的有毒植物、不可食用植物或伪品植物的形态特征做比对鉴别区分。例如：介绍根类可食用植物何首乌时，附带介绍假何首乌的识别特点；介绍茎类可食用植物天麻时，附带介绍假天麻的识别特点；介绍叶类可食用植物野水芹（水芹）时，比对介绍形态相似而不可食用的有毒植物毒芹（水毒芹）；介绍可食用野果八角（大料）时，比对介绍莽草等同属的有毒植物或不可食用植物；介绍可食用野果壳斗科植物的坚果时，附带介绍街头行骗假药补肾果（又称龟头果，实为壳斗科植物烟斗柯）。

5. *误食有毒植物的救治* 在众多的野菜野果中，绝大多数无毒，只有少部分野菜野果有小毒、微毒或口味不佳，对它们必须经过处理方可食用。通常是用开水烫煮后，再放入凉水中浸泡一段时间，然后用清水反复冲洗之后基本可以去除毒素，安全食用。

一旦误食了有毒的野菜野果，出现发痒、皮疹、水肿、腹泻、腹痛、胃部不适、头痛、头晕、恶心、无力等中毒症状，应立即停止食用。症状初期或中毒轻微者，可用如下处理方法：①催吐洗胃法：用清水洗及漱口，并大量饮水，用手指压舌根，进行催吐，并反复进行，直到将所食植物全部从胃部呕吐出。②腹泻法：可用泻剂，如硫酸镁和硫酸钠，用量 15~30 g，加水 200 mL，口服，使患者将有毒物质排泄出去，也可喝浓茶促进排泄解毒。③解毒处理法：在上述急救处理后，还应及时对症治疗，可服用通用解毒剂（活性炭 4 份、氧化镁 2 份、鞣酸 2 份、水 100 份）。④其他方法：在民间也有用吃生鸡蛋、喝牛奶、喝萝卜汁、喝大蒜汁的方法解毒，其目的主要是吸附或中和肠胃中的生物碱、苷类、重金属、酸性等有毒物质。若症状还不能缓解，甚至出现呼吸困难、心力衰竭、意识障碍等重症症状，则应及时送往医院进行抢救，并带上所食植物样品，以利于医生诊断、施救、用药，避免贻误治疗时机。

引起中毒的原因是野菜野果中含有不同的有毒物质，如生物碱、苷类、毒蛋白等，其中毒症状主要有：①生物碱中毒，主要反应为口渴、喊叫、兴奋、瞳孔放大等。②吗啡类中毒，主要反应为呕吐、头痛、瞳孔缩小、昏睡、呼吸困难等。③乌头碱类中毒，主要反应为恶心、疲乏、口舌发麻、呼吸困难、面色苍白、脉搏不规则等。④苷类中毒，如氰苷中毒可出现眩晕、走路摇晃、麻木、瞳孔散大、流涎、鼻黏膜红紫、肌肉痉挛等症状。强心苷类中毒，主要反应为上吐下泻、腹部剧烈疼痛、皮肤冰冷、出汗、脉搏不规律、瞳孔散大、昏迷等。皂苷类中毒，主要反应为腹部肿胀、呕吐、尿血、剧烈腹痛、痉挛、呼吸中枢障碍等。⑤毒蛋白中毒，主要反应为呕吐、恶心、腹痛、腹泻、呼吸困难，出现发绀、尿少等。

6. 采集技术与工具　地下根茎类野菜的采收用锹或锄挖刨，也有用犁翻出根茎。总之，挖得要深，否则会伤及地下根茎，如山药、竹笋、魔芋等。除根茎类和一年生野菜外，多数野菜野果的采摘不需要使用工具，通常以手触摸感觉识别老嫩后进行采摘。以嫩茎叶食用的野菜，如歪头菜从弯曲处掐断，楤木芽从嫩芽基部掰断；全菜类的野菜，如碎米荠、诸葛菜等，从基部向上寻找其容易折断处采摘；以嫩叶食用的野菜，如苎麻、东风菜、蘘荷等，以叶柄能掐断为标准；以花食用的野菜，如木棉花、刺槐花、野黄花菜等，在含苞待放时采摘；以幼嫩叶柄食用的野菜，如蕨菜等，自下而上从容易折断处采摘，避免断面接触土壤，防止汁液流出而老化；对生长在悬崖高处或高大树上的野菜野果，采摘时可备长竹竿、高枝剪，并用塑料布铺于地面或人工离地拉开，接从高处落下的野菜野果，以避免摔坏；有的野菜野果其植物体上有针刺，如人工采摘悬钩子属植物，如楤木、皂荚等植物时可能被扎伤或刺伤，采摘荨麻类植物时可能被其茎叶上的螫毛蜇伤皮肤引起皮疹，采摘它们时应注意防护，可戴手套或用工具采摘。

采摘野菜野果的常用工具有镰刀、剪刀、手枝剪、高枝剪、铁铲、锹、锄头等，视需要采摘的植物种类或器官、部位而定。盛装野菜野果的工具，可用竹、木编制的篮、筐、篓，在底下铺一层青草，装满采摘到的野菜野果后，上面再盖一层青草。这样既可防止日晒，又通风透气，野菜野果不易失水老化、萎蔫、变质。若用塑料袋盛装，则容易发热而焐菜焐果，影响野菜野果的质量。

不同种类的野菜野果尽量不要混在一起，要将同一种类的野菜野果及时归拢，及时扎把。不宜扎把的野菜野果可用纸卷在一起或用纸袋装起，及时入筐。

为保证野菜野果的质量，要选择长势好，植株粗壮、鲜嫩、无病害的野菜野果采集，特别是加工出口的野菜野果应严格按照外贸出口的规格采集，过大或过小都会影响其品质及商品价值。

7. 重视保护资源与环境　采集野菜野果时要注意保护野生资源，掌握采大留小、采梢留根、采多留少（生长数量多的地方多采，生长数量少的地方少采）的原则，不要折断或毁坏树木，不要过度采集野菜野果，禁止毁灭性采集，以利于保护资源的可再生性，达到永续利用之目的。采集食根野菜，采集后将土回填，使其能够再生。不采集国家保护的植物种类和珍稀濒危种类，以免违法犯罪。保护生态环境是我们每个公民的责任。

8. 野菜野果不能代替蔬菜、水果、粮食　在青睐野菜野果的同时，专家也提醒人们要有正确的“野菜野果观”。现代人们生活水平提高了，厌倦家常菜，偶尔吃吃野菜野果、尝尝新鲜、换换口味也无可厚非，但野菜野果不能替代蔬菜、水果、粮食。事实上人们现在所吃的蔬菜、水果、粮食，绝大多数都是野菜野果经过长期的人工选择、栽培、驯化，以及在此基础上刻意培育出来的，营养成分有科学指标，口味适宜，不适宜成分和毒性大大减少。从饮食习惯看，人类是以栽培的蔬菜、水果、粮食为主，从食用安全和营养角度讲，野菜野果也无法替代栽培植物，完全没有必要过于青睐野菜野果。

## 四、野菜野果形态识别的名词与术语

在野外识别野菜野果的过程中，常涉及一些植物学方面的专业名词和术语。弄懂了它们的概念和含义，就能较准确地分辨植物。为此，特选本卷书中一些常用的名词和术语进行解释。

植物，根据其生长场所，可分为：

1. 陆生植物　生长在陆地的植物。

2. 水生植物　生长在水中的植物。

3. 附生植物　附着在别种植物体上生长，但并不依赖别种植物供给养料的植物。

4. 寄生植物　着生在别种植物体上，以其特殊的器官吸收被寄生植物的养料而生长的植物。

高等植物的器官可分为营养器官和繁殖器官两大部分，属于营养器官的有根、茎、叶，属于繁殖器官的有花、果实、种子。

**（一）根**

根通常是植物体向土中伸长的部分，用以支持植物体和由土壤中吸取水分和养料的器官，一般不生芽，绝不生叶和花。

根依其发生的情况，可分为：

（1）主根：自种子萌发出的最初的根，有些植物是一根圆柱状的主轴，这个主轴就是主根。

（2）侧根：是由主根分叉出来的分枝。

（3）须根：种子萌发不久，主根萎缩而发生许多与主根难以区别的成簇的根，叫须根，如禾草。

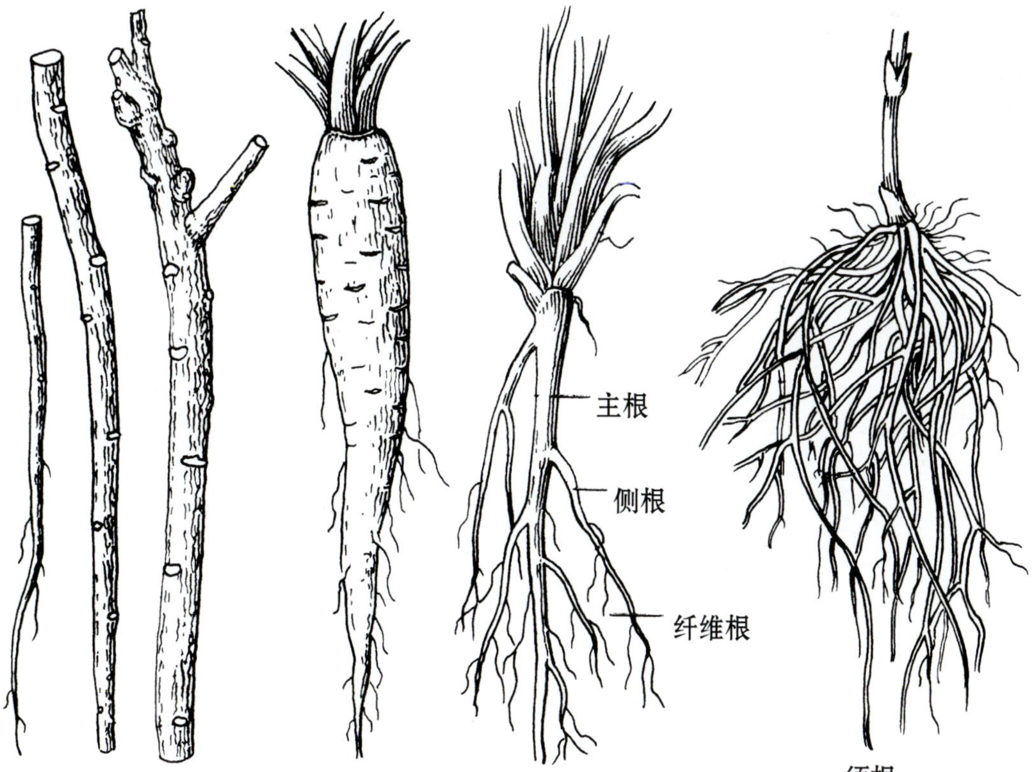


圆柱状根　圆锥状根　须根

纺锤状根

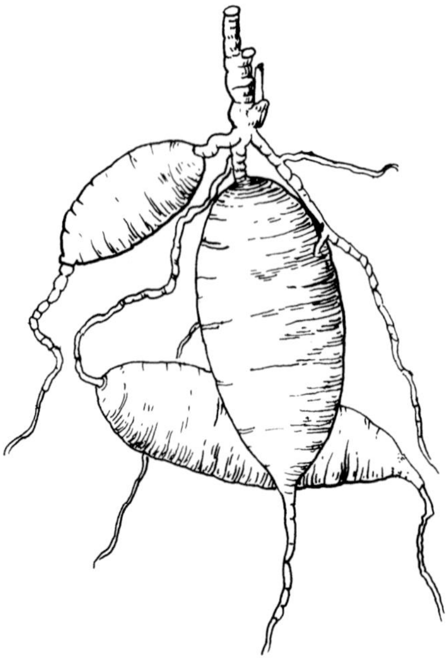
块状根

## （二）茎

茎是叶、花等器官着生的轴。茎通常在叶腋处有芽，由芽发生茎的分枝。茎或枝上着生叶的部位叫节，各节之间的距离叫节间；节间中空的草本茎，称秆。叶与其着生的茎所成的夹角叫叶腋。

1.根据茎的大小、生存期的长短和生长状态分类

（1）乔木：茎木质化，主干明显，高 5 m 以上的木本植物。

（2）灌木：茎木质化，主干不明显，有时在近基部处发出数个干，高 5 m 以下的木本植物。

（3）亚灌木：在木本与草本之间没有明显区别，仅在茎基部木质化的植物。

（4）草本：地上部分不木质化而为草质，开花结果后即行枯死的植物。依据生存期的长短，可分为：一年生草本，当年萌发，当年开花结实后，整个植株枯死；二年生草本，当年萌发，次年开花结实后，整个植株枯死；多年生草本，连续生存 3 年或更长时间，开花结实后，地上部分枯死，地下部分继续生存。

（5）藤本：一切具有长而细弱不能直立的茎，只能倚附其他植物或有他物支持向上攀升的植物。若靠自身螺旋状缠绕于他物上的，称缠绕藤本；若用卷须、小根、吸盘或其他特有卷附的器官攀登于他物上的，称攀缘藤本。

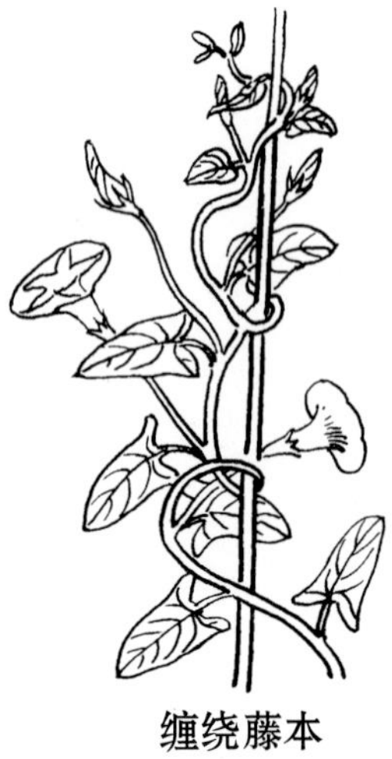
缠绕藤本

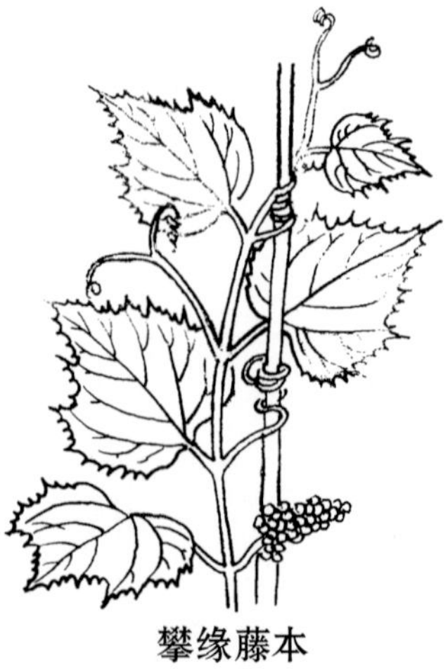
攀缘藤本

（6）木本：其叶在冬季或旱季全部脱落者称落叶植物，如落叶乔木、落叶灌木、落叶藤本；若在冬季或旱季仍保存其绿叶者称常绿植物，如常绿乔木、常绿灌木、常绿藤本。

2. 根据茎的生长方向分类

（1）直立茎：垂直于地面，为最常见的茎。

（2）斜生茎：最初偏斜，后变直立的茎。

（3）平卧茎：平卧地面，接地处的节上不生根的茎，如大白刺。

（4）匍匐茎：平卧地面，但节上生根的茎，如蛇莓。

（5）缠绕茎：螺旋状缠绕于他物上的茎，如五味子。

（6）攀缘茎：用卷须、小根、吸盘或其他特有的卷附器官攀登于他物上的茎，如毛葡萄。

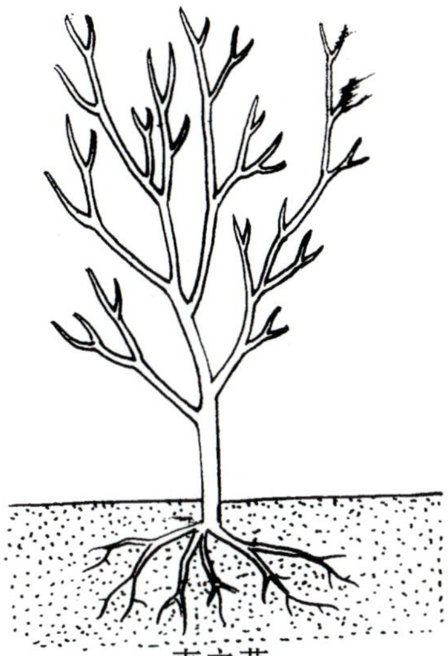

直立茎

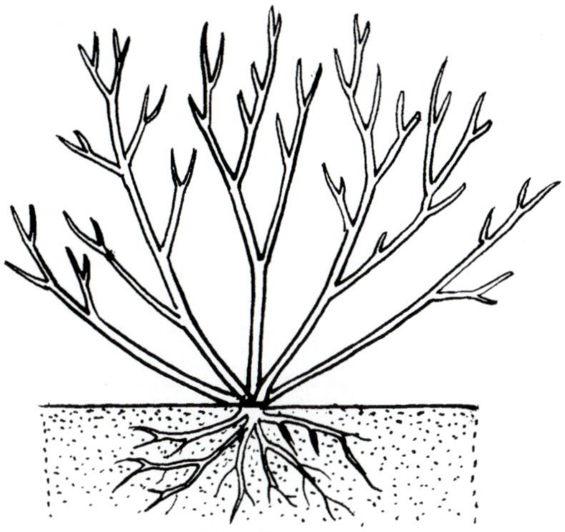

斜生茎

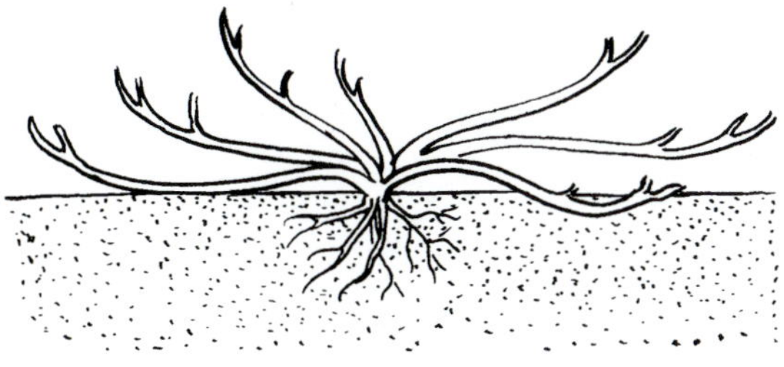

斜倚茎

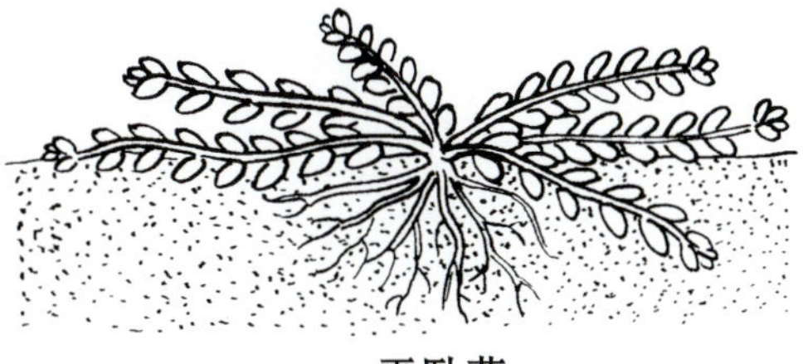

平卧茎

匍匐茎

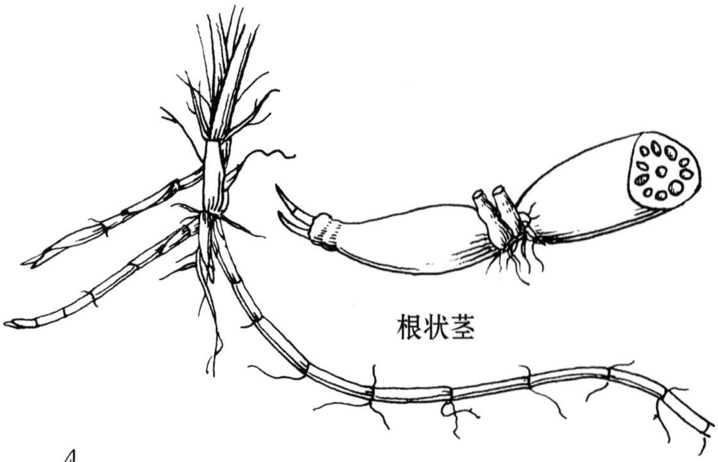

根状茎

球茎

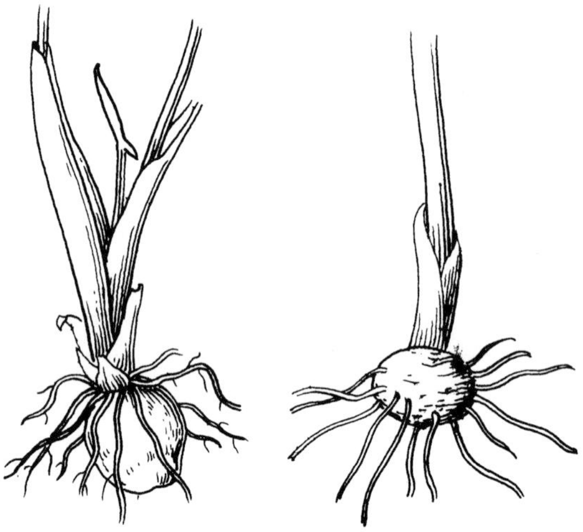

块茎

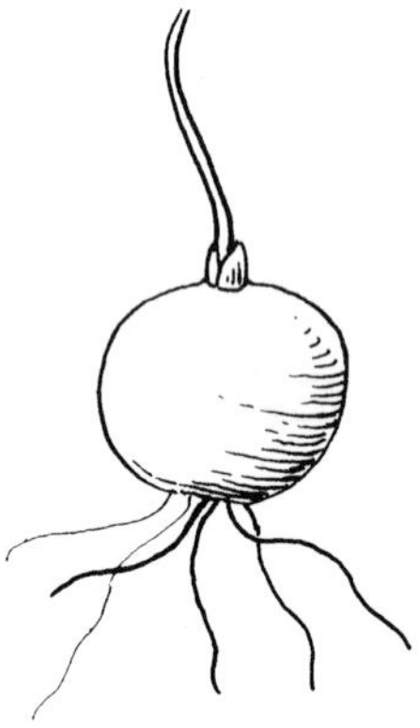

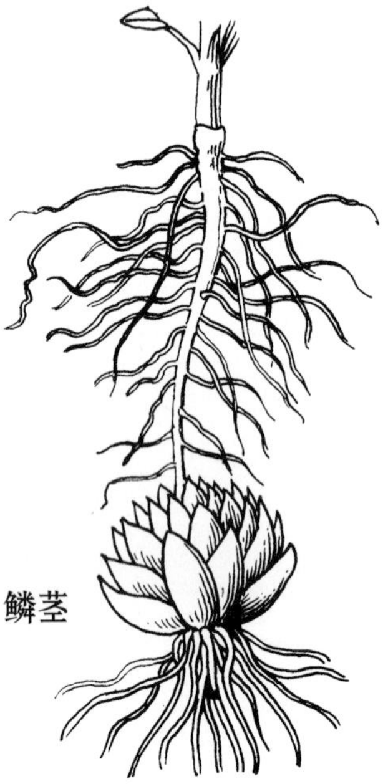

鳞茎

（三）叶

1. 叶　是植物制造食物和蒸发水分的器官，一枚完全叶由叶片、叶柄和托叶组成。叶片是叶的扁阔部分；叶柄是叶着生于茎 / 枝上的连接部分，起支持叶片的作用；托叶是叶柄基部两侧的附属物，在芽时起保护叶的作用，其形态多种。有些植物的叶柄形成圆筒状而包围茎的部分，称叶鞘；禾本科植物的叶鞘与叶片连接处的内侧，呈膜质或呈纤毛状的附属物，称叶舌；若托叶脱落后，在其节上留

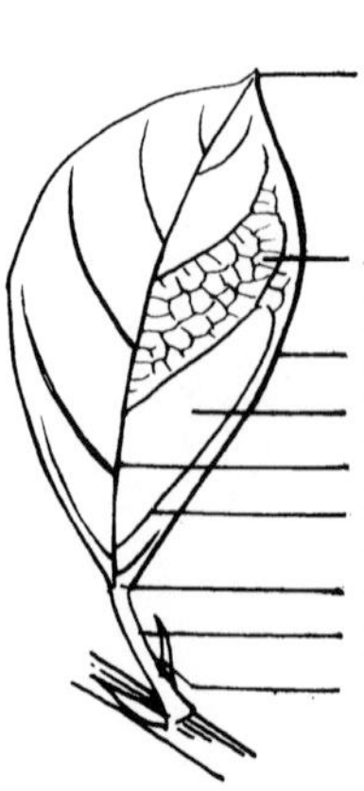

下的一圈脱落痕迹，称托叶环，如白桂木。

2. 叶序　是指叶在茎或枝上的排列方式。若每一节上着生 1 枚叶，称叶互生；若每一节上着生一对叶，称叶对生；若每一节上着生 3 枚或 3 枚以上的叶，称叶轮生；若 2 枚或 2 枚以上的叶着生在节间极度缩短的侧生短枝的顶端，称叶簇生；若互生叶在各节上各向左右展开成一个平面，称叶二列。

簇生

叶套折

互生

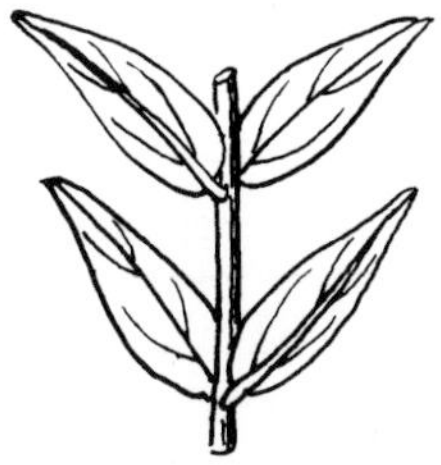
对生

轮生

轮生

3. 脉序　是指叶脉的分布方式。位于叶片中央的较粗壮的一条叫中脉或主脉，在中脉两侧第一次分出的脉叫侧脉，联结各侧脉间的次级脉叫小脉。侧脉与中脉平行达叶顶或自中脉分出走向叶缘而无明显的小脉联结的，叫平行脉。叶脉数回分枝而有小脉互相联结成网的，叫网状脉。侧脉由中脉分出排成羽毛状的，叫羽状脉。若有几条等粗的主脉由叶柄顶部射出，叫掌状脉。

掌状脉

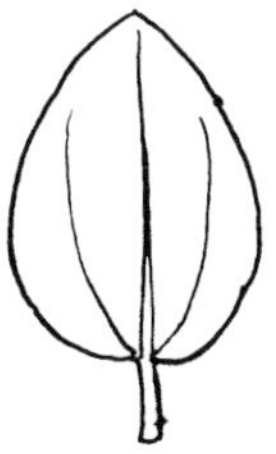
基部三出脉

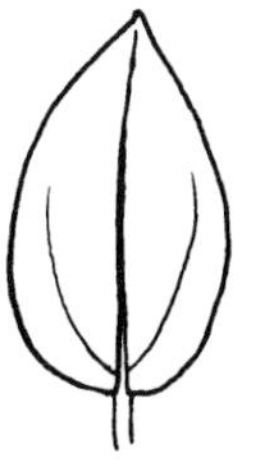
离基三出脉

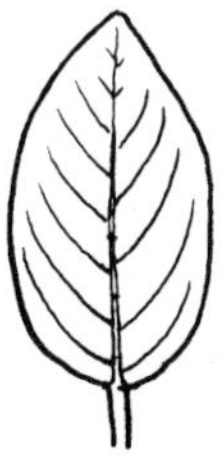
羽状脉

平行脉

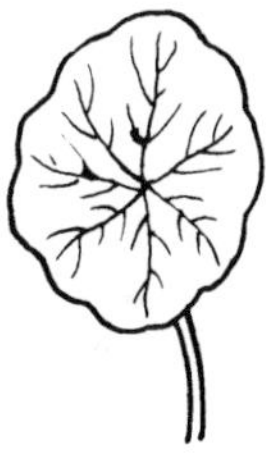
射出脉

4. 单叶　一个叶柄上只生一张叶片的叶，不管其叶片分裂程度如何。

5. 复叶　有两片至多片分离的叶片生在一个总叶柄或总叶轴上的叶。这些叶片叫小叶，小叶本身的柄叫小叶柄。小叶柄腋部无腋芽，总叶柄腋部有腋芽。若小叶排列在总叶柄的两侧呈羽毛状，称羽状复叶；其顶端生有一顶生小叶，当小叶的数目是单数时，称单数羽状复叶；当顶生小叶是双数时，叫双数羽状复叶。若小叶在总叶柄顶端着生在一个点上，向各方展开而呈手掌状，称掌状复叶。若侧生小叶退化，仅留一枚顶生小叶，总叶柄顶端与顶生小叶连接处有关节的叶称单身复叶。

单数羽状复叶

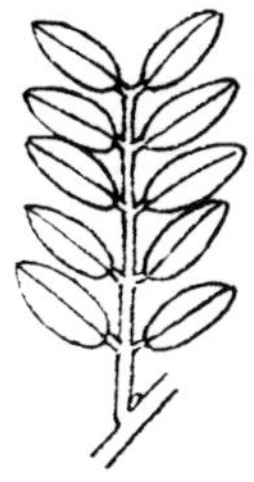
双数羽状复叶

掌状复叶

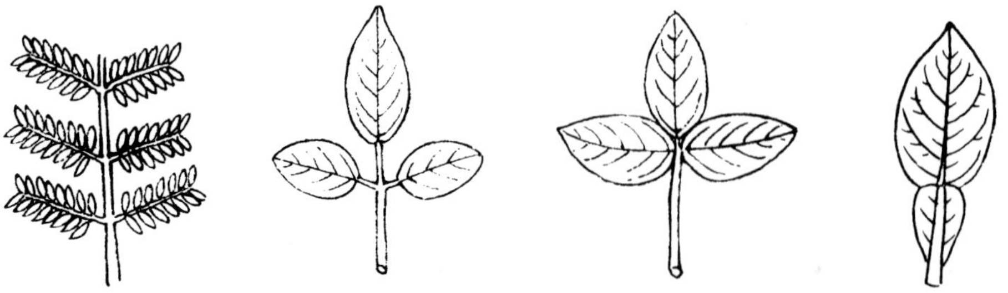

二回羽状复叶　羽状三出复叶　掌状三出复叶　单身复叶

6. 叶的形状　是区别植物种类的重要根据之一，常用术语有以下这些：针形（细长而顶尖如针，如红松）、条形（长而狭，长为宽的 5 倍以上，且全长略等宽，两侧边缘近平行）、披针形（长为宽的 4 ～ 5 倍，中部或中部以下为最宽，向上下两端渐狭；若中部以上最宽，渐下渐狭的称为倒披针形）、镰形（狭长形而多少弯曲如镰刀）、矩圆形（长为宽的 3 ～ 4 倍，两侧边缘略平行）、椭圆形（长为宽的 3 ～ 4 倍，但两侧边缘不平行而呈弧形，顶、基两端略相等）、卵形（形如鸡蛋，中部以下较宽；倒卵形是卵形的颠倒，即中部以上较宽）、心形（长宽比例如卵形，但基部宽圆而凹缺；倒心形是心形的颠倒，即顶端宽圆而凹缺）、肾形（横径较长，如肾状）、圆形（形如圆盘）、三角形（基部宽呈平截形，三边相等）、菱形（即等边斜方形）、楔形（上端宽，而两侧向下成直线渐变狭）、匙形（叶形狭长，上端宽而圆，向下渐狭，形如汤匙）、扇形（顶端宽而圆，向下渐狭，如扇状）、提琴形（叶片中部或近中部两侧缢缩，整片叶形如提琴）、鳞形（叶片形小，如鱼鳞状，紧贴茎 / 枝生长）。

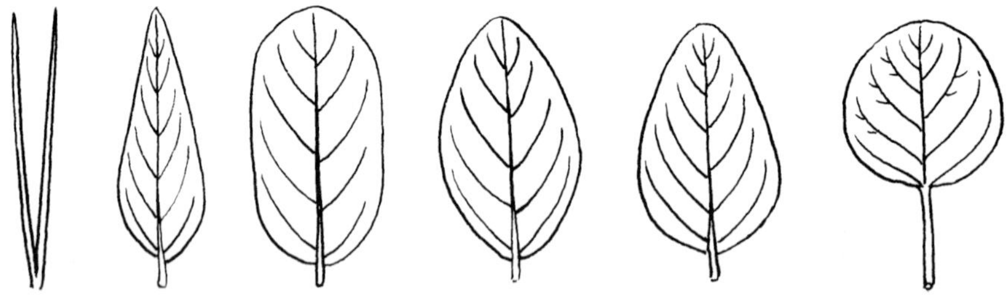

针形　披针形　矩圆形　椭圆形　卵形　圆形

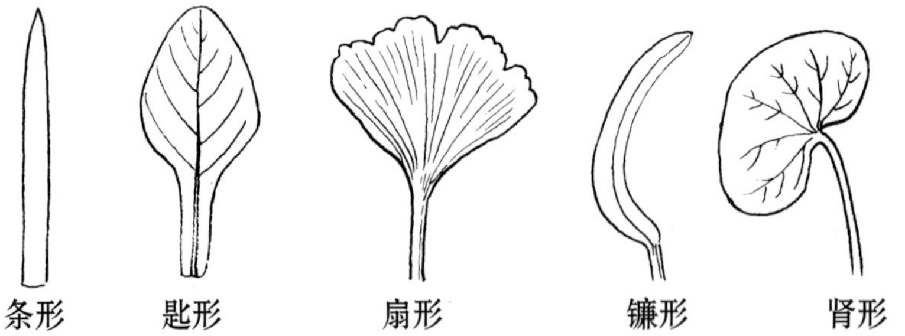

条形　匙形　扇形　镰形　肾形

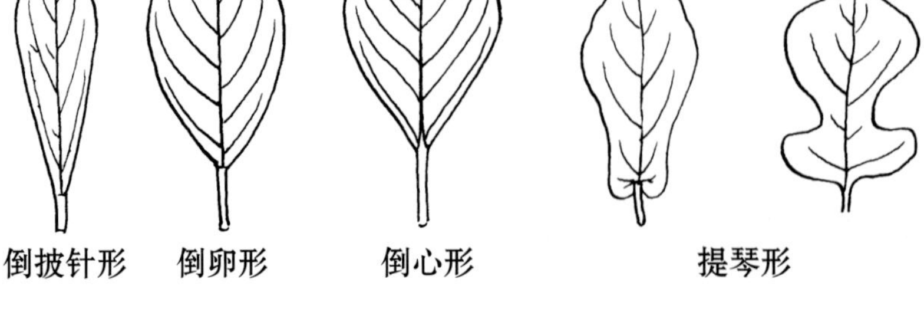

倒披针形　倒卵形　倒心形　提琴形

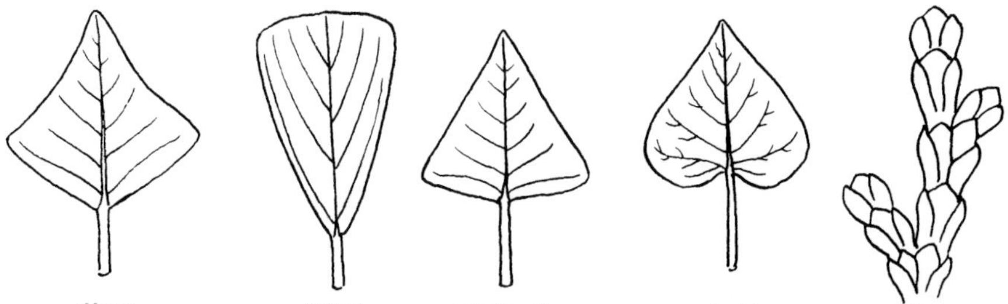


7. 叶片顶端、基部、边缘的形状　除了叶片的全形外，叶片顶端、基部、边缘的形状，有如图所示主要类型。

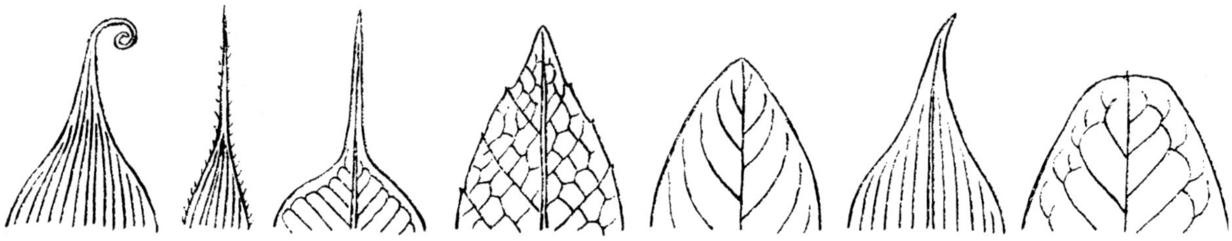


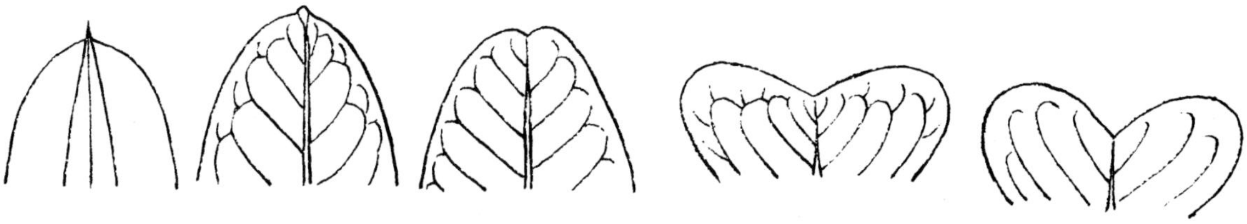


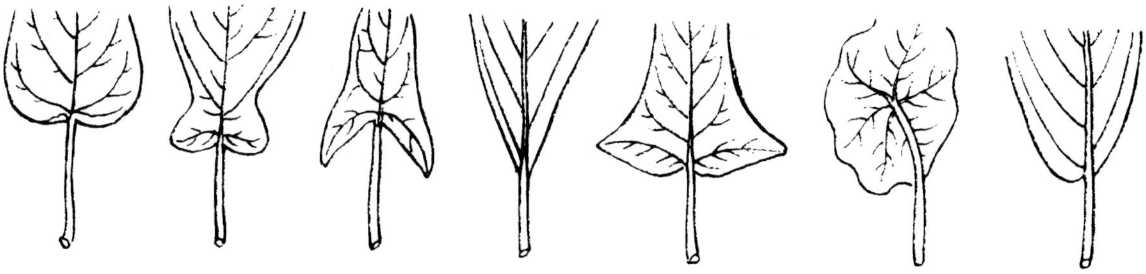


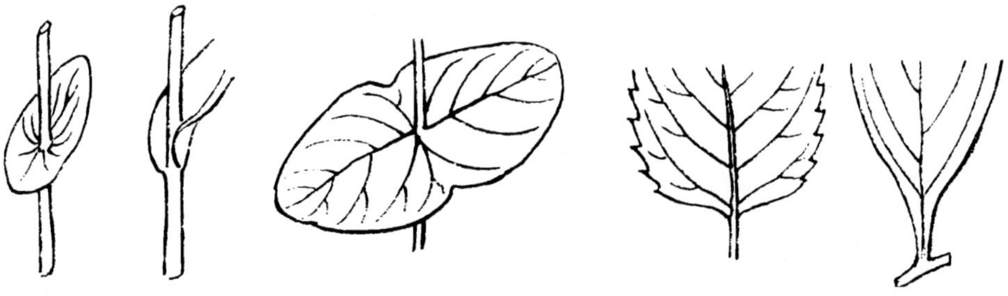

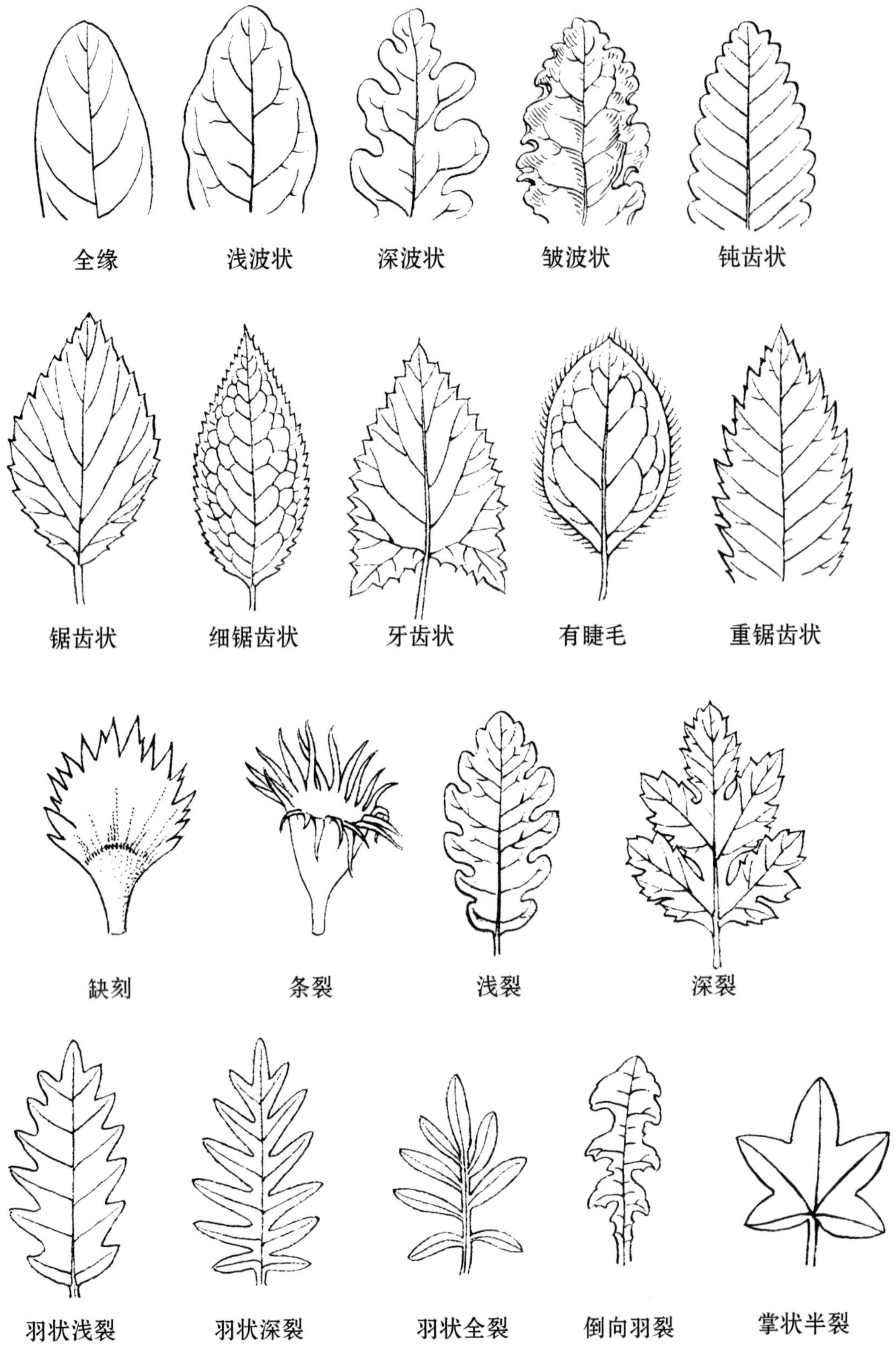


**（四）花**

1. 花序　是指花排列于花枝上的情况。按结构形式主要可分为：

（1）单生花：是指一朵花单独着生，为花序的最简单形式，支持这花的柄称花梗。若有数花成群，则支持这群花的柄称总花梗。

（2）穗状花序：花多数，无花梗，排列于一不分枝的主轴上。

（3）总状花序：花多数，有花梗，排列于一不分枝的主轴上。

（4）葇荑花序：是由单性花组成的一种穗状花序，但总轴纤弱下垂，雄花序于开花后全部脱落，雌花序于果实成熟后整个脱落。

（5）圆锥花序：总轴有分枝，分枝上生 2 朵以上花，也就是复生的总状花序或穗状花序，或泛指一切分枝疏松、外形呈尖塔形的花丛。

（6）头状花序：花无梗或近无梗，多数，密集着生于一短而宽、平坦或隆起的总托上而成一头状体。

（7）伞形花序：花有梗，花梗近等长，且共同从花序梗的顶端发出，形如张开的伞。

（8）伞房花序：花梗或分枝排列于总轴不同高度的各点上，但因最下的最长，渐上递短，使整个花序顶呈一平头状，最外面的或最下面的花先开。

（9）隐头花序：花聚生于肉质中空的总花托内，同时又被这托所包围。

（10）簇生花序：花无梗或有梗而密集成簇，通常腋生。

（11）有的植物花序，似从地下抽出来的叫花葶。

（12）禾本科植物花序的基本单位称小穗，它是由紧密排列于小穗轴上的一至多数小花，连同下端的 2 枚颖片组成。

穗状花序

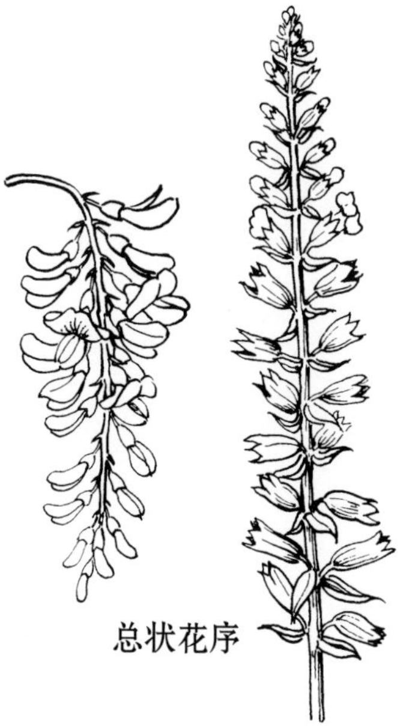

总状花序

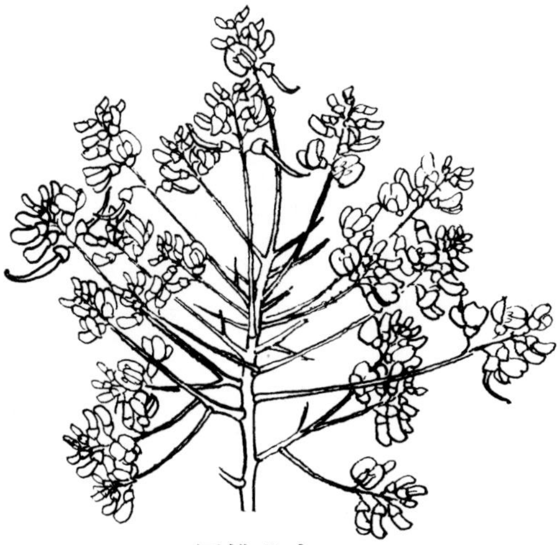

圆锥花序

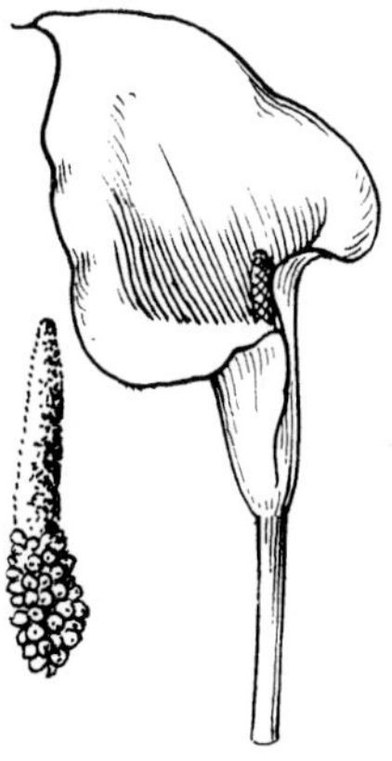

肉穗花序

头状花序

伞形花序

复伞形花序

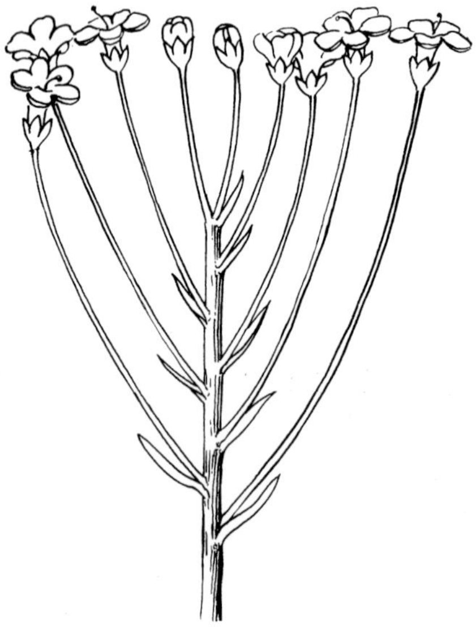

伞房花序

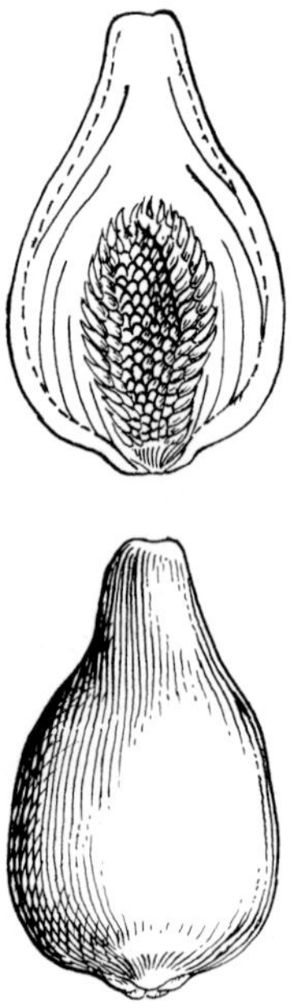

隐头花序

2. 苞片　花和花序常承托以形状不同的叶状或鳞片状的器官，这些器官叫作苞片或小苞片。那些生于花序下或花序每一分枝或花梗基部下的叫苞片，那些生于花梗上的或萼下的叫小苞片。当数枚或多枚苞片聚生成轮紧托花序或一朵花的叫总苞，在果期的总苞又称果苞。在壳斗科中（壳：音qiào），变形的总苞在果期称壳斗。在禾本科中，位于小花下方的鳞片状苞片称外稃；位于花上方的鳞片状苞片称内稃；不育小花的苞片称颖片，位于小穗的最下端，共2枚；在颖片、外稃或内稃的脉所延伸成的针状物称芒。

3. 花的类型　一朵花从外到内是由花萼、花冠、雄蕊、雌蕊四个部分组成的叫完全花，若缺少其中一至三个部分的花叫不完全花。一朵花中若雄蕊和雌蕊都存在且充分发育的，叫两性花；若雄蕊或雌蕊不完备或缺一时，叫单性花；只有雌蕊而缺少雄蕊或仅有退化雄蕊的花，叫雌花；若只有雄蕊而缺少雌蕊或仅有退化雌蕊的花，叫雄花。花的主轴，即花的各部着生处称花托。

4. 单性花的分类与杂性花　单性花中，雌花和雄花同生于一株植物上的，叫雌雄同株；若雌花和雄花分别生于同种植物的不同植株上，称雌雄异株；若单性花和两性花同生于一株植物上或生于同种植物的不同植物体上，叫杂性花。

5. 按花被片分类　花萼和花冠都具备的花叫双被花或异被花；仅有花萼的花叫单被花，这时花萼应叫花被，每一片叫花被片。花萼和花冠都缺少的花叫裸花。在单被花中，若花被片有两轮或两轮以上的花，或花被片逐渐变化，不能明确区分花萼和花冠的花，统称同被花。

6. 花萼　是指花的最外一轮或最下一轮，通常为绿色，常比内层即花瓣小。构成花萼的成员叫萼片。萼片有彼此完全分离的，叫离片萼，也有多少合生的，叫合片萼。在合片萼中，其连合部分叫萼筒，其分离部分叫萼齿或萼裂片。

7. 花冠　是花的第二轮，通常大于花萼，质较薄，呈各种颜色，但通常不呈绿色。构成花冠的成员叫花瓣，花冠的各瓣有完全彼此分离的叫离瓣花冠，也有多少合生的，叫合瓣花冠。在合瓣花冠中，其连合部分叫花冠筒，其分离部分叫花冠裂片。

8. 花冠的分类　花冠按形状可分为：

（1）筒状花冠：花冠大部分合生成一管状或圆筒状。

（2）漏斗状花冠：花冠下部呈筒状，由此向上渐渐扩大成漏斗状。

（3）钟状花冠：花冠筒宽而稍短，上部扩大成一钟形。

（4）唇形花冠：花冠稍呈二唇形，上面（后面）两裂片多少合生为上唇，下面（前面）三裂片为下唇。

其他类型花冠，在此略。

9. 雌蕊　是花的最内一个部分，将来由此形成果实。完全的雌蕊是由子房、花柱和柱头三部分构成。子房指雌蕊的基部，通常膨大，一至多室，每室具一至多个胚珠；花柱指子房上部渐狭的部分；柱头是花柱的顶部，膨大或不膨大，分裂或不分裂，起接受花粉的作用。若一个雌蕊是由一个心皮构成的，叫单心皮雌蕊；一个雌蕊由 2 个或 2 个以上心皮构成的，叫合生心皮雌蕊；有些植物的雌蕊由若干个彼此分离的心皮组成，叫离生心皮雌蕊。

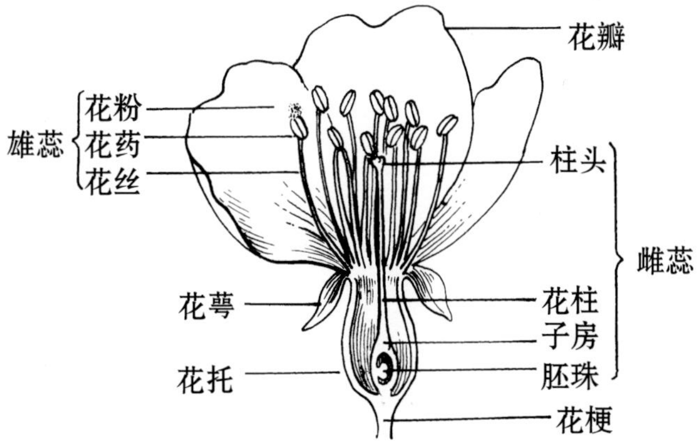


完全花

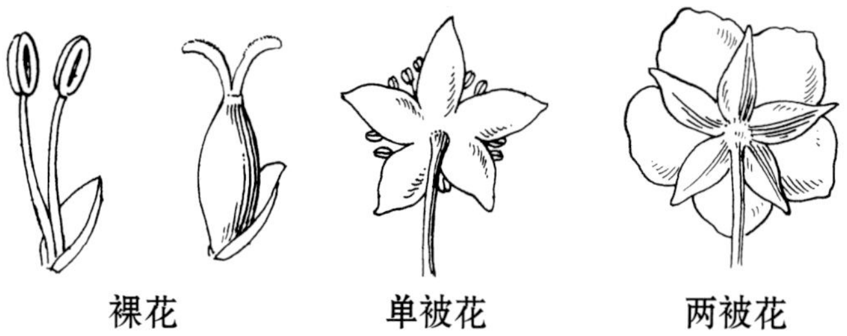

裸花　　单被花　　两被花

筒状

漏斗状

钟状

高脚碟状

坛状

辐状

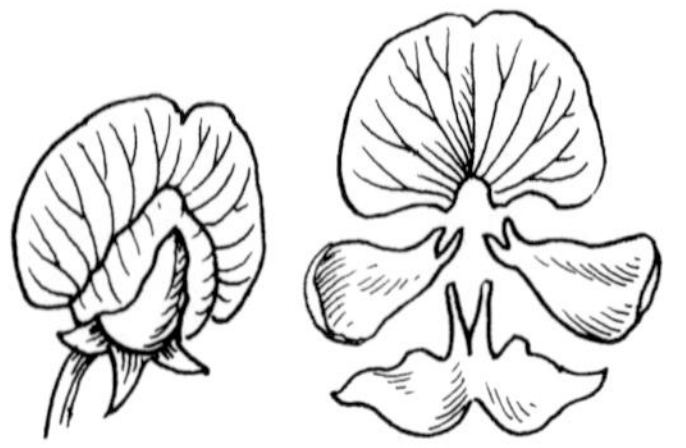
蝶形

唇形

舌状

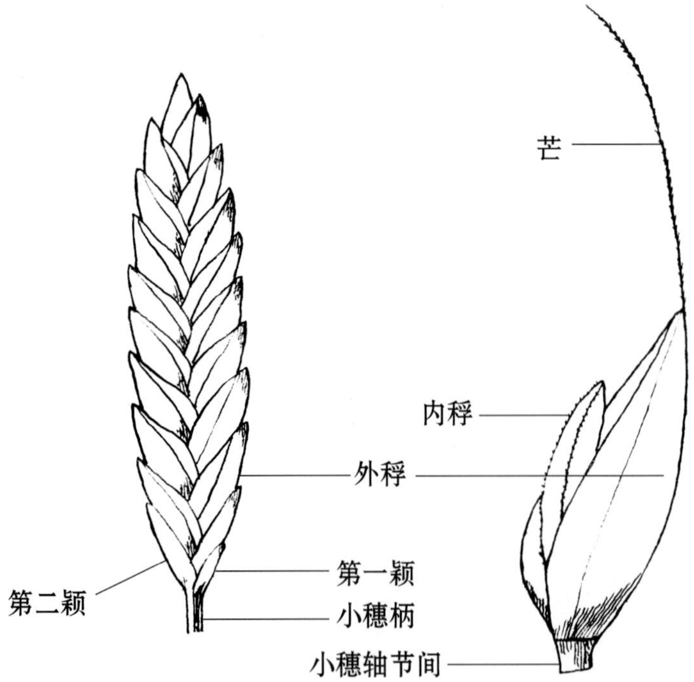

小穗 小花

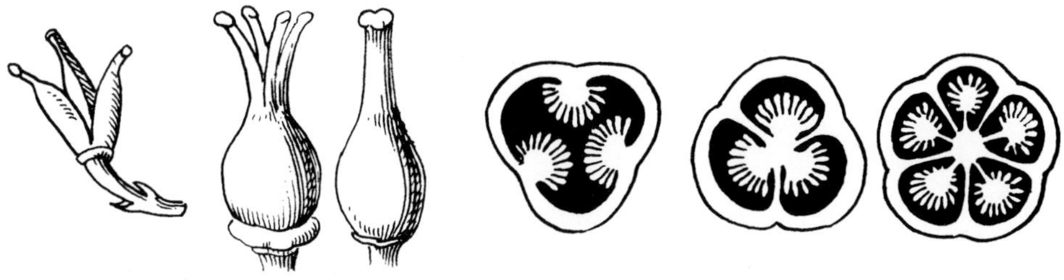

离生心皮　　合生心皮　　侧膜胎座　　中轴胎座

**（五）果实和种子**

1. 果实的分类　果实可分为：

（1）聚合果：是由一朵花内的若干离生心皮形成的一个整体的果实。在蔷薇科蔷薇属中，其聚合果是由多数小瘦果着生于萼筒内而形成的，特称蔷薇果。

（2）聚花果：是由一整个花序形成的一个整体。在桑科榕属中，它的隐头花序（雌花及瘿花聚生于肉质中空的总花序托内，同时又被这托所包围）所形成的果实，特称榕果。

（3）单果：是由一花中的一个子房或一个心皮形成的单个果实。单果可分为干燥而少汁的干果和肉质而多汁的肉果两大类。裸子植物中松柏类植物的雌球花受精发育长大后，称球果。

1）干果的分类　干果主要有：

① 蓇葖果：是由单个心皮形成的果实，成熟时沿背缝线或沿腹缝线一侧开裂。

② 荚果：是由单个心皮形成的果实，成熟时沿背腹两缝线开裂。

③ 蒴果：是由 2 个以上合生心皮形成的果实，成熟后开裂，开裂形式多样。

④ 瘦果：果实成熟后不开裂，果皮紧包种子，不易分离。

⑤ 颖果：果实成熟后不开裂，果皮与种皮完全愈合，不能分离。

⑥ 翅果：果实成熟后不开裂，边缘有扁平翅。

⑦ 坚果：果实成熟后不开裂，果皮坚硬，内含种子 1 枚。这种果实常有总苞包围，或有变形的总苞（壳斗）所包围。

2）肉果的分类　肉果主要有：

① 浆果：外果皮薄，中果皮和内果皮厚而肉质，并含丰富的汁液。

② 柑果：外果皮和中果皮界线不明显，软厚，外层有油囊，内果皮呈分隔瓣状，具多汁的毛细胞。

③ 瓠果：有花萼筒参与果实的形成，中果皮、内果皮和胎座都肉质化，一室多种子。

④ 梨果：是由下位子房参与花托形成的果实，花托与外果皮、中果皮愈合，厚而肉质，内果皮软骨质。

⑤ 核果：外果皮薄，中果皮肉质，内果皮坚硬，称为核；若有数个种子的小核，则称为分核。

2. 种子　通常由种皮、胚乳和胚三部分组成。在成熟种子中，包藏在种子内的休眠状态的幼植物体，称胚；包裹着胚的营养物质为胚乳；种子最外层的包被为种皮。胚由胚根、子叶和胚芽三部分组成，通常植物的胚极小，很难用肉眼分辨出这三部分；有的植物在种子发育过程中，胚乳被胚所吸收，呈现出较发达的子叶，如花生籽，主要是子叶；有的植物在种子发育过程中，具有丰富的胚乳，而胚极小，如玉米籽、米粒、麦粒。种子成熟后从果实上脱落下来而留有一个疤痕，此疤痕称种脐。

聚合果

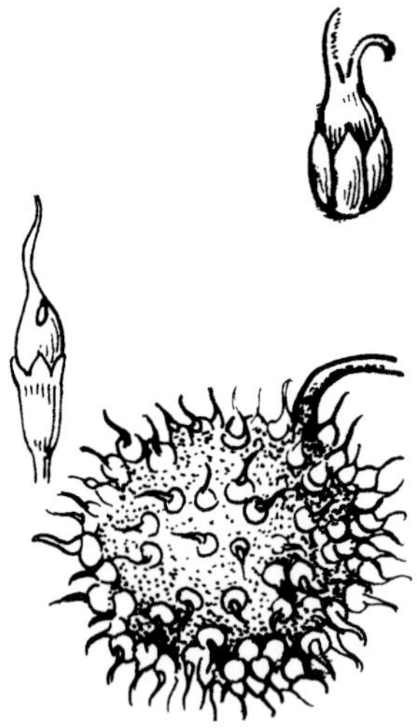

聚花果

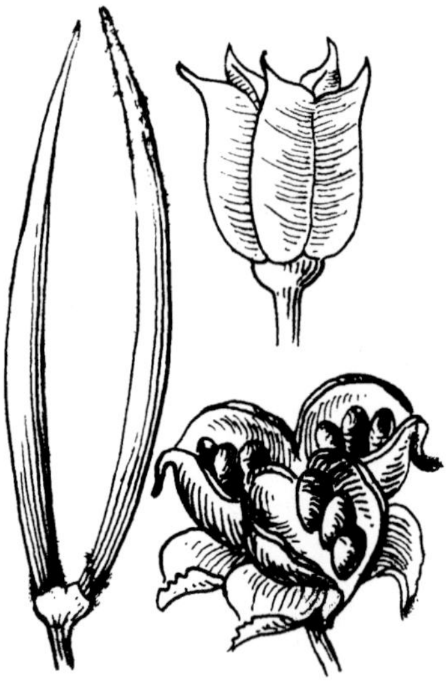

蓇葖果

荚果

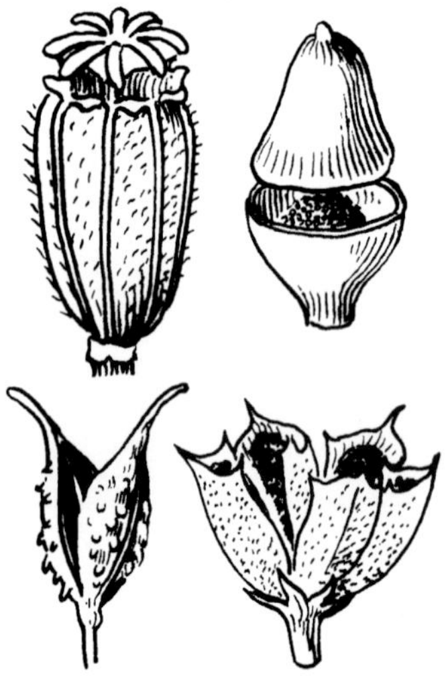

蒴果

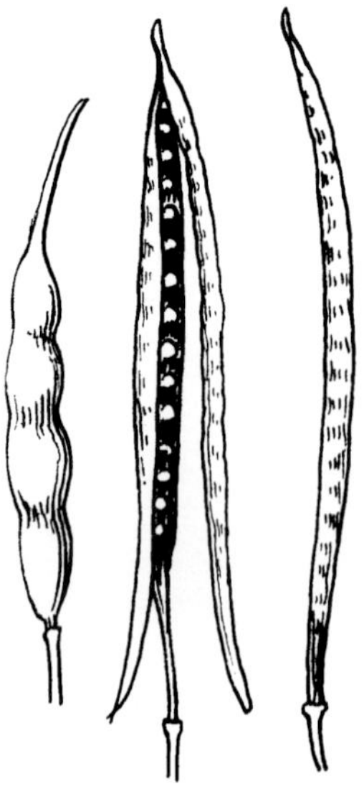

长角果

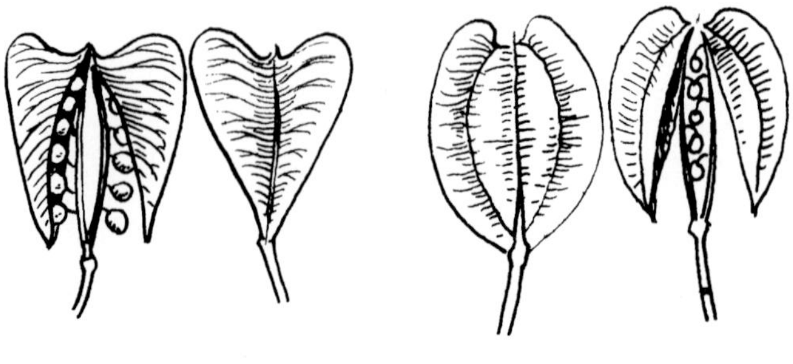

短角果

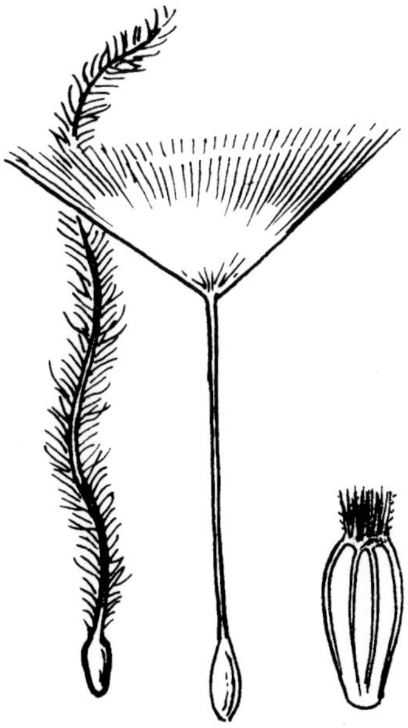

瘦果

颖果

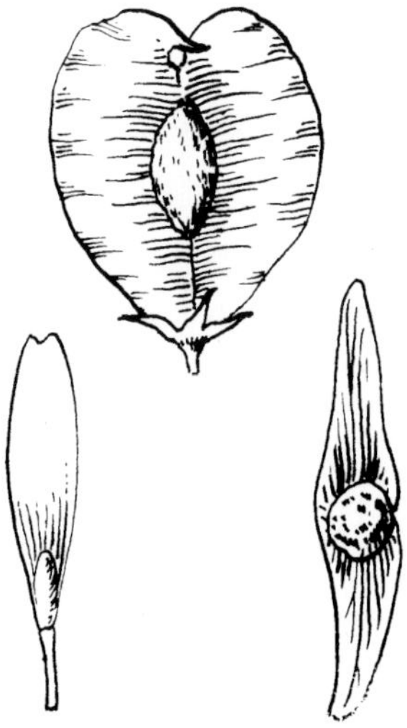

翅果

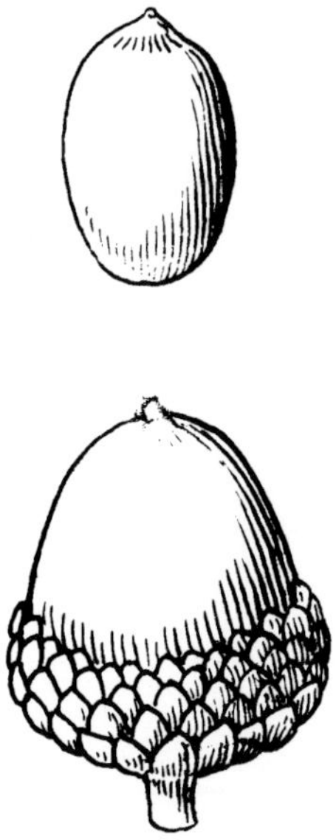

坚果

瓠果

核果

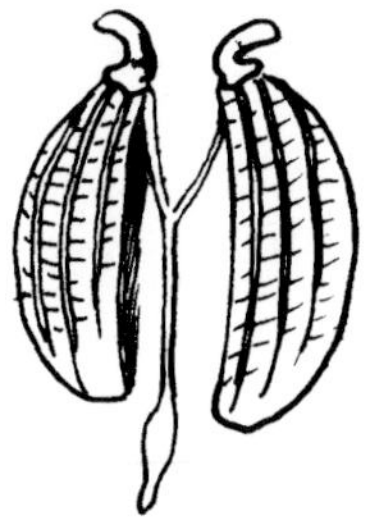

双悬果

浆果

梨果

## （六）附属器官、质地

附属器官是指植物体外部的，对于其营养和繁殖无关紧要的部分，常见的有：

1. 棘刺　是由枝条、叶柄、托叶或花序梗变态形成的，行使保护功能，如枸杞、枳。

2. 皮刺　是由枝条、叶等的表皮细胞形成的，如悬钩子、蔷薇。

3. 卷须　枝变成卷须，行使攀缘功能，如山葡萄。

4. 腺体　是一种分泌结构，通常颜色较淡或透明，有黏质，多生长在叶柄、叶片基部或花中。

5. 毛被　是指一切由表皮细胞形成的毛茸，植物表面被有的毛有如下主要类型：

腺毛（具有腺质的毛，或毛与毛状腺体混生，触摸感觉粘手）。

钩状毛（毛的顶端弯曲成钩状）。

棍棒状毛（毛的顶端膨大）。

串珠状毛（是多细胞毛，一列细胞之间变细狭，因而毛恰似一串珠子）。

锚状刺毛（毛的顶端或侧面生有若干倒向的刺）。

鳞片状毛（被覆小的扁平、盾状鳞片）。

柔毛（具长、软、直立的毛）。

短柔毛（肉眼不易看出的极微细柔毛）。

茸毛（短而直立成丝绒状的密毛）。

毡毛（如羊毛状卷曲或多或少交织而贴伏成毡状的毛）。

绵毛（长而柔软、密而卷曲缠结，但不贴伏的毛）。

曲柔毛（较密的长而柔软、卷曲但直立的毛）。

疏柔毛（柔软而长、稍直立而不密的毛）。

绢状毛（长而直立、柔软贴伏、有丝绸光亮的毛）。

刚伏毛（直立而硬、短而贴伏或稍稍翘起，触之有粗糙感觉的毛）。

硬毛（短而直立且硬，但触之无粗糙感觉、不易折断的毛）。

刚毛（密而直立，或多少有些弯，触之粗糙、有声、易折断的毛）。

星状毛（毛的分支向四方辐射如星芒状）。

丁字状毛（毛的两个分支呈一直线，恰似一根毛，而其着生点不在基端而在中央，呈丁字状）。

棘刺

皮刺

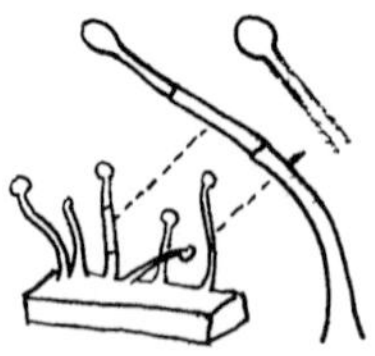
腺毛

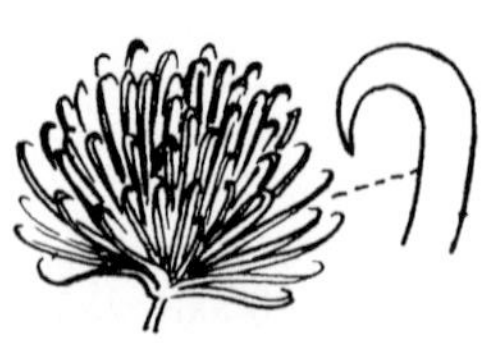
钩状毛

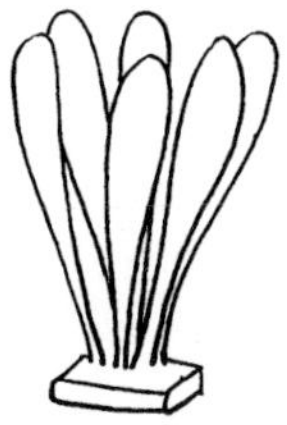

棍棒状毛

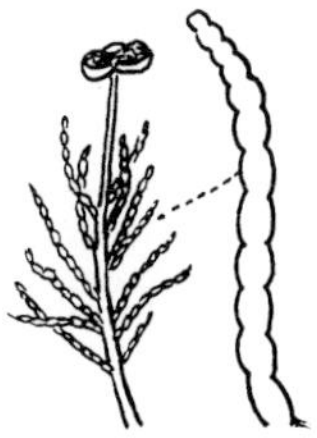

串珠状毛

锚状刺毛

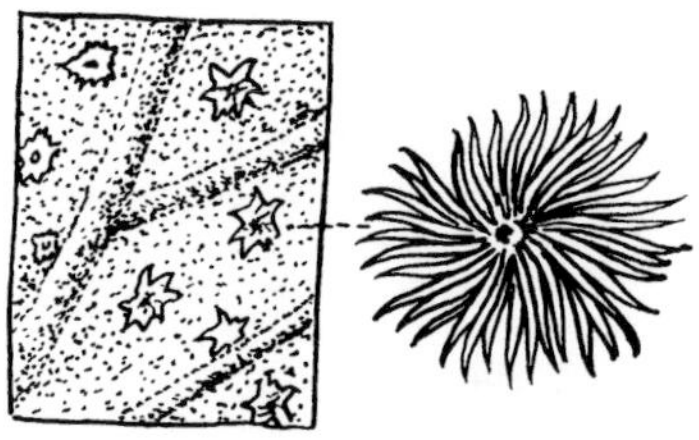

鳞片状毛

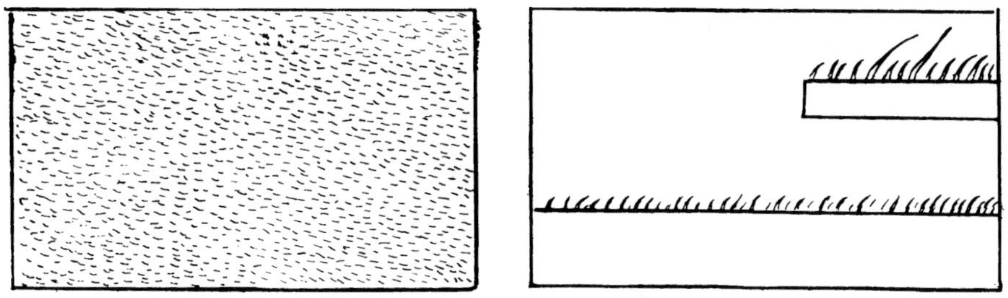

短柔毛

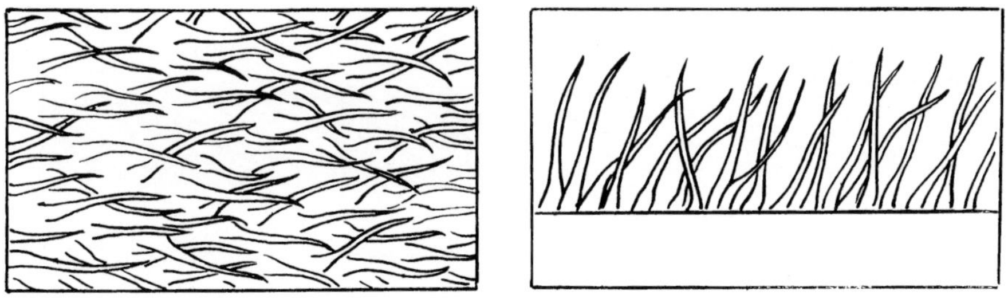

茸毛

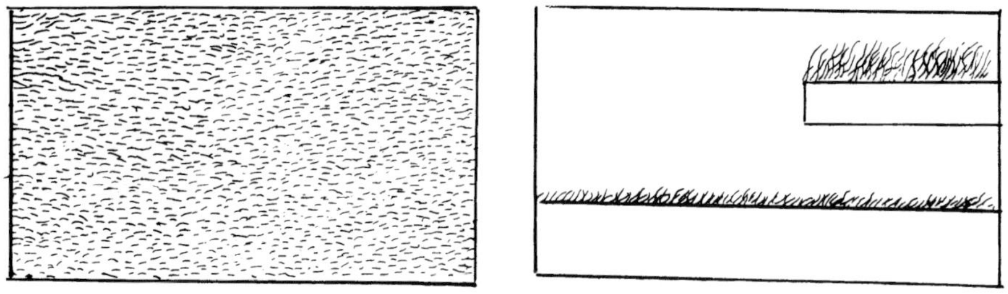

毡毛

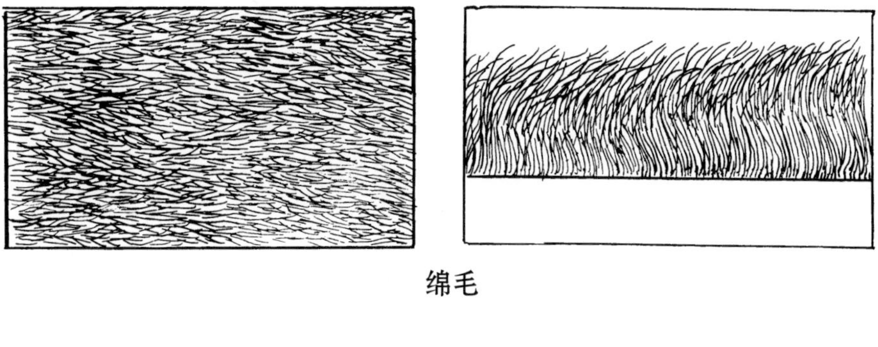

绵毛

曲柔毛

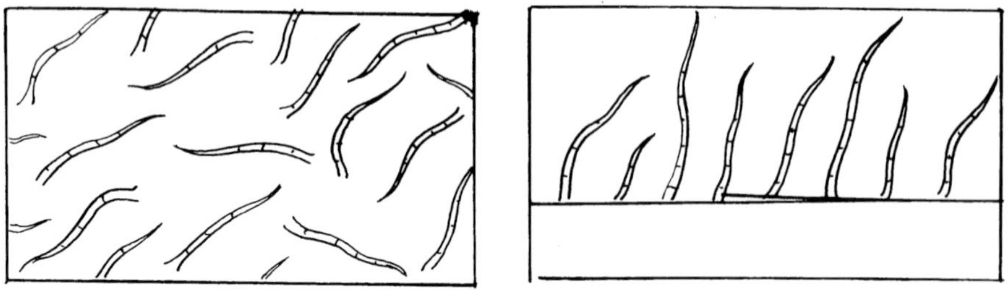

疏柔毛

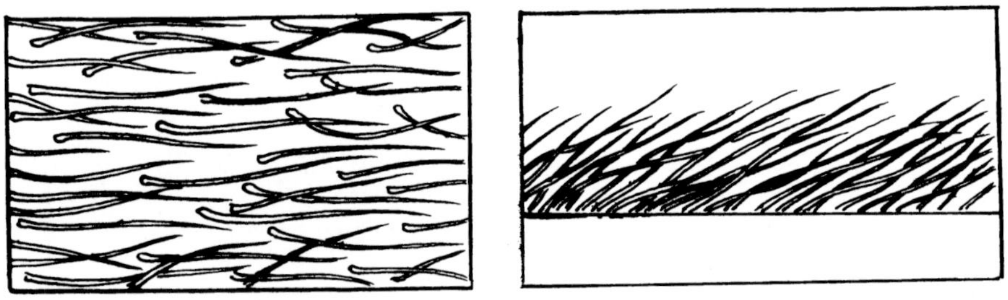

绢状毛

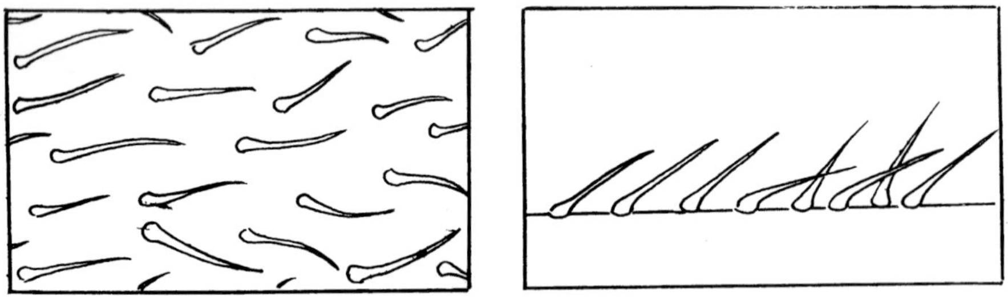

刚伏毛

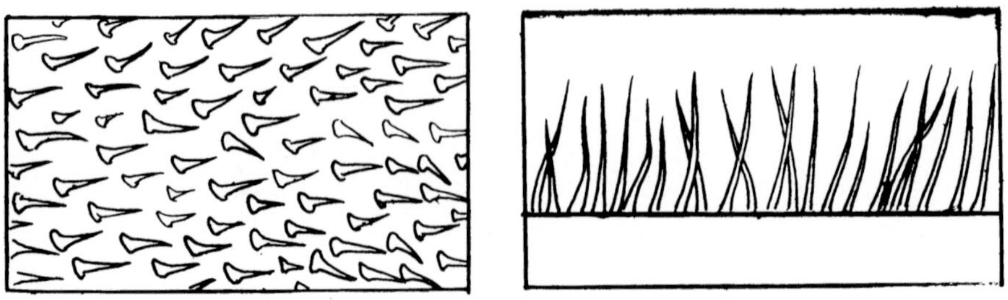

硬毛

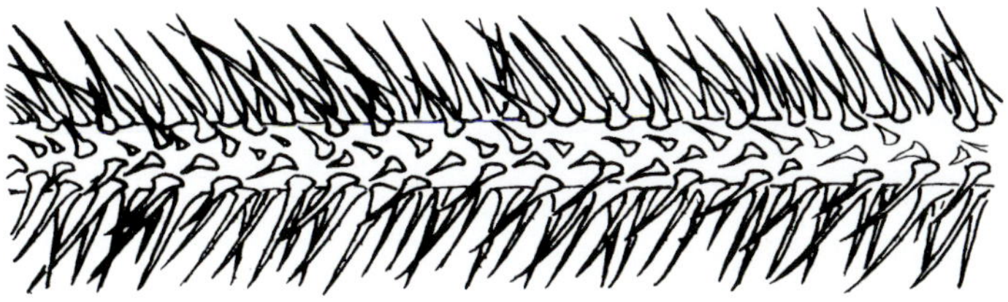

刚毛

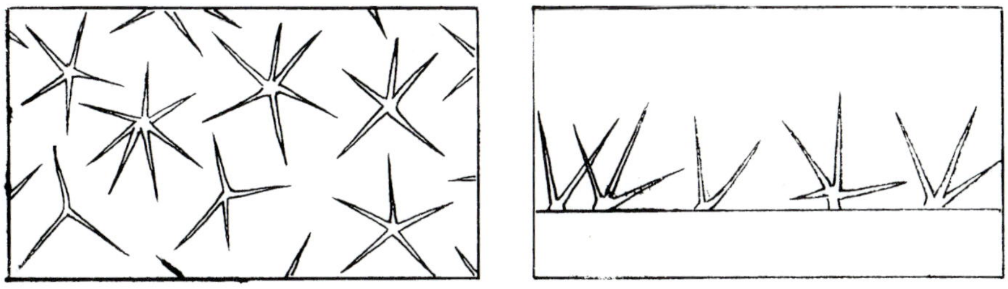

星状毛

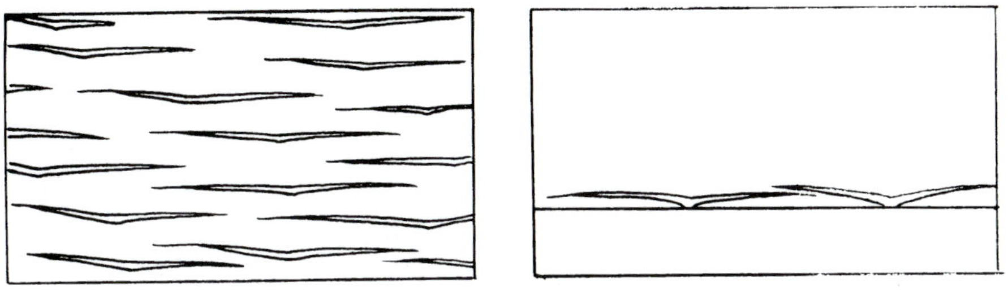

丁字状毛

描述植物器官的质地主要有以下几种：

膜质（薄而半透明）、草质（薄而柔软，绿色）、革质（如皮革）、纸质（如厚纸）、软骨质（硬而韧）、角质（如牛角质）、肉质（肥厚而多汁）、木质、蜡质、粉质。

## 五、野菜野果的分类

我国先人在《救荒本草》中按草部、木部、米谷部、果部、菜部等进行野菜野果的分类与介绍，现代一些书籍中也有按植物体性状或生活型分为草本、灌木、藤本、乔木等顺序排列进行介绍的，也有按植物分类学或植物系统学方法排列先后顺序进行介绍的，还有按中文名称音序顺序排列或按中文名称笔画顺序排列介绍的。

由于野菜野果种类多、数量大，不便完全按植物分类学的分类法或完全按农业生物学的分类法来分类，而是采用植物分类学的分类法，并结合器官分类法，可能更有助于人们对野菜野果有一个良好的、清晰的了解，同时也普及了植物分类学知识，提高了人们鉴定与识别野菜野果的能力。

本书将食用部位是植物的果实或种子的分为一类，统称“野果”；食用植物的其他部位，如根、茎、叶、花、幼苗或全株（不含果实和种子）的分为一类，统称“野菜”。

在“野菜”中，再按孢子植物（隐花植物）和种子植物（显花植物）分为两类。

在孢子植物中按植物的系统学关系，分为藻类野菜、菌类野菜、地衣野菜和蕨类野菜；在种子植物中按植物的器官关系，分为根类野菜、茎类野菜、叶类野菜（含嫩苗、嫩株）和花类野菜。

在“野果”中，将只产生种子而无果实的裸子植物分为一类，而将产生果实的被子植物分为另一类。后者再按植物果实分类法，分为聚合果、聚花果和单果三大类。在单果中，又进一步分为干果和肉果，干果分蓇葖果、荚果、蒴果、瘦果、颖果、翅果、坚果 7 种类型，肉果分浆果、柑果、瓠果、梨果、核果 5 种类型。

在每个终级类型的野菜或野果中，按植物系统学关系排列各个种类，其中藻类植物、菌类植物、蕨类植物、裸子植物、被子植物的科、属、种均按《中国淡水藻志》《中国海藻志》《中国真菌志》和 ***Flora of China*** 的顺序排列，各种植物的中文名称和拉丁学名亦依据这些著作命名，少数种有常用别名。由于药食同源，故书中收录的部分植物并不拘泥于狭义的可食用野菜野果，也包括部分药膳植物和茶饮植物。

在本书中，有的同一个科（如五味子科、壳斗科、胡颓子科等）或同一个属（如桑属、茶藨子属、梨属、悬钩子属、猕猴桃属、柑橘属、枸杞属等）的植物是同一种果实类型，且全部或绝大部分种类都是可食用野果。为了节省篇幅，本书不对全科植物或全属植物逐一介绍，而只对其中常见种类做文字描述和图像说明，并指出全科或全属共有多少种植物，它们的主要分布地区，以及科或属的识别要点，以便于人们能举一反三地鉴别或认识该类植物。

多数野菜野果植物只有一个食用部位，有些野菜野果植物有两三个食用部位或更多，除了果实或种子可作为野果食用外，它 / 它们的根、茎、树汁（如桃胶）、叶（含嫩苗或嫩茎叶）或花还可以作为野菜食用，对其可食用的根、茎、叶（嫩苗 / 嫩茎叶）、花部分，在本书中也做了介绍。例如：文冠果除了种子可食用外，它的嫩芽、嫩叶和嫩花都可作为野菜食用，本书将它的这四个可食用器官或部位均做了介绍。相似类型的还有莲（根状茎、花、果实均可食，一并做了介绍）、胡桃、枸杞、刺葵等一些植物。

有些野菜野果民间喜欢食用，现已知有害物质含量较大，多食损害健康。如龙葵是傣族人的当家菜，常作汤料，但它含有能溶解血细胞的龙葵碱。白英、苍耳在一些书中记载为可食用野菜，而据《中国有毒植物》介绍，它们全株有毒，特别是果实、种子毒性大。这些野菜野果以不食为妥，故不列入本书。

## 六、野菜野果资源的利用

1. 野菜野果利用的历史　我国野菜野果的利用有着悠久的历史，早在 3 000 年前的《诗经》中就有描述人们采摘野菜野果的诗句。灾荒之年野菜野果的作用更大，有“糠菜（野菜）半年粮”之说。历代涉及野菜野果的著作也很多，如《千金食治》《食疗本草》《救荒本草》《本草纲目》《植物名实图考》《神农本草》《本草拾遗》《野菜博录》《野菜谱》等记载与总结了民间采摘和食用野菜野果的经验。

新中国成立后，在广泛开展植物资源调查的基础上，我国先后出版了《中国高等植物图鉴》《中国经济植物志》《中国植物志》《中国高等植物》、***Flora of China***，以及各省、自治区、直辖市的《经济植物志》《植物志》《食用植物》等论著，这些论著都有野菜野果的内容。

随着人民生活水平的提高，健康意识的增强，改革开放与商品经济的发展，我国野菜野果资源的开发利用日益受到重视。人们对饮食的需求已从量的满足转向质的重视，使得食品向自然、粗糙、低热量、符合原物等方面利用和发展，人们对曾赖以充饥保命的野菜野果，又重新给予重视，以新的观念重新开发利用，多种野菜野果也以新的姿态重新回到人们的餐桌上和果盘中，以其独特的风味出现在筵席上。野菜野果由原来的农民自采自食转向农民采集，工厂收购加工，成批销售或出口。全国已建成许多野菜野果出口加工基地，野菜野果深加工的研究也已经进行，加工的种类及方法出现多样化、高档化。除传统的鲜食、凉拌、干制、腌制外，还开发出了罐制、盐渍、小菜制品、野菜或野果汁和野菜或野果保鲜品，使得我国野菜野果出口许多国家和地区，每年为国家换取大量外汇。

在我国野菜野果开发业发展迅猛、蓬勃向上的今天，也应看到我国野菜野果资源开发利用方面存在的问题及不足。

2. *野菜野果资源利用潜力大* 我国幅员辽阔，蕴藏着丰富的野菜野果资源。全国栽培的蔬菜水果200余种，而可食用的野菜野果达数千种，为栽培蔬菜、水果的10余倍，甚至更多。目前已经开发利用的野菜野果不足200种，占野菜野果总数的10%还不到，但是野菜野果的研究及规模化开发、生产、利用较少。当前的情况是：一方面传统野菜野果种类在传统采集区过度采集，面临自然资源匮乏的问题，如发菜、薇菜的采集；另一方面有些山区还处于自采自食阶段，大量野菜野果有待开发，特别是经济比较落后的边远山区、林区及少数民族居住地区，野菜野果的开采利用率相当低（占3%左右），这与许多国家消费者的“野味正浓”相比，我国开发野菜野果食品具有很大的潜力，有90%的种类和97%的蕴藏量有待开发，其前景十分广阔。

3. *普通野菜野果介绍较多、特殊种类介绍较少* 目前，资料介绍得多的是些常见野菜野果，从食疗保健、药用功能、营养成分到人工栽培研究得较多，而对一些罕见的特殊种类，或仍在民间而未调查、搜集、整理的野菜野果种类则研究得较少，这些种类还有待相关专业人员今后做补充研究。

4. *加工制品种类少、质量较差* 由于现有野菜野果加工工厂水平低、能力差、设备落后，野菜野果加工品多数仅限于干制、盐渍、罐制，种类单调，而且质量得不到保证，使得我国野菜野果制品在国际市场上缺乏竞争力，价格偏低。

5. *人工栽培研究较少* 有些野菜野果由于要求特殊的环境条件，生产局限性很大，单靠野外采集已经不能满足需要，所以，人工选择、栽培、驯化、开发等研究势在必行。

为加速我国野菜野果资源的开发利用，使其上规模、增效益，必须针对目前存在的问题认真解决。①合理开发，加强野生资源保护，特别是对那些濒临灭绝的种类应该有限制地开发。国家应该对野菜野果的种类、分布及蕴藏量做整体了解，全面宏观地指导开发工作。②加强野菜野果开发力量的投入，加强深加工方面的研究，使开发工作增效益。③加强野菜野果食疗保健、药用功能、营养成分方面的研究，弥补对大量野菜野果在这些方面认识的不足或知识的空白，为它们的综合利用从实践到理论方面有一个升华。④加速人工栽培方面的研究，从人工繁殖和引种驯化入手，以补充天然生产的不足，并从野菜野果中不断选择培育出新的栽培蔬菜、水果、粮食。⑤加强野菜野果制品的标准化工作和野菜野果资源开发利用的立法工作。

野菜野果在形成绿色食品、有机食品方面虽然具有明显优势，但野菜野果并不完全等同于绿色食品、有机食品。绿色食品、有机食品有严格的标准和操作规程，栽培、加工野菜野果都应该按照有关部门颁布的绿色食品、有机食品行业标准进行生产，使产品既保持野菜野果原有特色，又符合绿色食品、有机食品标准。作为商品上市或出口的野菜野果，还应按照商品规格要求进行采集、捆扎、包装，及时出运、销售。这样，出现问题时就有法可依。

## 七、野菜野果的食用方法

在民间，野菜野果的食用方法多种多样，烹调口味因人因地区而不同。了解和掌握一些野菜野果的食用方法，有助于促进人们对食用野菜野果的兴趣。野菜野果的食用方法大致有以下 11 种。

1. 鲜食、凉拌　对于无毒、口感好的野菜野果可以洗干净后直接鲜食 / 生食，野菜如藕、地蚕、野慈姑，等等；野果如茶藨子、越橘、胡颓子、猕猴桃，等等。有一些野菜，如马齿苋、蒲公英、藜（灰灰菜）等经过沸水焯烫后，再换清水冲洗几次，加入所需调味品可做成凉拌菜，如黄酱拌柳芽、香椿拌核桃花、酱拌苣荬菜、凉拌鱼腥草、凉拌马齿苋，等等。

鲜食、凉拌保持了野菜野果的原味，鲜食有鲜、香、嫩的特点，凉拌有鲜、香、嫩、无汁、入味、不腻的特点，鲜食和凉拌都是营养物质保存最完好的方法。凉拌常用的调料有盐、酱油、醋、味精 / 鸡精、白糖 / 红糖 / 冰糖、料酒、芝麻 / 芝麻酱、香油、甜面酱、黄酱、蜂蜜 / 蜂乳、花椒、胡椒、豆蔻、咖喱、孜然、茴香、桂皮、芥末、五香粉、大蒜、姜、葱、辣椒 / 辣椒油、蚝油、琼脂、调味沙司 / 色拉酱，等等，可根据个人的口味选调料配制。

2. 炒食　凡是已知无毒、无特殊气味或无苦涩味的野菜都可以直接炒食，如地肤、野苋菜、荠菜、刺儿菜、革命菜等。炒食是指用旺火将处理好的野菜快速翻炒出锅，主要用于茎叶类的野菜，如素炒水芹菜、素炒沙葱、肉片炒茭白、二月兰炒粉丝，等等。也可与肉、禽、蛋类等材料搭配进行荤炒，如竹笋炒肉、黄花菜炒肉丝、香椿芽炒鸡蛋，等等。炒食的特点是基本保持了野菜的原有风味，营养成分损失较少。

3. 蒸、煮、烙、做馅　是指将野菜野果进行粗加工，或剁成馅与调味品混合均匀后（可荤或素），用面皮包好或与面粉拌和后上笼屉蒸，或用饼铛烙，或用开水煮，或做成包子、饺子、馄饨的食用方法。如南瓜蒸银杏、面粉蒸榆钱、荠菜馅水饺、猪毛菜馅饼、烙饼卷沙葱，等等。其特点是用油较少，口感松软。

4. 炖　是指将野菜野果加工处理后，与其他配料一起放入锅中加水加调味品进行小火炖食的方法。多选用野菜的根、茎或野果。如党参炖肉、山药炖肉、藕炖排骨、肉苁蓉炖鸡、板栗炖肉、芡实炖肉，等等。其特点是有汤有菜，味道鲜美醇厚，又有食疗保健功效。

5. 油炸　是指将加工过的原材料控干水分，可直接放入油锅中干炸，如油炸花椒叶、油炸薄荷叶、油炸地笋，等等。也可裹上面粉、鸡蛋糊，放入油锅中酥炸或软炸，如炸面糊菊花、炸面糊玉兰花、炸面糊香椿、炸面糊仙人掌，等等。其特点是色泽金黄，香味浓郁。

6. 汤、粥、饮　是指将野菜野果经过加工后，配以辅料做成汤，用慢火熬成粥，用开水浸泡或用榨汁机制作成饮料的食用方法。在材料上多选用野菜的根、茎、嫩茎叶、花或果实。如著名的西湖莼菜汤、马兰猪肝汤、枸杞叶肉片汤、守宫木叶猪肝汤、冰糖莲子银耳粥、野豌豆粥、荞米粥、野燕麦粥、金银花饮料、薄荷冰糖饮料、酸枣汁饮料、沙棘饮料，等等。其特点是清香柔软适口，老少皆宜。

7. 腌渍品　是指原材料经过加工后，用盐、酱油、酱、糖、醋、糟（酒糟）、料酒等调味品腌制成咸菜或酱菜。有些种类还可与辣椒、花椒、八角（大料）、糖、醋等辅料一起放入容器中，经过发酵制成泡菜或酸菜。在其腌制过程中，除产生乳酸外，也产生少量醋酸和酒精等，这些有机酸与酒精作用生成酯，使酸菜有芳香味。如朝鲜桔梗、酸辣小根蒜、腌香椿、菊芋酱菜、甘露子酱菜、地笋酱菜、糖醋藕、糖醋竹笋，等等。其特点是气味浓重、风味独特，保存有大量的维生素，是下饭的可口小菜。

8. 干制　野菜野果出产旺季或季节性采摘时间短，而又容易大量集中采摘时，除鲜用外，这些野菜野果还可以经过加工制作成干品，使重量大大减轻，便于运输和储存起来备用，吃时用开水浸泡后再烹饪制作。有些野菜野果，如发菜、海带、海白菜、紫菜、木耳、蘑菇、松子、八角、花椒、酸枣、山楂等可以直接晾晒。一些肉质的野菜野果含水量较多，生命力强，短时间内不容易晒干，如玉竹、黄精、百合、马齿苋等，可放入开水中焯煮或蒸，快速杀死植物细胞后再晾晒，保存营养成分，弥补鲜料直接晾晒过程中营养物质不断消耗的缺陷。

9. 泡酒　在民间，许多具有药用功能的野菜野果的根、茎、树皮、花、果实、种子都可以用来泡酒。主要是选用高度白酒将原材料的药用有效成分析出，并长久保存，随时饮用。如菊花酒、党参酒、桑葚酒、五加皮酒、酸枣酒、山楂酒、猕猴桃酒，等等。这些酒大多具有滋补、养颜、安神、提高免疫力、延年益寿等功效。

10. 甜食或罐制食品　很多野菜野果的根、茎、果实、种子及某些蘑菇可制作成果脯、果酱、果汁、果胶冻、果子羹、甜羹、甜汤、粥、罐头等，其特点是基本保持了野菜野果的原味，而且体积小，便于运输，可以较长时间保存，即使在寒冷的冬天人们也可以品尝到野菜野果的风味。做好罐制食品的关键是排气、密封、杀菌、消毒，并保存在不受外界微生物污染的密闭容器中。

11. 处理后食用　有些野菜野果有小毒，或含有害物质，或苦涩味重，或有异味，食用前必须经过加工处理。如银杏种子外种皮、胚芽有小毒，食用前应充分用水煮熟，倒掉水，并去除外种皮和胚芽，再与其他食材一起制作（无毒）食品。又如新鲜黄花菜含有毒物质秋水仙碱，可采用上笼屉蒸或煮至熟透，或放入开水中烫后晒成干菜的方法可以除去有毒物质，这样食用就无毒安全了。又如魔芋块茎有毒，加入碱水，制成豆腐食用方安全。另外，紫藤花、败酱、马鞭草等有小毒，一些竹类的笋味苦或涩，薇菜苦味极重。对这些植物，食用前先要煮熟透，然后用清水浸泡数小时甚至一昼夜，并换水数次，使有毒物质或苦涩味的含量减少后，才能做菜。但仍以少食、慎食为安全，尤其是孕妇。

除去野菜野果麻苦涩味或有害有毒物质常用以下方法：

（1）漂洗法：将野菜野果在开水中煮过后，放入清水中浸泡，换水数次，反复漂洗，短则几小时，长则一昼夜，漂至水无色为准，或视苦涩味含量多少不同而定漂洗时间与次数。这样可除去溶于水中的配糖体、单宁、生物碱和亚硝酸盐。对于个体较大的野菜野果，如有苦涩味的竹笋、坚果等，可先切片、切丝，或水磨粉，再采用漂洗等方法进行处理。

以有麻、苦、涩味的竹笋或棕心为例，具体步骤是：将水烧开，加少许盐，将竹笋或棕心切片或切丝，放在盐水中煮几分钟，然后置于清水中漂洗；再每隔 1 h 换淡盐水浸泡一次，再用清水漂洗。通常换 2 次水后可去除麻、苦、涩味。

（2）腌制法：在桶中撒上一层食盐，放一层野菜野果，再撒上一层食盐，再放一层野菜野果，如此反复。最上一层撒足食盐，压上重石。这样，经过发酵、分解，以及食盐的作用，可除去一些异味或有害有毒物质。经过腌制而析出的水，以倒掉为宜。

（3）碱水法：对于涩味（单宁）较重的野菜野果，可在水中加入草木灰或碳酸钠（纯碱 / 苏打）或碳酸氢钠（小苏打）。每 1000 g 野菜野果加水 1500 g，草木灰 40 g。先将草木灰加入水中浸泡，过滤后将上清液倒入锅中煮开，浇入放置有野菜野果的容器中，直到野菜野果被浸没为止，再用重物压上，约一昼夜后即可去除涩味，再用清水漂洗掉涩水，就可炒食、凉拌或用其他方法制作食用。使用碳酸钠或碳酸氢钠时，每 1000 g 野菜野果加入 1500 g 水、3 g 碳酸钠（或 3~4 g 碳酸氢钠），方法同草木灰法。

（4）淀粉制取法：有些野菜野果可食用部位比较坚硬和厚实，富含淀粉，用以上方法难以去除苦涩味或有毒有害物质，如部分壳斗科植物的坚果。为了利用它们（淀粉），可采用淀粉制取法提取淀粉，制成粉丝或豆腐食用。一般制作流程是：清洗—碎浆—过滤—沉淀—脱水—干燥。具体流程为：将采摘回的坚果或其他富含淀粉的材料尽早清洗，再加水做碎浆处理（捶碎、捣烂、碾磨、打碎等均可），或去除果壳后加水做碎浆处理，经纱布过滤，在水缸或盆中揉搓，洗尽淀粉，去除渣滓。将洗出的淀粉水经沉淀后，去除上清水，留取淀粉浆，制成豆腐，或再经吊滤去除水分而得到含水量较低的淀粉。如果做粉丝等粉制品，可以直接用湿粉进行加工；如果要得到干淀粉，则进行人工干燥或干燥机处理。对于绝大多数种类，采用此法可去除苦涩味；若遇苦涩味强的种类，在留取淀粉浆后，再用盐水浸泡 2 次，每次 1h，换清水洗后即可去除苦涩味。

（5）魔芋豆腐制作法：魔芋的块茎富含淀粉，但块茎有毒，必须用碱水漂洗，煮熟后方可食用或加工制成魔芋豆腐食用。碱水可用生石灰水，或稻草灰水，或烧碱水，或苏打粉水制作，起凝胶剂作用。先将魔芋去皮，打成浆粉，与米粉混合，再用冷水调匀，慢慢均匀倒入开水中，不断搅拌成糊状，原料倒完后继续搅拌 10 min，并煮 0.5 h，然后将配好的碱水一根线似的倒入锅中，慢倒快搅，使颜色由灰绿色转为灰白色或灰黑色。碱水倒毕继续搅拌一段时间，使碱胶充分混合，再微火煮 0.5 h，用手触摸豆腐表面，以不粘手为度，否则为碱不够，需再加。停火后闷 0.5 h，加入冷水，用刀划成几大块，捞起滤干。将锅洗净，放入魔芋豆腐，再加水，大火猛煮，换几次水，直至水中无涩味方能食用。其他类似的植物，亦可采用此方法。

# 第二部分

# 野果类群

## 裸子植物类群

裸子植物（Gymnosperm）是原始的种子植物，为多年生木本植物，其胚珠裸露而无子房包被，种子裸露而无果实包被。

裸子植物广布于南、北半球，是重要的森林植物。全世界现有裸子植物约 850 种；中国是世界上裸子植物最丰富的国家，约有 250 种。

# 银杏科 Ginkgoaceae

## 1. 银杏 白果、公孙树（银杏科 Ginkgoaceae）

*Ginkgo biloba* L.

**识别要点：**落叶乔木。叶片扇形，有长柄。种子核果状，椭球形至近球形，长 2.5~3.5 cm，秋季成熟时淡黄色，被白粉。

**分布与生境：**原产我国，各地普遍栽培或半野生。

**食用部位与食用方法：**种仁可食，营养丰富，药、食俱佳。将核果状种子的肉质外种皮搓洗掉，再去除白色骨质中种皮，经水煮剥脱黄褐色膜质内种皮后，留下种仁，剔除里面的胚芽。可蒸食（如将银杏种仁置入剖开的南瓜内蒸食等）、煮食（如将银杏种仁、百合、枸杞混合煮汤等）、烘烤制成干果食用，以及制成白果精、白果羹、冰糖白果、蜜饯白果、白果蜜汁、月饼、罐头、酒、饮料等食用。

**食疗保健与药用功能：**种仁味甘、苦涩，性平，归肺经，有毒，含银杏酸、维生素 C、胡萝卜素等，有敛肺气、定喘咳、止带浊、缩小便、杀虫、通畅血管、改善大脑功能、延缓衰老等功效，适用于哮喘痰咳、带下白浊、遗尿、尿频、遗精、淋病、疥癣、白癜风、肠风脏毒等症，还能降低血液中胆固醇水平，防止动脉硬化，降低血液黏稠度。

注意事项：银杏种子含氰苷，外种皮、胚芽有小毒。食用前应充分用水煮熟，倒掉水，并去除外种皮和胚芽，再与其他食材一起制作食品。食用时一次不能进食太多，否则易发生中毒现象，表现为口舌麻木、腹泻、嗜睡、发热、恐惧、惊厥、昏迷、面色青紫等，重者可因呼吸麻痹而死亡。解救时可采用催吐、洗胃、导泻、服蛋清等方法，若症状较重，则要送医院治疗。

## 2. 白皮松（松科 Pinaceae）

*Pinus bungeana* Zucc. ex Endl.

**识别要点：**常绿乔木。主干树皮淡褐灰色或灰白色，块片脱落露出粉白色内皮。叶针形，束生，3 针一束，长 5~10 cm。球果卵球形或锥状卵球形，长 5~7 cm，直径 4~6 cm。种子近倒卵球形，长 0.8~1.1 cm，灰褐色，种翅短，易脱落。球果 10~11 月成熟。

**分布与生境：**产河北、河南、山西、陕西、甘肃、湖北及四川，生于海拔 500~1 800 m的山地林中。辽宁、山东及长江流域各省均有栽培。

**食用部位与食用方法：**种仁炒熟后可食，亦可做菜或做糕点。

## 3. 红松（松科 Pinaceae）

*Pinus koraiensis* Sieb. & Zucc.

**识别要点：**常绿乔木，高达 50 m。叶针形，束生， 5 针一束，长 6~12 cm，粗硬。球果圆锥状卵球形或圆锥状长卵球形，长 9~14 cm，直径 6~8 cm，成熟后球果不开裂或微张开。种子倒卵状三角形，长 1.2~1.6 cm，无翅。球果 9~10 月成熟。

**分布与生境：**产黑龙江、吉林、辽宁，生于海拔 150~1 800 m 的地带，组成针阔叶混交林或单纯林。俄罗斯远东地区、朝鲜及日本有分布。

**食用部位与食用方法：**种仁经炒或烘熟后可食用，亦可做菜、煮粥或做糕点。

**食疗保健与药用功能：**种仁味甘，性温，含脂肪油、蛋白质、碳水化合物、钙、铁、磷，以及多种人体必需氨基酸和维生素，有润肠通便、润肺止咳、滋阴祛风、养阴之功效，适用于肠燥便秘、肺燥咳嗽、头目眩晕、风湿性关节炎等症，具有很高的营养价值和医药保健功能。

## 4. 偃松（松科 Pinaceae）

*Pinus pumila* (Pall.) Regel.

**识别要点：**常绿小乔木，高 3~6 m。叶针形，束生，5 针一束，长 4~6 cm。球果圆锥状卵球形，长 3~4.5 cm，直径 2.5~3 cm，成熟后球果不开裂或微张开。种子三角状倒卵球形，长 7~10 mm，无翅。球果 9 月成熟。

**分布与生境：**产黑龙江、吉林及内蒙古，生于海拔 1 000~2 300 m 的高山上部，与其他针叶林组成矮林。俄罗斯东部、朝鲜及日本有分布。

**食用部位与食用方法：**同红松。

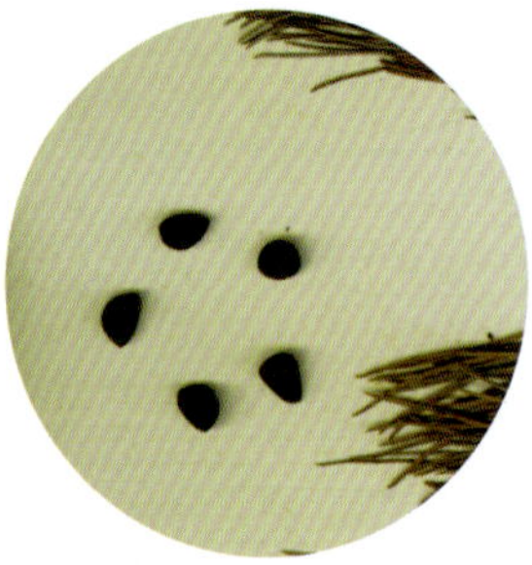

## 5. 鲜卑五针松 西伯利亚五针松、新疆五针松（松科 Pinaceae）

*Pinus sibirica* Du Tour.

**识别要点：**常绿乔木，高达 35 m。叶针形，束生，5 针一束，长 6~11 cm。球果圆锥状卵球形，长 5~8 cm，直径 3~5.5 cm，成熟后球果不开裂或微张开。种子倒卵球形，长约 1 cm，无翅。球果 9~10 月成熟。

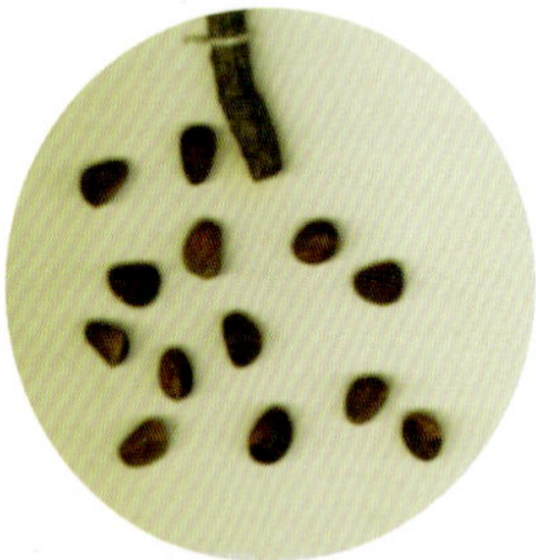

**分布与生境：**产新疆、内蒙古及黑龙江，生于海拔 800~2 400 m 的山地林中。哈萨克斯坦、蒙古及俄罗斯有分布。

**食用部位与食用方法：**同红松。

## 6. 华山松（松科 Pinaceae）

*Pinus armandii* Franch.

**识别要点：**常绿乔木，高达 25 m。叶针形，束生， 5 针一束，长 8~15 cm。球果圆锥状长卵球形，长 10~20 cm，直径 5~8 cm，成熟后球果张开，种子脱落。种子倒卵球形，长 1~1.5 cm，无翅或两侧及顶端具棱脊。球果 9~10 月成熟。

**分布与生境：**产河北西部、山西南部、河南、陕西、甘肃南部、宁夏、青海东部、湖北西部、湖南西部、重庆、四川、贵州、云南及西藏东南部，生于海拔 1 000~3 300 m 的地带，常组成单纯林或混交林。缅甸北部有分布。

**食用部位与食用方法：**同红松。

## 7. 海南五针松（松科 Pinaceae）

*Pinus fenzeliana* Hand.-Mazz.

**识别要点：**常绿乔木，高达 50 m。叶针形，束生， 5 针一束，长 10~18 cm。球果长卵球形或椭圆状卵球形，长 6~12 cm，直径 3~6 cm，成熟后球果张开，种子脱落。种子倒卵状椭球形，长 0.8~1.5 cm，顶端具长 2~4 mm 的短翅。球果 10~11 月成熟。

**分布与生境：**产湖南南部、安徽、湖北、海南、广西、贵州及四川东南部，生于海拔 900~1600 m 的山地、山脊的针阔叶混交林中。

**食用部位与食用方法：**同红松。

## 8. 乔松（松科 Pinaceae）

*Pinus wallichiana* A. B. Jackson.

**识别要点：**常绿乔木，高达 70 m。一年生枝绿色。叶针形，束生，5 针一束，长 10~20（~26）cm，细柔下垂。球果圆柱形，长 15~25 cm，直径 3~5 cm，果梗长 2.5~4 cm；成熟后球果张开，种子脱落。种子椭圆状倒卵球形，长 7~8 mm，上端具结合而生的长翅，翅长 2~3 cm。球果秋季成熟。

**分布与生境：**产云南西北部及西藏南部，生于海拔 1 600~3 300 m 的山地，形成单纯林或混交林。阿富汗、巴基斯坦、印度、尼泊尔、不丹及缅甸有分布。

**食用部位与食用方法：**同红松。

## 9. 华南五针松（松科 Pinaceae）

*Pinus kwangtungensis* Chun & Tsiang.

**识别要点：**常绿乔木，高达 30 m。叶针形，束生，5 针一束，长 3.5~7 cm，直径 1~1.5 mm，较粗短。球果圆柱状长球形或圆柱状卵球形，长 4~9 cm，直径 3~6 cm；成熟后球果张开，种子脱落。种子椭球形或倒卵球形，长 0.8~1.2 cm，种翅与种子近等长。球果 10 月成熟。

**分布与生境：**产湖南南部、广东北部、海南、广西及贵州南部，生于海拔 700~1 800 m 的山地针阔叶混交林中。越南北部有分布。

**食用部位与食用方法：**同红松。

## 柏科 Cupressaceae

### 10. 侧柏（柏科 Cupressaceae）

*Platycladus orientalis* (L.) Franco.

**识别要点：**常绿乔木。小枝直展，扁平，排成一平面，两面同形。鳞叶交互对生，背面有腺点。球果卵状椭球形，长 1.5~2 cm；果鳞背部顶端下方有一弯曲钩状尖头。种子椭球形或卵球形，长 4~6 mm，灰色或紫灰色，无翅。球果 10 月成熟。

**分布与生境：**产辽宁、内蒙古、河北、山西、河南、陕西、甘肃、山东、湖北、四川、云南及西藏，生于海拔 300~3 300 m 的石灰岩山地，江苏、安徽、浙江、福建、江西、湖北、湖南、广东、广西、贵州等省有栽培。俄罗斯远东地区、朝鲜及越南有分布。

**食用部位与食用方法：**种仁富含油，经炒熟或烘熟后可食用，亦可做菜、做糕点或煮粥。

**食疗保健与药用功能：**种仁味甘，性平，归心、肾、大肠经，有滋补强壮、养心安神、润肠通便、止汗等功效，适用于心神不安、肠燥便秘、惊悸、失眠、遗精、盗汗等症。

## 红豆杉科 Taxaceae

### 11. 榧树 香榧（红豆杉科 Taxaceae）

*Torreya grandis* Fort. ex Lindl.

**识别要点：**常绿乔木。枝轮生。叶交叉对生，基部扭转排成 2 列，线形，长 1.1~2.5 cm，宽 2.5~3.5 mm，先端凸尖成刺状尖头，基部圆或微圆形，中脉不明显，有 2 条稍明显的纵槽，叶面光亮绿色，叶背淡绿色。种子核果状椭球形，长 2~4.5 cm，直径 1.5~2.5 cm，成熟时淡紫褐色，有白粉，顶端有小凸尖头。种子 9~10 月成熟。

**分布与生境：**产河南、江苏、安徽、浙江、福建、江西、湖南及贵州，生于海拔 1 400 m 以下的山地林中。

**食用部位与食用方法：**将核果状种子的外种皮搓洗掉，保留坚硬的中种皮，晾干，炒熟。食用时去除中种皮，留下的种仁可食，其味香酥甘醇，营养丰富，曾为贡品。种仁含油、粗蛋白、总糖、矿物质等。氨基酸占粗蛋白的 82.3%，其中有人体不能合成的 8 种必需氨基酸。

**食疗保健与药用功能：**香榧子味甘涩，性平，归肺、胃、大肠经，具化痰、润肺止咳、驱虫消积、润肠通便、消痔、强身等功效，适用于防治肺燥咳嗽、肠燥便秘、小儿疳积、多种肠道寄生虫病等症。

## 12. 垂子买麻藤（买麻藤科 Gnetaceae）

*Gnetum pendulum* C. Y. Cheng

**识别要点：** 常绿木质大藤本。枝节膨大呈关节状。单叶对生，叶片窄矩圆形或矩圆状卵形，长 10~18 cm，宽 4~7 cm，先端尖或短渐尖，基部圆或宽楔形，侧脉 8~10 对；叶柄长达 1.5 cm。雌球花穗通常侧生于老枝上。种子倒卵状长椭球形或长椭球形，长 3~4 cm，直径 1~1.8 cm，先端钝圆或尖；种子柄长 0.5~3 cm，基部稍弯曲，种子下垂。

**分布与生境：** 产广西、贵州、云南及西藏，生于海拔 1 200~2 100 m 的山地及峡谷林中。

**食用部位与食用方法：** 成熟种子可炒食、酿酒、榨油。

## 13. 买麻藤（买麻藤科 Gnetaceae）

*Gnetum montanum* Markgr.

**识别要点：** 常绿木质大藤本，长 10 m 以上。枝节膨大呈关节状。单叶对生，叶片矩圆形、矩圆状披针形或椭圆形，长 10~25 cm，宽 4~11 cm，先端短钝尖，基部圆形或宽楔形，侧脉 8~13 对；叶柄长 8~15 mm。雌球花穗通常侧生于老枝上。种子矩圆状卵球形或长球形，长 1~2 cm，径 0.6~1.2 cm，成熟时黄褐色或红褐色，光滑，有时被银白色鳞斑；种子柄长 2~3 mm。种子 8~10 月成熟。

**分布与生境：** 产福建、广东、海南、广西及云南，生于海拔 200~2 700 m 的山地林中。印度、不丹、缅甸、老挝、越南及泰国亦有分布。

**食用部位与食用方法：** 成熟种子可炒食、酿酒、榨油。

**食疗保健与药用功能：** 味苦，性温，有祛风除湿、活血散瘀之功效。

## 14. 小叶买麻藤（买麻藤科 Gnetaceae）

*Gnetum parvifolium* (Warb.) Chun.

**识别要点：**常绿木质藤本，长 2~12 m。枝节膨大呈关节状。单叶对生，叶片椭圆形、窄长椭圆形或长倒卵形，长 4~10 cm，宽约 2.5 cm，先端尖或渐尖而钝，基部宽楔形或微圆，侧脉细；叶柄长 5~8 mm。雌球花穗通常侧生于老枝上。种子长椭球形或窄矩圆状倒卵球形，长 1.3~2.2 cm，直径 0.5~1.2 cm，成熟时红色，干后表面常有细纵皱纹；无柄或近无柄。种子 8~11 月成熟。

**分布与生境：**产福建、江西、湖南、广东、海南、广西及贵州，生于海拔 100~ 1 000 m 的山地林中。

**食用部位与食用方法：**成熟种子可炒食、榨油。

**食疗保健与药用功能：**味苦，性温，有祛风活血、消肿止痛、化痰止咳之功效。

黄刺莓

## 被子植物类群

### 一、聚合果类群

被子植物（Angisperm）又称有花植物，是植物界最高级的一类植物，其胚珠包被于子房之内，种子包被于果实之内。

被子植物种类最多，分布最广，结构最复杂，适应性最强，经济价值最大，野菜野果种类最多。全世界现有被子植物约 25 万种；中国被子植物资源极其丰富，有 3 万余种。

聚合果是由一朵花内若干离生心皮形成的一个整体。

## 五味子科 Schisandraceae

**识别要点：**木质藤本。单叶互生，叶柄细长，无托叶。聚合果腋生，穗状或球状，由小浆果组成。小浆果具种子 1~2 枚，稀较多，种子两侧扁，肾形、心形、扁球形或扁椭球形。

**分布与生境：**世界有23种，主产于亚洲东部至东南部。我国有17种，主产于长江流域及其以南山地或丘陵。

**食用部位与食用方法：**该科植物的成熟果实通常红色或紫红色，稀紫黑色，味酸甜，均可鲜食、炒食或做甜羹。因其果皮、果肉甘酸，种子辛、苦、咸，五味俱全，故名五味子。

注意事项：本科植物在果期的形态与旌节花科（Stachyuraceae）一些植物相似，但旌节花科植物为灌木或小乔木，其浆果含种子多数，种子小，球形（不为两侧扁），可以区别。旌节花科植物的浆果不可食用，如中国旌节花（*Stachyurus chinensis* Franch.）。

**五味子科常见植物有下列 13 种：**

中国旌节花

中国旌节花

## 1. 黑老虎 冷饭团

*Kadsura coccinea* (Lem.) A. C. Smith

**识别要点：**常绿藤本，全株无毛。叶革质，矩圆形或卵状披针形，长7~18 cm，先端钝或短渐尖，全缘。聚合果近球形，直径6~12 cm，或更大；果梗长2.5~5 cm；小浆果长达4 cm。种子心形或卵状心形，长6.9~8.5 mm，表面平滑。果期7~11月。

**分布与生境：**产福建、江西、湖南、广东、海南、广西、贵州、四川及云南，生于海拔400~1 400 m的山坡、峡谷灌丛或森林中。越南、老挝、缅甸、泰国及印度尼西亚有分布。

**食用部位与食用方法：**成熟果实红色或紫红色，味酸甜，可食。

**食疗保健与药用功能：**果味辛，微苦，性温，有行气止痛、祛风活络、散瘀消肿之功效，适用于胃溃疡、十二指肠溃疡、慢性胃炎、急性胃肠炎、风湿性关节炎、跌打肿痛、痛经、产后瘀血腹痛等症。

## 2. 异形南五味子

*Kadsura heteroclita* (Roxb.) Craib.

**识别要点：**常绿藤本，全株无毛。老茎木栓层厚，块状纵裂。叶革质，卵状椭圆形、宽椭圆形至椭圆形，长6~13.5 cm，先端急尖或短渐尖，尖头通常偏斜，全缘或疏生细齿。聚合果近球形，直径2.5~5 cm；果梗长1.4~4.5 cm；小浆果长0.4~2.2 cm。种子肾形或扁椭球形，长4.2~6.5 mm，表面平滑。果期8~12月。

**分布与生境：**产浙江、福建、江西、湖北、湖南、广东、海南、广西、贵州、四川及云南，生于海拔100~2 100 m的丘陵、山坡林中或溪边灌丛中。越南、老挝、缅甸、印度、孟加拉国、泰国、斯里兰卡、马来西亚、印度尼西亚及菲律宾有分布。

**食用部位与食用方法：**成熟果实红色，味酸甜，可食。

**食疗保健与药用功能：**果味辛苦，性温，有活血理气、祛风活络、消肿止痛之功效，适用于溃疡、胃肠炎、中暑腹痛、月经不调、风湿性关节炎、跌打损伤等症。

## 3. 毛南五味子

*Kadsura induta* A. C. Smith

**识别要点：**常绿藤本。当年生枝被茸毛。叶坚纸质，卵状椭圆形，长 9~15.5 cm，先端尾状渐尖，全缘或生不明显锯齿，叶背被茸毛。聚合果近球形，直径 4.5~15 cm；果梗长 8~18 cm，密被短茸毛；小浆果密被短茸毛。种子宽肾形，长 6.1~8.4 mm，表面平滑。果期 9~11 月。

**分布与生境：**中国特有，产广西、贵州及云南，生于海拔 550~1 500 m 的石灰岩山地林中。

**食用部位与食用方法：**成熟果实红色，味酸甜，可食。

## 4. 南五味子 日本南五味子、长梗南五味子

*Kadsura japonica* (L.) Dunal.

**识别要点：**常绿藤本，全株无毛。老茎木栓层厚，块状纵裂。叶革质或坚纸质，矩圆状披针形、卵状椭圆形或椭圆形，长 4~12 cm，先端短渐尖至渐尖，尖头竖直，边缘有齿，稀全缘。聚合果球形，直径 1.5~3.5 cm；果梗长 5~17 cm；小浆果长 0.8~2 cm。种子肾形或扁椭球形，长 3.8~4.9 mm，表面平滑。果期 9~12 月。

**分布与生境：**产河南南部、江苏、安徽、浙江、福建、台湾、江西、湖北、湖南、广东、广西、贵州、四川及云南，生于海拔 100~2 000 m 的丘陵、山地溪边林中或灌丛中。日本、韩国和菲律宾有分布。

**食用部位与食用方法：**成熟果实红色，味酸甜，可食。

## 5. 冷饭藤

*Kadsura oblongifolia* Merr.

**识别要点：**常绿藤本，全株无毛。叶坚纸质至近革质，矩圆状披针形、狭矩圆形或狭椭圆形，长 5~9 cm，宽 1~3 cm，先端钝，全缘或具不明显疏齿。聚合果近球形，径 1.2~2 cm；果梗长 1~6 cm；小浆果长 4~8 mm。种子肾形或扁椭球形，长 2.4~4.7 mm，表面平滑。果期 10~11 月。

**分布与生境：**产福建、台湾、广东、海南及广西，生于海拔 250~1 500 m 的山地林中。越南北部有分布。

**食用部位与食用方法：**成熟果实红色，味酸甜，可食。

**食疗保健与药用功能：**果味甘，性温，有祛风湿、和肠胃、行气止痛之功效，适用于感冒、风湿痹痛、腹泻、呕吐、跌打损伤等症。

## 6. 大花五味子　红花五味子

*Schisandra grandiflora* (Wall.) Hook. f. & Thoms.

**识别要点：**落叶藤本。幼枝圆柱形，芽鳞早落，全株无毛。叶纸质，狭椭圆形、椭圆形、倒披针形或倒卵形，长 3.5~16 cm，先端渐尖，叶缘具疏锯齿，侧脉在叶面下凹。花红色。聚合果穗状，长 5~25 cm；果梗长 2.5~8 cm；小浆果倒卵状椭球形，长 7~11 mm。种子肾形，长 2.5~3.8 mm，表面近光滑。果期 8~9 月。

**分布与生境：**产陕西、甘肃南部、湖北、湖南、贵州、重庆、四川、云南及西藏，生于海拔 1 000~4 100 m 的山顶、山脊或山体上部山坡林中或灌丛中。不丹、尼泊尔、缅甸及印度有分布。

**食用部位与食用方法：**成熟果实红色，味酸甜，可食。

**食疗保健与药用功能：**果味酸甘，性温，归肺、心、肾经，有固涩收敛、补肾宁心之功效，适用于咳嗽、遗尿、遗精、盗汗、心悸、失眠等症。

## 7. 华中五味子 绿叶五味子、小花五味子、阿里山五味子、滇藏五味子

*Schisandra sphenanthera* Rehd. & Wils.

**识别要点：**落叶藤本。幼枝圆柱形，芽鳞早落，全株无毛。叶纸质，卵状披针形、卵形、圆形至倒卵状披针形，长 3~15 cm，先端短急尖或渐尖，叶缘具疏齿。聚合果穗状，长 6~22 cm；果梗长 3~12 cm；小浆果椭球形，长 5~12 mm。种子肾形或扁球形，长 2.6~4.0 mm，表面光滑。果期 7~10 月。

**分布与生境：**产山西、陕西南部、宁夏南部、河南南部、江苏南部、安徽、浙江、福建、台湾、江西、湖北、湖南、广东、广西、贵州、重庆、四川、云南及西藏，生于海拔 200~3 000 m 的山地沟谷、山坡林间或灌丛中。尼泊尔、缅甸、印度、越南、泰国、斯里兰卡等国有分布。

**食用部位与食用方法：**成熟果实红色，味酸甜，可食。

**食疗保健与药用功能：**果味酸甘，性温，归肺、心、肾经，有敛肺滋肾、涩精止汗、补肾宁心、益气生津之功效，适用于防治久咳虚喘、肺虚喘咳、口干舌燥、久泻久痢、短气脉虚、津伤口渴、内热消渴、心悸、失眠、自汗盗汗、梦遗滑精、遗尿、尿频、肾虚等症。

## 8. 毛叶五味子 毛脉五味子、柔毛五味子

*Schisandra pubescens* Hemsl. & Wils.

**识别要点：**落叶藤本。幼枝圆柱形，芽鳞早落，芽鳞、幼枝、叶背、果梗多少被毛。叶纸质，卵形、宽卵形、卵状椭圆形或近圆形，长 5~14 cm，先端短急尖，叶缘具浅锯齿。聚合果穗状，长 3~15 cm；果梗长 4~10 cm；小浆果近球形，直径 4.5~8 mm。种子肾形或扁椭球形，长 2.4~3.6 mm，表面平滑。果期 7~9 月。

**分布与生境：**产湖北、湖南、广东北部、广西东北部、贵州、重庆、四川及云南，生于海拔 400~ 2 600 m 的山坡丛林中。越南北部有分布。

**食用部位与食用方法：**成熟果实红色，味酸甜，可食。

**食疗保健与药用功能：**果入药，有镇咳、滋补之功效，适用于神经衰弱、心肌乏力、过分疲劳、失眠等症。

## 9. 翼梗五味子

*Schisandra henryi* Clarke.

**识别要点**：落叶藤本。幼枝常具纵向翅状棱，芽鳞宿存至幼果期，全株无毛。叶纸质，宽卵形、矩圆状卵形或近圆形，长 6~18 cm，先端短渐尖或短急尖，叶缘具浅锯齿，叶背常被白粉。聚合果穗状，长 3~14 cm；果梗长 6~13 cm；小浆果球形，直径 5~10 mm。种子肾形或扁椭球形，长 2~4 mm，表面具瘤状突起。果期 8~9 月。

**分布与生境**：产陕西南部、安徽、浙江、福建、江西、湖北、湖南、广东、广西、贵州、重庆、四川及云南，生于海拔 400~2 600 m 的山地沟谷、山坡林下或灌丛中。越南和泰国有分布。

**食用部位与食用方法**：成熟果实红色，味酸甜，可食。

**食疗保健与药用功能**：果味酸甘，性温，有滋肾固精、敛肺止咳之功效，适用于久咳虚喘、尿频、遗精、盗汗、心悸、失眠等症。

## 10. 五味子 北五味子

*Schisandra chinensis* (Turcz.) Baill.

**识别要点**：落叶藤本。老枝皮片状剥落。叶膜质，卵形至倒卵形，长 3~14 cm，先端急尖，叶缘具疏浅锯齿，叶背脉上被毛。聚合果穗状，长 2~9 cm；果梗长 2~7 cm；小浆果近球形，直径 6~8 mm。种子肾形，长 2.5~4.0 mm，表面平滑。果期 8~10 月。

**分布与生境**：产黑龙江、吉林、辽宁、内蒙古、河北、北京、山西及山东，生于海拔 300~ 2 170 m 的山地沟谷、溪边、山坡林中或灌丛中。俄罗斯远东地区、日本、朝鲜和韩国有分布。

**食用部位与食用方法**：成熟果实红色，稀白色，可食。

**食疗保健与药用功能**：果皮、果肉味酸甘咸，种子味辛苦，性温，归肺、心、肾经，含五味子木脂类化合物、维生素 C、少量糖类等。有固涩收敛、益气生津、补肾宁心、护肝之功效，适用于久咳虚喘、久泻久痢、肾虚、遗精滑精、自汗盗汗、遗尿、尿频、伤津口渴、气短脉虚、内热消渴、心悸、失眠、肝炎等症。

## 11. 二色五味子 瘤枝五味子

*Schisandra repanda* (Sieb. & Zucc.) Radlk.

**识别要点：**落叶藤本。老枝紫褐色或黑褐色，皮孔大，瘤状凸起，老茎木栓层厚，块状纵裂，全株无毛。叶纸质，阔卵形至近圆形，长 4~9 cm，先端骤尖，边缘疏生小齿。聚合果穗状，长 3~7 cm；果梗长 3~8 cm；小浆果球形，直径 1~2 cm。种子肾形，长 3.1~5.6 mm，表面瘤状突起。果期 9~10 月。

**分布与生境：**产安徽南部、浙江、江西、湖南、广西东北部及云南东南部，生于海拔 100~1 500 m 的山地林中或灌丛中。日本和韩国有分布。

**食用部位与食用方法：**成熟果实红色、紫红色或紫黑色，味酸甜，可食。

**食疗保健与药用功能：**果实有固涩收敛、益气生津、补肾宁心之效，适用于久咳虚喘、遗尿、遗精、盗汗、心悸、失眠等症。

## 12. 铁箍散 合蕊五味子

*Schisandra propinqua* (Wall.) Baill.

**识别要点：**常绿藤本。新叶萌发时老叶常随即脱落，全株无毛。叶坚纸质，狭披针形、披针形、椭圆状披针形或矩圆状卵形，长 4~17 cm，先端渐尖或长渐尖，边缘具齿，若全缘则叶宽不超过 2.5 cm。聚合果穗状，长 3~15 cm；果梗长 0.5~2.5 cm；小浆果近球形，直径 6~10 mm。种子扁球形，长 3.0~5.4 mm，表面平滑。果期 8~9 月。

**分布与生境：**产甘肃南部、陕西南部、河南南部、福建、江西、湖北、湖南、重庆、贵州、广西、云南及西藏，生于海拔 200~2 700 m 的山地沟谷、山坡常绿阔叶林中或林缘。缅甸、不丹、尼泊尔、印度、泰国和印度尼西亚有分布。

**食用部位与食用方法：**成熟果实红色，味酸甜，可食。

**食疗保健与药用功能：**果实适用于神经衰弱、失眠等症。

# 13. 大果五味子

*Schisandra macrocarpa* Q. Lin & Y. M. Shui

**识别要点：**常绿大藤本，长达 20 m，全株无毛。叶近革质，卵状椭圆形或椭圆形，长 10~22 cm，先端渐尖或短急尖，全缘。聚合果穗状，常生于老茎上，长 4~13 cm；果梗长 4~5 cm；小浆果球形，直径 1.5~2 cm。种子扁椭球形，长 8~10 mm，表面平滑。果期 8~9 月。

**分布与生境：**产云南东南部，生于海拔 300~1 300 m 的石灰岩山地及雨林中。越南北部有分布。

**食用部位与食用方法：**本种是 2011 年发现的新种，成熟果实大如樱桃，红色，味酸甜，可食，极具开发价值。

## 蔷薇科 Rosaceae

### 悬钩子属 *Rubus* L.

**识别要点：**通常为落叶灌木或亚灌木。常具皮刺或针状刺。单叶、羽状复叶或掌状复叶，互生，常有锯齿；有叶柄及托叶。花萼果期宿存，花瓣白色或红色。聚合果，由多数小核果组成，与花托连成一体，通常呈球形或半球形，黄色、红色、紫红色或黑色，多浆汁。

**分布与生境：**700 余种，分布于全球，以北温带最多。我国有 208 种。

**食用部位与食用方法：**大多数种类的果实多浆汁，味酸甜，可鲜食、酿酒、制醋、制果汁、制果酱等。

**悬钩子属常见有下列 36 种：**

## 14. 白叶莓（蔷薇科 Rosaceae）

*Rubus innominatus* S. Moore

**识别要点：**灌木。小枝密被柔毛，疏生钩状皮刺。单数羽状复叶，小叶 3 或 5 枚，小叶片卵形至椭圆形，长 4~10 cm，叶面疏生毛或近无毛，叶背密被灰白色茸毛，沿叶脉混生柔毛，叶缘有不整齐粗锯齿或粗重锯齿；叶柄长 2~4 cm，与叶轴均密被柔毛。花序顶生，总状或圆锥状；花序梗、花梗和花萼均密被灰黄色长柔毛和腺毛；花瓣紫红色。聚合果近球形，直径 8~10 mm，成熟后橘红色，初被毛，后无毛。果期 7~8 月。

**分布与生境：**产陕西、甘肃、河南、安徽、浙江、福建、江西、湖北、湖南、广东、广西、贵州、四川及云南，生于海拔 400~2 500 m 的山谷、沟边、山坡疏林或灌丛中。

**食用部位与食用方法：**果可鲜食或制醋。

## 15. 弓茎悬钩子（蔷薇科 Rosaceae）

*Rubus flosculosus* Focke.

**识别要点：** 灌木。枝有时被白粉，疏生紫红色钩状扁平皮刺。单数羽状复叶，小叶 5~7 枚，小叶片卵形、卵状披针形或卵状矩圆形，长 3~7 cm，叶面无毛或近无毛，叶背有灰白色茸毛，叶缘有粗重锯齿；叶柄、叶轴上均被毛和钩状小皮刺。花序顶生，窄圆锥状；花粉红色。聚合果球形，直径 5~8 mm，成熟后红色至红黑色，无毛或微具柔毛。果期 8~9 月。

**分布与生境：** 产陕西、甘肃、山西、河南、浙江、福建、湖北、四川及西藏东南部，生于海拔 900~ 2 800 m 的山谷、江边、沟边或山坡林中。

**食用部位与食用方法：** 果可鲜食或制醋。

## 16. 华中悬钩子（蔷薇科 Rosaceae）

*Rubus cockburnianus* Hemsl.

**识别要点：** 灌木。小枝无毛，有白粉，疏生钩状皮刺。单数羽状复叶，小叶 5~9 枚，小叶片矩圆状披针形或卵状披针形，长 5~10 cm，叶面无毛或近无毛，叶背有灰白色茸毛，叶缘有不整齐粗锯齿或缺刻状重锯齿，顶生小叶常浅裂；叶柄、叶轴无毛，疏生钩状小皮刺。圆锥花序顶生，长 10~16 cm；花粉红色。聚合果近球形，直径不及 1 cm，成熟后紫黑色，微被毛。果期 8~9 月。

**分布与生境：** 产陕西、河南、四川、云南及西藏，生于海拔 900~4 000 m 的阳坡灌丛或沟谷林中。

**食用部位与食用方法：** 果可鲜食，也可制果酱、果汁或熬糖。

## 17. 红泡刺藤（蔷薇科 Rosaceae）

*Rubus niveus* Thunb.

**识别要点：**灌木。枝常被白粉，疏生钩状皮刺。单数羽状复叶，小叶 5~11 枚，小叶片椭圆形、卵状椭圆形或菱状椭圆形，长 2.5~7 cm，叶面无毛或沿脉有毛，叶背有灰白色茸毛，叶缘有不整齐粗锐锯齿，有时具 3 裂片；叶柄、叶轴被毛和疏生钩状小皮刺。花序顶生，被毛；花红色。聚合果球形，直径 0.8~1.2 cm，成熟后深红色至黑色，密被灰白色毛。果期 7~9 月。

**分布与生境：**产山西、陕西、甘肃、台湾、广西、贵州、四川、云南及西藏，生于海拔 500~2 800 m 的山坡灌丛、疏林中或山沟谷、河滩、溪边。阿富汗、尼泊尔、印度、不丹、斯里兰卡、缅甸、越南、老挝、泰国、马来西亚、印度尼西亚和菲律宾有分布。

**食用部位与食用方法：**果可鲜食或制果酱、酿酒。

**食疗保健与药用功能：**果有清热解毒之功效。

## 18. 库页悬钩子（蔷薇科 Rosaceae）

*Rubus sachalinensis* Lévl.

**识别要点：**小灌木。小枝密被直立针刺，并混生腺毛。单数羽状复叶，小叶常 3 枚，小叶片卵形、卵状披针形或矩圆状卵形，长 3~7 cm，叶面无毛或稍有毛，叶背密被灰白色茸毛，叶缘有不整齐粗锯齿或缺刻状锯齿；叶柄叶轴被毛、针刺或腺毛。花序顶生或腋生，花序轴密被针刺和腺毛；花白色。聚合果卵球形，直径约 1 cm，成熟后红色，被茸毛。果期 8~9 月。

**分布与生境：**产于黑龙江、吉林、辽宁、内蒙古、河北、山西、甘肃、宁夏、青海及新疆，生于海拔 400~3 100 m 的山坡林下、林缘、林间草地或干沟石缝、谷底石堆中。日本、朝鲜、俄罗斯及欧洲有分布。

**食用部位与食用方法：**果可鲜食或制果酱、酿酒。

## 19. 覆盆子（蔷薇科 Rosaceae）

*Rubus idaeus* L.

**识别要点：**落叶灌木。幼枝疏生皮刺。羽状复叶互生，小叶3~7枚，长卵形或椭圆形，长3~8 cm，叶缘有不规则粗锯齿或重锯齿，叶背密生灰白色茸毛；叶柄长3~6 cm。聚合果近球形，直径1~1.4 cm，红色或橙黄色，多汁液，密被短茸毛。果期8~9月。

**分布与生境：**产黑龙江、吉林、辽宁、新疆、内蒙古、河北及山西，生于海拔500~2 500 m的山地林缘、灌丛或荒野。日本、俄罗斯东部、欧洲和北美洲有分布。

**食用部位与食用方法：**果味甜酸，可生食、酿酒、制醋等。

**食疗保健与药用功能：**果味甘酸，性温，归肾、膀胱经，有养肝明目、益肾固精、助阳、缩尿之功效，适用于阳痿早泄、遗精滑精、遗尿、尿频、目暗昏花、虚劳等症。

## 20. 绿叶悬钩子（蔷薇科 Rosaceae）

*Rubus komarovii* Nakai

**识别要点：**落叶灌木。一年生枝有绿色针刺。3小叶复叶，小叶片卵形或卵状披针形，长3~6 cm，叶缘有不规则粗锐锯齿，叶背沿脉具柔毛并有稀疏针刺；叶柄长2~4 cm，被毛和针刺。聚合果卵球形，直径约1 cm，红色，被茸毛。果期7~8月。

**分布与生境：**产黑龙江北部大兴安岭及吉林东南部长白山区，生于海拔500~1 500 m的山坡林缘、石坡或林间空地。朝鲜和俄罗斯东部有分布。

**食用部位与食用方法：**果味甜酸，有香味，可鲜食、制果酱、酿酒、制醋等。

## 21. 多腺悬钩子（蔷薇科 Rosaceae）

*Rubus phoenicolasium* Maxim.

**识别要点：**落叶灌木。枝密被红褐色刺毛、腺毛和稀疏皮刺。3 小叶复叶，小叶片卵形、宽卵形或菱形，长 4~8 cm，叶缘有不整齐粗锯齿，叶面沿脉被柔毛，叶背密被茸毛，沿脉有刺毛、腺毛和小针刺；叶柄长 3~6 cm，被柔毛、腺毛、针刺和皮刺。聚合果半球形，直径约 1 cm，红色，无毛。果期 7~8 月。

**分布与生境：**产陕西、甘肃、青海、山西、山东、河南、湖北及四川，生于低海拔至中海拔林下、路旁或山谷谷底。日本、朝鲜、欧洲和北美洲有分布。

**食用部位与食用方法：**果味甜酸，可鲜食、酿酒、制醋、制果汁和做果酱等。

## 22. 茅莓（蔷薇科 Rosaceae）

*Rubus parvifolius* L.

**识别要点：**落叶灌木。枝被柔毛和钩状皮刺。3 小叶复叶，小叶片菱状卵形或倒卵形，长 2.5~6 cm，叶缘有不整齐粗锯齿或缺刻状重锯齿，常有浅裂片，叶面有伏毛，叶背密被茸毛；叶柄长 2.5~5 cm，被柔毛和小皮刺。聚合果卵球形，直径 1~1.5 cm，红色，无毛。果期 7~8 月。

**分布与生境：**产黑龙江、吉林、辽宁、陕西、甘肃、宁夏、青海、河北、河南、山西、山东、江苏、安徽、浙江、福建、台湾、江西、湖北、湖南、广东、海南、广西、贵州、四川及云南，生于海拔 400~2 700 m 的山坡林下、向阳山谷、路旁或荒野。日本和朝鲜有分布。

**食用部位与食用方法：**果味甜酸，可鲜食、熬糖、酿酒、制醋、制果汁和做果酱等。

**食疗保健与药用功能：**果为强壮剂。根或茎、叶入药，苦涩，性凉，有清热凉血、散解、止痛、利尿消肿之功效，适用于感冒发热、咽喉肿痛、咯血、吐血、痢疾、肝炎、肝脾肿大、肾炎水肿、泌尿系统感染、结石、月经不调、白带多、风湿骨痛等症，外用可治湿疹、皮炎。

## 23. 喜阴悬钩子 里白悬钩子（蔷薇科 Rosaceae）

*Rubus mesogaeus* Focke.

**识别要点：**攀缘灌木。小枝疏生钩状皮刺，老枝疏生基部宽大皮刺。3（5）小叶复叶，顶生小叶片宽菱状卵形或椭圆状卵形，常羽状分裂；侧生小叶斜椭圆形或斜卵形，长 4~10 cm，叶面疏生平伏毛，叶背密生灰白色茸毛，叶缘有粗锯齿并浅裂；叶柄、叶轴被柔毛和稀疏钩状小皮刺。花序有花数朵至 20 余朵；花白色或粉红色。聚合果扁球形，直径 6~8 mm，成熟后紫黑色，无毛。果期 7~8 月。

**分布与生境：**产山西、陕西、甘肃、河南、台湾、湖北、湖南、贵州、四川、云南及西藏，生于海拔 600~3 600 m 的山坡、山谷林下或沟边。日本、尼泊尔、印度和不丹有分布。

**食用部位与食用方法：**果可鲜食或制果酱。

## 24. 秀丽莓（蔷薇科 Rosaceae）

*Rubus amabilis* Focke.

**识别要点：**灌木。茎散生基部宽的细尖皮刺。单数羽状复叶，小叶 7~11 枚，小叶片卵形或卵状披针形，长 1~5.5 cm，叶背脉上有毛，中脉上有小钩刺，叶缘有缺刻状重锯齿。花单生，白色。聚合果短圆柱形，长 1~2.5 cm，成熟后红色。果期 7~8 月。

**分布与生境：**产陕西、甘肃、青海、山西、河南、湖北及四川，生于海拔 1 000~3 700 m 的山坡、山谷、林缘、灌丛或路边。

**食用部位与食用方法：**果味甜酸，可鲜食、酿酒、制醋、制果汁和做果酱等。

## 25. 红毛悬钩子 老虎泡（蔷薇科 Rosaceae）

*Rubus wallichianus* Wight & Arnott.

**识别要点：**攀缘灌木。小枝有棱，密被红褐色刺毛、柔毛和稀疏皮刺。3 小叶复叶，小叶片椭圆形、卵形，稀倒卵形，长 3~9 cm，先端尾尖或急尖，叶面紫红色，无毛，叶背沿脉有毛、刺毛和皮刺，叶缘有不整齐细锐锯齿；叶柄、叶轴被红褐色刺毛、柔毛和疏生皮刺。花数朵聚生于叶腋，花梗密被毛；花白色。聚合果球形，直径 5~8 mm，成熟后金黄色或红黄色，无毛。果期 5~6 月。

**分布与生境：**产台湾、湖北、湖南、广西、贵州、四川及云南，生于海拔 300~2 200 m 的林内、林缘、山坡灌丛、山谷或沟边。喜马拉雅山区和越南有分布。

**食用部位与食用方法：**果可鲜食或制果酱。

## 26. 插田泡（蔷薇科 Rosaceae）

*Rubus coreanus* Miq.

**识别要点：**落叶灌木。枝被白粉，具直立或钩状扁平皮刺。单数羽状复叶，小叶通常 5 枚，稀 3 枚，小叶片卵形、菱状卵形或宽卵形，长 3~8 cm，叶缘有不整齐粗锯齿或缺刻状粗锯齿，叶面无毛或沿脉有毛，叶背被柔毛；叶柄长 2~5 cm，被柔毛和钩状小皮刺。聚合果近球形，直径 5~8 mm，深红色或紫黑色，无毛或近无毛。果期 6~8 月。

**分布与生境：**产陕西、甘肃、新疆、河南、江苏、安徽、浙江、福建、江西、湖北、湖南、贵州、四川及云南，生于海拔 100~3 100 m 的山坡灌丛中、山谷、河边或路旁。日本和朝鲜有分布。

**食用部位与食用方法：**果味甜酸，可鲜食、熬糖、酿酒、制醋、制果汁和做果酱等。

**食疗保健与药用功能：**果味甘酸，性温，有补肝肾、缩小便、助阳、固精、明目、强壮之功效，适用于阳痿、遗精、尿频、疲劳、遗尿等症。

## 27. 针刺悬钩子（蔷薇科 Rosaceae）

*Rubus pungens* Camb.

**识别要点：**蔓性小灌木。小枝紫褐色，有皮刺。单数羽状复叶，小叶 5~7 枚，小叶片矩圆状卵形或三角状卵形，长 2~3.5 cm，叶面散生毛，叶背有毛和皮刺，叶缘有缺刻状重锯齿；叶柄、叶轴上散生钩状皮刺。花 1~3 朵腋生，粉红色。聚合果半球形，直径约 1 cm，成熟后红色。果期 7~8 月。

**分布与生境：**产吉林、陕西、甘肃、山西、河南、浙江、福建、台湾、江西、湖北、贵州、四川、云南及西藏，生于海拔 600~3 900 m 的草坡、江边、山谷、林缘、灌丛或路边。

**食用部位与食用方法：**果味甜酸，可鲜食、酿酒、制醋、制果汁和做果酱等。

## 28. 黄果悬钩子（蔷薇科 Rosaceae）

*Rubus xanthocarpus* Bureau & Franch.

**识别要点：**落叶亚灌木，高 15~50 cm。茎草质，疏生直立针刺。3 小叶复叶，小叶片矩圆形或椭圆状披针形，顶生小叶长 5~10 cm，叶缘有不整齐粗锯齿，叶背沿脉有细刺；叶柄长 3~8 cm，被柔毛和直立针刺。聚合果扁球形，直径 1~1.2 cm，橘红色，无毛。果期 8 月。

**分布与生境：**产陕西、甘肃、河南、安徽、四川及云南，生于海拔 600~3 200 m 的山坡路旁、林缘、林中或山沟石砾滩地。日本和朝鲜有分布。

**食用部位与食用方法：**果味甜酸，可鲜食、酿酒、制醋、制果汁和果酱等。

## 29. 红腺悬钩子（蔷薇科 Rosaceae）

*Rubus sumatranus* Miq.

**识别要点：**直立或攀缘灌木。小枝、叶轴、叶柄、花梗和花序均被紫红色腺毛、柔毛和皮刺，腺毛长 1~5 mm。单数羽状复叶，小叶 5~7 枚，小叶片卵状披针形或披针形，长 3~8 cm，基部圆，两面疏生柔毛，叶背沿中脉有小皮刺，叶缘具不整齐尖锐锯齿；叶柄长 3~5 cm。通常 3 至数朵花组成花序。聚合果长球形，长 1.2~1.8 cm，成熟时橘红色，无毛。果期 7~8 月。

**分布与生境：**产安徽、浙江、台湾、福建、江西、湖北、湖南、广东、海南、广西、贵州、四川、云南及西藏，生于海拔 700~2 500 m 的山谷林内、林缘、灌丛内、竹林下或草丛中。朝鲜、日本、尼泊尔、印度、越南、老挝、柬埔寨、泰国和印度尼西亚有分布。

**食用部位与食用方法：**成熟果实可鲜食或酿酒。

## 30. 蓬蘽（蔷薇科 Rosaceae）

*Rubus hirsutus* Thunb.

**识别要点：**落叶灌木。幼枝被柔毛和腺毛，疏生皮刺。羽状复叶互生，小叶 3~5 枚，卵形或宽卵形，长 3~7 cm，两面疏生柔毛，叶缘有不规则尖锐重锯齿；叶柄长 2~3 cm，被柔毛和腺毛。花常单生，白色；花梗被柔毛和腺毛。聚合果近球形，直径 1~2 cm，无毛，成熟时鲜红色，多汁液。果期 5~6 月。

**分布与生境：**产河南、江苏、安徽、浙江、台湾、福建、江西、湖北、广东北部及云南，生于海拔 900~3 200 m 山坡阴湿地或灌丛中。日本和朝鲜半岛有分布。

**食用部位与食用方法：**果味甜酸，可鲜食、酿酒、制醋等。

**食疗保健与药用功能：**果味甘酸，性温，有补肾强精、轻身乌发、延年益寿之功效，适用于肾精亏虚、须发早白、多尿、头晕目眩等症。

## 31. 空心泡（蔷薇科 Rosaceae）

*Rubus rosifolius* Smith

**识别要点：**直立或缘援灌木。小枝常有浅黄色腺点，疏生近直立皮刺。单数羽状复叶，小叶 5~7 枚，小叶片卵状披针形或披针形，长 3~7 cm，两面疏生柔毛，有浅黄色发亮腺点，叶背沿中脉疏生小皮刺，叶缘有尖锐缺刻状重锯齿；叶柄、叶轴上均被柔毛和小皮刺。花常 1~2 朵顶生或腋生，白色。聚合果球形或矩圆状卵球形，长 1~1.5 cm，成熟后红色，无毛，有光泽。果期 6~7 月。

**分布与生境：**产陕西、安徽、浙江、台湾、福建、江西、湖北、湖南、广东、海南、广西、贵州、四川及云南，生于海拔 2 000 m 以下林内阴处或草坡。亚洲东部至东南部、大洋洲、非洲等地有分布。

**食用部位与食用方法：**成熟果实可鲜食。

## 32. 白花悬钩子（蔷薇科 Rosaceae）

*Rubus leucanthus* Hance.

**识别要点：**攀缘灌木。枝疏生钩状皮刺。3 小叶复叶，小叶片革质，卵形或椭圆形，长 4~8 cm，叶缘有粗锯齿，无毛；叶柄长 2~6 cm，具钩状小皮刺。聚合果近球形，直径 1~1.5 cm，红色，无毛。果期 6~7 月。

**分布与生境：**产福建、江西、湖北、湖南、广东、海南、广西、贵州、四川及云南，生于低海拔至中海拔疏林中或旷野。越南、老挝、柬埔寨和泰国有分布。

**食用部位与食用方法：**果味甜酸，可鲜食、酿酒、制醋、制果汁和做果酱等。

## 33. 盾叶莓（蔷薇科 Rosaceae）

*Rubus peltatus* Maxim.

**识别要点：**直立或攀缘灌木。枝疏生皮刺，常有白粉。单叶，叶片盾状着生，卵状圆形，长 7~17 cm，基部心形，3~5 掌状分裂，叶缘有不整齐细锯齿，两面有柔毛，叶背较密并沿中脉有小皮刺；叶柄长 4~8 cm，无毛，有小皮刺。聚合果圆柱形，长 3~4.5 cm，橘红色，密被柔毛。果期 6~7 月。

**分布与生境：**产安徽、浙江、福建、江西、湖北、湖南、广东、贵州及四川，生于海拔 300~1 500 m 的山坡、山麓、山沟林下、林缘或较阴湿地。日本有分布。

**食用部位与食用方法：**果味甜酸，可鲜食、酿酒或制醋等。

**食疗保健与药用功能：**果味酸甘咸，性温，有强腰健肾、祛风止痛之功效，适用于腰脊疼痛、四肢酸疼等症。

## 34. 山莓（蔷薇科 Rosaceae）

*Rubus corchorifolius* L. f.

**识别要点：**直立灌木。枝生皮刺。单叶，叶片卵形或卵状披针形，长 5~12 cm，基部心形，叶缘有不整齐锐锯齿或重锯齿，叶面脉上有毛，叶背较密并沿中脉有小皮刺；叶柄长 1~2 cm，被毛及小皮刺。聚合果球形或卵球形，直径 1~1.2 cm，红色，密被柔毛。果期 4~6 月。

**分布与生境：**产黑龙江、吉林、辽宁、陕西、甘肃、宁夏、内蒙古、河北、河南、山西、山东、江苏、安徽、浙江、福建、台湾、江西、湖北、湖南、广东、海南、广西、贵州、四川、云南及西藏，生于海拔 200~2 600 m 的阳坡、溪边、山谷、荒地或灌丛中。日本、朝鲜、缅甸和越南有分布。

**食用部位与食用方法：**果味甜酸，可鲜食、酿酒、制醋、制果酱等。

**食疗保健与药用功能：**果味甘酸，性平，有醒酒、止渴、祛痰、解毒之功效，适用于痛风、丹毒、遗精等症。

## 35. 三花悬钩子（蔷薇科 Rosaceae）

*Rubus trianthus* Focke.

**识别要点：**藤状灌木。枝无毛，疏生皮刺，有时被白粉。单叶，叶片卵状披针形或矩圆状披针形，长 4~9 cm，3 裂或不裂，叶缘有不整齐或缺刻状锯齿，两面无毛；叶柄长 1~3.5 cm，无毛。花常 3 朵，有时 3 朵以上组成短总状花序，常顶生，花瓣白色。聚合果近球形，直径约 1 cm，成熟时红色，无毛。果期 5~6 月。

**分布与生境：**产河南、江苏、安徽、浙江、台湾、福建、江西、湖北、湖南、贵州、四川及云南，生于海拔 500~2 800 m 的山坡林内、草丛中、溪边或山谷中。越南有分布。

**食用部位与食用方法：**果味甜酸，可鲜食、糖拌或煮粥食用。

## 36. 牛叠肚 山楂叶悬钩子、马林果（蔷薇科 Rosaceae）

*Rubus crataegifolius* Bunge.

**识别要点：**直立灌木。枝生微弯皮刺，老时无毛。单叶，3~5 掌状分裂，叶片卵形至窄卵形，长 5~12 cm，基部心形或近截形，边缘有不规则缺刻状锯齿，基部掌状 5 出脉，叶面无毛，叶背脉上有毛和小皮刺；叶柄长 2~5 cm，疏生毛和小皮刺。聚合果近球形，直径约 1 cm，暗红色，无毛。果期 7~9 月。

**分布与生境：**产黑龙江、吉林、辽宁、河北、河南、山西及山东，生于海拔 300~2 500 m 的向阳山坡灌丛或林缘，常在山沟、路边成群生长。日本、朝鲜半岛和俄罗斯东部有分布。

**食用部位与食用方法：**果味甜酸，可鲜食、酿酒、制醋、制果汁和做果酱等。

**食疗保健与药用功能：**果味甘酸，性平，有补肝肾之功效，适用于体虚、腰膝酸软等症。

## 37. 掌叶覆盆子 掌叶悬钩子（蔷薇科 Rosaceae）

*Rubus chingii* Hu.

**识别要点：**藤状灌木。枝生皮刺，无毛。单叶，叶片掌状 5 深裂，长 5~13 cm，基部近心形，叶缘有重锯齿，掌状 5 出脉，几无毛；叶柄长 2~4 cm，疏生小皮刺，几无毛。聚合果近球形，直径 1.5~2 cm，红色，密被柔毛。果期 5~6 月。

**分布与生境：**产江苏、安徽、浙江、福建、江西、湖南、广东及广西，生于海拔 500~1 000 m 的山坡、路边向阳处或灌丛中。日本有分布。

**食用部位与食用方法：**果味甜酸，可鲜食、酿酒、制醋、制果汁和做果酱等。

**食疗保健与药用功能：**果味甘酸，性温，有补肾固精、养肝明目之功效，为强壮剂，适用于遗精、滑精、遗尿、尿频、目暗昏花等症。

## 38. 灰白毛莓（蔷薇科 Rosaceae）

*Rubus tephrodes* Hance.

**识别要点：** 攀缘灌木。枝密被灰白色茸毛，疏生微弯皮刺，具刺毛和腺毛。单叶，叶片近圆形，直径 5~10 cm，基部心形，有 5~7 枚钝圆裂片和不整齐锯齿，基脉掌状 5 出，叶面被柔毛及腺毛，叶背密被灰白色茸毛；叶柄长 1~3 cm，具茸毛，疏生小皮刺、刺毛及腺毛。聚合果球形，直径 1~1.5 cm，紫黑色，无毛。果期 8~10 月。

**分布与生境：** 产江苏、安徽、福建、台湾、江西、湖北、湖南、广东、广西、贵州及四川，生于海拔 1 500 m 以下的山坡、路边或灌丛中。

**食用部位与食用方法：** 果可鲜食、酿酒、制醋、制果汁和做果酱等。

## 39. 粗叶悬钩子（蔷薇科 Rosaceae）

*Rubus alceifolius* Poir.

**识别要点：** 攀缘灌木。枝被黄灰色至锈色长柔毛，疏生皮刺。单叶，叶片近圆形或宽卵形，长 6~16 cm，先端钝圆，基部心形，叶面疏生长柔毛，有泡状突起，叶背被黄灰色至锈色茸毛，具不规则 3~7 浅裂，裂片钝圆或尖，有不整齐粗锯齿，基部 5 出脉；叶柄长 3~4.5 cm，被长柔毛，疏生小皮刺。花顶生或腋生，白色。聚合果近球形，直径达 1.8 cm，成熟后红色，有光泽。果期 10~11 月。

**分布与生境：** 产江苏、浙江、台湾、福建、江西、湖南、广东、海南、广西、贵州及云南，生于海拔 500~2 000 m 的阳坡、山谷林内、沼泽、灌丛或路边、岩缝中。日本至亚洲东南部有分布。

**食用部位与食用方法：** 成熟果实可鲜食。

## 40. 大乌泡（蔷薇科 Rosaceae）

*Rubus pluribracteatus* L. T. Lu & Boufford.

**识别要点：**灌木。小枝有黄色柔毛及钩状小皮刺。单叶，叶片近圆形，直径 7~16 cm，掌状 7~9 浅裂，基部心形，叶缘有不整齐粗锯齿，基脉掌状 5 出，叶面有柔毛，叶背密被黄色茸毛；叶柄长 3~6 cm，密被黄色柔毛和疏生小皮刺。聚合果球形，直径约 2 cm，红色或紫黑色，无毛。果期 8~10 月。

**分布与生境：**产广东、广西、贵州、四川及云南，生于海拔 300~2 700 m 的山坡、路边或灌丛中。

**食用部位与食用方法：**果味甜酸，可鲜食、酿酒、制醋、制果汁和做果酱等。

**食疗保健与药用功能：**味苦，性凉。将成熟果实用白糖溶渍，制成糖渍大乌泡，可治咳嗽、肿痛等症；与蜂蜜渍制，适用于咳嗽、吐血、肿痛、便秘等症。

## 41. 川莓（蔷薇科 Rosaceae）

*Rubus setchuenensis* Brueau & Franch.

**识别要点：**落叶灌木。小枝密被淡黄色柔毛，无刺。单叶，叶片近圆形或宽卵形，直径 7~15 cm，掌状 5~7 浅裂，基部心形，叶缘有浅钝锯齿，基脉掌状 5 出，叶面无毛或沿脉稍具毛，叶背密被灰白色茸毛；叶柄长 5~7 cm，被毛。聚合果半球形，直径约 1 cm，黑色，无毛。果期 9~10 月。

**分布与生境：**产福建、江西、湖北、湖南、广西、贵州、四川、云南及西藏，生于海拔 500~3 000 m 的山坡、路边、林缘或灌丛中。

**食用部位与食用方法：**果味甜酸，可鲜食、酿酒、制醋、制果汁和做果酱等。

## 42. 寒莓（蔷薇科 Rosaceae）

*Rubus buergeri* Miq.

**识别要点：**直立或匍匐小灌木。匍匐枝长达 2 m，与花枝均密被长柔毛，无刺或疏生小皮刺。单叶，叶片卵形或近圆形，直径 5~11 cm，掌状 5~7 浅裂，裂片钝圆，基部心形，叶缘有不整齐锐锯齿，基脉掌状 5 出，叶面有毛，叶背密被茸毛；叶柄长 4~9 cm，密被毛，无刺或疏生针刺。聚合果近球形，直径 0.6~1 cm，紫黑色，无毛。果期 9~10 月。

**分布与生境：**产江苏、安徽、浙江、福建、台湾、江西、湖北、湖南、广东、广西、贵州、四川及云南，生于中低海拔阔叶林下或山地林内。日本和朝鲜半岛有分布。

**食用部位与食用方法：**果味甜、微酸，可鲜食、酿酒、制醋、制果汁和做果酱等。

## 43. 锈毛莓（蔷薇科 Rosaceae）

*Rubus reflexus* Ker.

**识别要点：**攀缘灌木。枝被锈色毛并疏生小皮刺。单叶，叶片心状长卵形，长 7~14 cm，3~5 浅裂，叶缘有不整齐粗锯齿或重锯齿，叶面无毛或沿脉有毛，叶背密被锈色茸毛；叶柄长 2.5~5 cm，被茸毛及小皮刺。聚合果近球形，直径 0.7~1 cm，深红色，无毛。果期 8~9 月。

**分布与生境：**产浙江、福建、台湾、江西、湖北、湖南、广东、海南、广西、贵州及云南，生于海拔 300~1 500 m 的山坡、山谷灌丛或疏林中。

**食用部位与食用方法：**果味甜酸，可鲜食、酿酒、制醋、制果汁和做果酱等。

## 44. 高粱泡（蔷薇科 Rosaceae）

*Rubus lambertianus* Ser.

**识别要点：**半落叶藤状灌木。枝被小皮刺。单叶，叶片宽卵形，长 5~11 cm，3~5 裂或呈波状，基部心形，叶缘有细锯齿，叶面无毛或沿脉有毛，叶背密被锈色茸毛；叶柄长 2.5~5 cm，被茸毛及小皮刺。聚合果近球形，直径 0.7~1 cm，深红色，无毛。果期 8~9 月。

**分布与生境：**产陕西、甘肃、河南、江苏、安徽、浙江、福建、台湾、江西、湖北、湖南、广东、海南、广西、贵州、四川及云南，生于海拔 200~2 500 m 的山坡、山谷、灌丛或林缘。日本有分布。

**食用部位与食用方法：**果味甜、微酸，可鲜食、酿酒、制醋、制果汁和果酱等。

## 45. 宜昌悬钩子（蔷薇科 Rosaceae）

*Rubus ichangensis* Hemsl. & Kuntze.

**识别要点：**落叶或半常绿攀缘灌木。幼枝有腺毛，疏生短小微弯皮刺。单叶，近革质，叶片卵状披针形，长 8~15 cm，基部深心形，两面无毛，叶背沿中脉疏生小皮刺，叶缘浅波状或近基部有小裂片，疏生具短尖头小锯齿；叶柄长 2~4 cm，常疏生腺毛和小皮刺。花序顶生，圆锥状，长达 25 cm；花白色。聚合果近球形，直径 6~8 mm，成熟时红色，无毛。果期 10 月。

**分布与生境：**产陕西、甘肃、安徽、湖北、湖南、广东、广西、贵州、四川及云南，生于海拔 800~2 500 m 的山坡、山谷林内或灌丛中。

**食用部位与食用方法：**成熟果实味甜，可鲜食或酿酒。

## 46. 灰毛泡（蔷薇科 Rosaceae）

*Rubus irenaeus* Focke.

**识别要点：**常绿灌木。枝被灰色毛和疏生小皮刺。单叶，叶片近革质，近圆形，直径 8~14 cm，叶缘有不整齐粗锐锯齿，叶面无毛，叶背密被灰色或灰黄色茸毛，具 5 出掌状脉，沿脉有长柔毛；叶柄长 5~10 cm，密被毛。聚合果球形，直径 1~1.5 cm，红色，无毛。果期 8~9 月。

**分布与生境：**产江苏、浙江、福建、江西、湖北、湖南、广东、广西、贵州、四川及云南，生于海拔 500~1 500 m 的山坡林下。

**食用部位与食用方法：**果味甜酸，可鲜食、酿酒、制醋、制果汁和做果酱等。

## 47. 木莓（蔷薇科 Rosaceae）

*Rubus swinhoei* Hance.

**识别要点：**落叶或半常绿灌木。小枝疏生微弯小皮刺。单叶，叶片宽卵形或矩圆状披针形，长 5~11 cm，叶面沿中脉有毛，叶背有毛或近无毛，叶缘有不规则粗锐锯齿，稀缺刻状；叶柄被毛和钩状小皮刺。花常 5~6 朵组成总状花序；花白色。聚合果球形，直径 1~1.5 cm，成熟后紫红色或紫黑色，无毛。果期 7~8 月。

**分布与生境：**产江苏、安徽、浙江、台湾、福建、江西、湖北、湖南、广东、广西、贵州、四川及陕西，生于海拔 300~1 500 m 的山坡疏林、灌丛、溪谷及林下。

**食用部位与食用方法：**果味酸，可鲜食、制醋和做果酱。

## 48. 三色莓（蔷薇科 Rosaceae）

*Rubus tricolor* Focke.

**识别要点：**灌木。枝攀缘或匍匐，枝、叶柄、叶片、花梗均被黄褐色刺毛和茸毛。单叶，叶片卵形或矩圆形，长 6~12 cm，叶缘有不整齐粗锐锯齿，叶面无毛而在脉间疏生刺毛，叶背密被灰黄色茸毛，沿脉具黄褐色刺毛；叶柄长 1.5~3.5 cm。聚合果球形，直径达 1.7 cm，鲜红色，无毛。果期 8~9 月。

**分布与生境：**产四川及云南，生于海拔 1 500~3 600 m 的山坡或林中。

**食用部位与食用方法：**果味甜酸，可鲜食、酿酒、制醋、制果汁和做果酱等。

## 49. 周毛悬钩子（蔷薇科 Rosaceae）

*Rubus amphidasys* Focke.

**识别要点：**蔓性灌木。枝、叶柄被红褐色长腺毛、软刺毛和淡黄色长柔毛，常无皮刺。单叶，叶片宽卵形，长 5~11 cm，3~5 浅裂，裂片圆钝，叶缘有不整齐粗锐锯齿，两面均被长柔毛；叶柄长 2~5.5 cm。聚合果扁球形，直径约 1 cm，暗红色，无毛。果期 7~8 月。

**分布与生境：**产安徽、浙江、福建、江西、湖北、湖南、广东、广西、贵州及四川，生于海拔 400~1 600 m 的山坡丛林、竹林内或山地林下。

**食用部位与食用方法：**果可鲜食、酿酒、制醋等。

## 50. 东方草莓（蔷薇科 Rosaceae）

*Fragaria orientalis* Losinsk.

**识别要点：**多年生草本。茎被开展柔毛。匍匐枝细长，节上生不定根。3 小叶复叶，有长叶柄，小叶片卵形或菱状卵形，长 1~5 cm，有缺刻状锯齿，两面被毛。花序由 1~6 朵花组成；萼片卵状披针形，副萼片线状披针形，花瓣白色；花梗长 0.5~1.5 cm。瘦果小，多数，聚生于花托上而形成聚合果；花托半球形，肉质，成熟后紫红色；宿存花萼开展或微反折。果期 7~9 月。

**分布与生境：**产黑龙江、吉林、辽宁、内蒙古、河北、山西、陕西、甘肃、青海、湖北及四川，生于海拔 600~4 000 m 的山坡、草地或林下。朝鲜半岛、蒙古和俄罗斯远东地区有分布。

**食用部位与食用方法：**果肉多汁，微酸甜，有浓香，可鲜食或制果酱、制果汁、制果酒。

## 51. 五叶草莓（蔷薇科 Rosaceae）

*Fragaria pentaphylla* Losinsk.

**识别要点：**多年生草本。茎高出于叶，密被开展柔毛。羽状复叶，总叶柄长 2~8 cm，密被毛；小叶 5 枚，倒卵形或椭圆形，长 1~4 cm，有缺刻状锯齿，叶面无毛，叶背有疏毛。花序由 1~4 朵花组成；萼片卵状披针形，副萼片披针形，花瓣白色；花梗长 1.5~2 cm。瘦果小，多数，聚生于花托上而形成聚合果；花托卵球形，肉质，成熟后红色；宿存花萼反折。果期 5~6 月。

**分布与生境：**产陕西、甘肃、青海及四川，生于海拔 1 000~2 700 m 的山坡草地。

**食用部位与食用方法：**果香味酸，可鲜食或酿酒。

## 52. 黄毛草莓（蔷薇科 Rosaceae）

*Fragaria nilgerrensis* Schlecht. ex Gay

**识别要点：**多年生草本，密集成丛。茎密被黄棕色绢状柔毛。3 小叶复叶，小叶具短柄；小叶片倒卵形或椭圆形，长 1~4.5 cm，顶生小叶基部楔形，侧生小叶基部偏斜，边缘具缺刻状锯齿，叶面被疏柔毛，叶背有黄棕色绢状柔毛，沿叶脉毛长而密；叶柄长 4~18 cm。花序由 2~5 朵花组成；花瓣白色。聚合果球形，白色、淡黄色或红色。果期 6~8 月。

**分布与生境：**产陕西、台湾、湖北、湖南、广西、贵州、四川及云南，生于海拔 700~3 000 m 的山坡灌丛、草地、林缘或沟边林下。尼泊尔、印度和越南北部有分布。

**食用部位与食用方法：**成熟聚合果可鲜食或酿酒。

## 53. 纤细草莓（蔷薇科 Rosaceae）

*Fragaria gracilis* Losinsk.

**识别要点：**多年生细弱草本。茎被紧贴的毛。3 小叶复叶，稀羽状 5 小叶，小叶具短柄；小叶片椭圆形至倒卵状椭圆形，长 1.5~5 cm，顶生小叶基部楔形或宽楔形，侧生小叶基部偏斜，边缘具缺刻状锯齿，叶面被疏柔毛，叶背有紧贴短柔毛，沿叶脉毛长而密；叶柄细，长 3~15 cm，被紧贴柔毛。花序由 1~3 朵花组成。聚合果球形或椭球形，成熟后红色。果期 6~8 月。

**分布与生境：**产陕西、甘肃、青海、河南、湖北、贵州、四川、云南及西藏，生于海拔 1 600~3 900 m 的山坡草地、沟边或林下。

**食用部位与食用方法：**成熟聚合果可鲜食或酿酒。

## 54. 蛇莓（蔷薇科 Rosaceae）

*Duchesnea indica* (Andr.) Focke.

**识别要点：**多年生草本。匍匐枝细长，节上生不定根。3 出复叶，有长叶柄，小叶片倒卵形或菱状矩圆形，长 2~3.5 cm，有钝锯齿，两面被柔毛。花单生于叶腋；萼片卵形，副萼片倒卵形，长于萼片；花瓣黄色；花梗长 3~6 cm。瘦果小，多数，聚生于花托上而形成聚合果；花托在果期膨大，海绵质，鲜红色，球形，直径 1~2 cm。果期 8~10 月。

**分布与生境：**产吉林、辽宁、陕西、甘肃、宁夏、河北、河南、山西、山东、江苏、安徽、浙江、福建、台湾、江西、湖北、湖南、广东、海南、广西、贵州、四川、云南及西藏，生于海拔 3 100 m 以下的山坡、河岸、草地或潮湿地。亚洲、欧洲及北美洲均有分布。

**食用部位与食用方法：**花托及果可鲜食，味酸甜。

**食疗保健与药用功能：**果味甘酸，性寒，有小毒，有清热解毒、散瘀消肿之功效，适用于感冒发热、咳嗽、小儿高热惊风、咽喉肿痛、白喉、黄疸肝炎、细菌性痢疾、支气管炎等症，亦可试治癌症；外用可治蛇伤、疔疮、湿疹等症。

## 蔷薇属 *Rosa* L.

**识别要点：**灌木。多数被皮刺、针刺或刺毛。叶互生，单数羽状复叶，有锯齿；托叶贴生或着生于叶柄。花萼萼筒球形、坛状或杯状，颈部缢缩，萼片 5（4）枚；花瓣 5（4）枚；雄蕊多数，生于花萼筒上部内沿。聚合果，在该属中又特称蔷薇果，由多数小瘦果着生于萼筒内而形成。

**分布与生境：**200 余种，分布于北半球。我国有 90 余种。

**食用部位与食用方法：**许多种类果期萼筒近肉质，味甜，可鲜食、酿酒、制醋、制果汁、制果酱等。

**蔷薇属常见植物有下列 9 种：**

## 55. 黄刺莓（蔷薇科 Rosaceae）

*Rosa xanthina* Lindl.

**识别要点：**落叶灌木。小枝散生皮刺。单数羽状复叶，互生，小叶 7~13 枚，连叶柄长 3~5 cm；小叶片宽卵形或近圆形，长 0.8~2 cm，有圆钝锯齿，幼时叶背有疏毛；叶轴和叶柄有疏毛和小皮刺；托叶贴生于叶柄。花单生于叶腋，黄色，直径 3~4 cm。蔷薇果近球形或倒卵球形，成熟后紫红色、紫褐色或黑褐色，直径 0.8~1 cm，无毛。果期 7~8 月。

**分布与生境：**产黑龙江、吉林、辽宁、陕西、甘肃、内蒙古、河北、山西及山东，生于山坡灌丛中。

**食用部位与食用方法：**成熟果实可鲜食、酿酒或制果酱。

## 56. 峨眉蔷薇（蔷薇科 Rosaceae）

*Rosa omeiensis* Rolfe.

**识别要点**：落叶灌木。小枝无刺或有皮刺。单数羽状复叶，互生，小叶 9~13 枚，连叶柄长 3~6 cm；小叶矩圆形或椭圆状矩圆形，长 0.8~3 cm，有锐锯齿，叶背脉上有毛；叶轴和叶柄散生小皮刺；托叶大部贴生叶柄。花单生于叶腋，白色，直径 2.5~3.5 cm。蔷薇果倒卵球形或梨形，亮红色，直径 0.8~1.5 cm，果梗肥大。果期 7~9 月。

**分布与生境**：产陕西、甘肃、宁夏、青海、湖北、贵州、四川、云南及西藏，生于海拔 200~4 000 m 的山坡、山麓或山地灌丛中。

**食用部位与食用方法**：果可食用，或晒干磨粉、掺和面粉做食品，或制果酱、酿酒等。

**食疗保健与药用功能**：果味酸涩苦，性平，有止血、止痢之功效，适用于吐血、崩漏、白带多、赤白痢疾等症。

# 57. 玫瑰（蔷薇科 Rosaceae）

*Rosa rugosa* Thunb.

**识别要点：**落叶灌木。小枝密生茸毛，并有针刺和腺毛，有直立或弯曲、淡黄色、被茸毛的皮刺。单数羽状复叶，互生，小叶 5~9 枚，连叶柄长 5~13 cm；小叶片椭圆形或椭圆状倒卵形，长 1.5~4.5 cm，有尖锐锯齿，叶面褶皱，叶脉在叶面下凹；叶轴和叶柄密被茸毛和腺毛；托叶大部贴生于叶柄。花单生于叶腋或数朵簇生，紫红色或白色，芳香，直径 4~5.5 cm。蔷薇果扁球形，直径 2~2.5 cm，成熟时砖红色，肉质，光滑无毛。果期 8~9 月。

**分布与生境：**产吉林、辽宁南部和山东东部，生于海拔 100 m 以下的海岸边低山山麓或近海岛屿上；全国各地有栽培。日本和朝鲜半岛有分布。

**食用部位与食用方法：**花蕾及花可食用，可制成菜肴、饼馅、糕点、玫瑰酒、玫瑰糖浆，或干后泡茶。果可鲜食、酿酒及制作果酱、果膏。

**食疗保健与药用功能：**花味甘、微苦，性温，归肝、脾经，有理气解郁、活血散瘀之功效，适用于肝胃气痛、吐血咯血、月经不调、赤白带下、食少呕恶、跌扑伤痛、痢疾、乳痈、肿毒等症。果富含维生素 C、葡萄糖、果糖、蔗糖、苹果酸、胡萝卜素等，有保健功效。

## 58. 山刺玫（蔷薇科 Rosaceae）

*Rosa davurica* Pall.

**识别要点：**落叶灌木。小枝有带黄色皮刺，皮刺常成对生于小叶或叶柄基部。单数羽状复叶，互生，小叶 7~9 枚，连叶柄长 4~10 cm；小叶片矩圆形或宽披针形，长 1.5~3.5 cm，有单锯齿或重锯齿，叶背有疏毛和腺点；叶轴和叶柄有疏毛、腺毛和皮刺；托叶贴生于叶柄。花 1~3 朵生于叶腋，粉红色，直径 3~4 cm。蔷薇果近球形或卵球形，红色，直径 1~1.5 cm。果期 8~9 月。

**分布与生境：**产黑龙江、吉林、辽宁、陕西、甘肃、内蒙古、山西、河北、湖北及四川，生于海拔 400~2 500 m 的阳坡、林缘或丘陵草地。朝鲜半岛、俄罗斯东部和蒙古有分布。

**食用部位与食用方法：**花可与糖或蜂蜜等腌渍成玫瑰酱，或将花做糕点馅，亦可用其浆液做糕点着色颜料。果含多种维生素、果胶、糖等，可鲜食或酿酒、制果酱等。

**食疗保健与药用功能：**花味甘、微苦，性温，有止血、理气、解郁之功效，适用于吐血、血崩、肋间神经痛、痛经、月经不调等症。果味甘酸，性温，归肝、脾、胃、膀胱经，有健脾胃、助消化之功效，适用于消化不良、食欲减退、胃腹胀痛，动脉粥样硬化、肺结核、咳嗽等症。

## 59. 美蔷薇（蔷薇科 Rosaceae）

*Rosa bella* Rehd. & Wils.

**识别要点：**落叶灌木。小枝散生皮刺，老枝常密被针刺。单数羽状复叶，互生，小叶 7~9 枚，连叶柄长 4~11 cm；小叶片椭圆形、卵形或矩圆形，长 1~3 cm，有单锯齿，叶背脉上有毛；叶轴和叶柄有腺毛和小皮刺；托叶贴生于叶柄。花单生或 2~3 朵簇生，粉红色，直径 4~5 cm。蔷薇果椭球形，深红色，长 1.5~2 cm，被腺毛。果期 8~10 月。

**分布与生境：**产吉林、陕西、内蒙古、山西、河北及河南，生于海拔 1 700 m 以下的灌丛、山麓或沟旁。

**食用部位与食用方法：**花瓣可制玫瑰酱。果可酿酒。

## 60. 野蔷薇 多花蔷薇（蔷薇科 Rosaceae）

*Rosa multiflora* Thunb.

**识别要点：**落叶攀缘灌木。小枝有皮刺。单数羽状复叶，互生，小叶 5~9 枚，连叶柄长 5~10 cm；小叶片倒卵形、矩圆形或卵形，长 1.5~5 cm，有尖锐单锯齿，叶背有毛；叶轴和叶柄散生腺毛；托叶大部贴生于叶柄。圆锥花序，花多数，白色，芳香，直径 1.5~2 cm。蔷薇果近球形，直径约 6 mm，红色、红褐色或紫褐色，无毛，萼片脱落。

**分布与生境：**产陕西、甘肃、河北、河南、山西、山东、江苏、安徽、浙江、福建、台湾、江西、湖北、湖南、广东、广西、贵州、四川及云南，生于海拔 300~2 000 m 的山坡、溪边、草地或林缘。日本及朝鲜半岛有分布。

**食用部位与食用方法：**嫩茎叶剥皮后经沸水焯可凉拌或清水漂洗炒食。花瓣可做汤或蔬食。果可食。

**食疗保健与药用功能：**叶有清热解毒之功效，外用可治痈疖疮。花有清暑解渴、止血功效，适用于防治胃痛、胃溃疡、暑热胸闷、口渴、吐血等症。果味甘，性凉，有祛风湿、利关节、利尿、通经、消肿活血之功效，适用于防治风湿性关节炎、肾炎水肿等症。

## 61. 悬钩子蔷薇 倒挂刺、小果蔷薇（蔷薇科 Rosaceae）

*Rosa rubus* Lévl. & Vant.

**识别要点：**匍匐灌木。小枝被毛，有粗短钩状皮刺。单数羽状复叶，互生，小叶常为 5 枚，连叶柄长 8~15 cm；小叶片卵状椭圆形、倒卵形或椭圆形，长 3~6 cm，有尖锐锯齿，叶背有毛，叶脉在叶面明显下凹；叶轴和叶柄有毛和小皮刺；托叶大部贴生于叶柄。花序具花 10~25 朵，花白色。蔷薇果近球形，直径 0.8~ 1 cm，深红色或紫褐色。果期 7~9 月。

**分布与生境：**产于陕西、甘肃、安徽、浙江、福建、江西、湖北、湖南、广东、广西、贵州、四川及云南，生于海拔 500~1 300 m 的山坡、路旁、草地或灌丛中。

**食用部位与食用方法：**果可酿酒或制果酱。

## 62. 金樱子（蔷薇科 Rosaceae）

*Rosa laevigata* Michx.

**识别要点：**常绿攀缘灌木。小枝无毛，有钩状皮刺和刺毛。3(~5) 小叶复叶，互生；小叶片革质，椭圆状卵形或披针状卵形，长 2.5~7 cm，有细齿状锯齿，无毛；叶轴和叶柄有钩状皮刺；托叶与叶柄分离。花单生，白色。蔷薇果近梨形或倒卵球形，长 2~4 cm，紫褐色，密被刺毛。果期 7~11 月。

**分布与生境：**产陕西、甘肃、河南、江苏、安徽、浙江、福建、台湾、江西、湖北、湖南、广东、海南、广西、贵州、四川及云南，生于海拔 200~1 600 m 的向阳山坡、田边或溪边灌丛中。

**食用部位与食用方法：**果可鲜食、做甜汤、煮粥或干后备用，也可酿酒、制果酱、制饮料、熬糖等。

**食疗保健与药用功能：**果味甘酸涩，性平，归肾、膀胱、大肠经，有活血散瘀、收敛利尿、补肾固精、固崩止带、涩肠止泻、止咳等功效，适用于神经衰弱、高血压、神经性头痛、脾虚、崩漏带下、久喘、久泻久痢、盗汗、慢性肾炎、遗精滑精、遗尿、尿频等症。

## 63. 刺梨　缫丝花、木梨子（蔷薇科 Rosaceae）

*Rosa roxburghii* Tratt.

**识别要点：**灌木。小枝有成对皮刺。单数羽状复叶，互生，小叶 9~15 枚，小叶片椭圆形或矩圆形，长 1~2 cm，连叶柄长 5~11 cm；有细锐锯齿，无毛；叶轴和叶柄有小皮刺；托叶大部贴生于叶柄。花 1~3 朵生于短枝顶端，淡红色或粉红色。蔷薇果扁球形，直径 3~4 cm，红绿色，密被刺毛。果期 8~10 月。

**分布与生境：**产陕西、甘肃、河南、安徽、浙江、福建、江西、湖北、湖南、广西、贵州、四川、云南及西藏，生于海拔 500~1 400 m 的山坡、溪边、山地灌丛中。

**食用部位与食用方法：**果味酸甜，富含维生素，可鲜食、酿酒、熬糖，也可加工制作果酱、果脯、果汁、果膏等。

**食疗保健与药用功能：**果味甘酸涩，性平，有健胃、消食、除积、解暑、滋补强壮之功效，适用于消化不良、食欲减退、食积饱胀、贫血、血尿、便血、月经过多等症。

桑

## 二、聚花果类群

聚花果是由整个花序形成的果实。

# 桑科 Moraceae

## 桑属 *Morus* L.

**识别要点：**落叶乔木或灌木，无刺。单叶互生，有锯齿或缺裂；基生叶脉 3~5 出；托叶侧生，早落。花序穗状，单性；花 4 基数；花被片果时肉质。聚花果，椭球形或更长，多汁，成熟时红色至紫黑色，稀黄白色，为多数包于肉质花被片内的瘦果组成。

**分布与生境：**16 种，主产于北温带丘陵、山地。我国有 11 种。

**食用部位与食用方法：**聚花果多浆汁，味甜，可鲜食、酿酒、制醋、制果汁、制果酱等。

**桑属常见植物有下列 4 种：**

### 1. 桑（桑科 Moraceae）

*Morus alba* L.

**识别要点：**落叶乔木。单叶互生，叶片卵形或宽卵形，长 5~15 cm，基部圆形或微心形，叶缘锯齿粗钝，有时具缺刻，叶面无毛，叶背脉腋间有簇生毛；叶柄长 1.5~5.5 cm。雌花序长 1~2 cm；雌花无梗。聚花果卵状椭球形，长 1~2.5 cm，幼时绿色，成熟后红色至暗紫色。果期 5~7 月。

**分布与生境：**原产我国中部至北部，在我国约有 4 000 年的栽培历史，现各地有栽培或野化。世界各地有栽培。

**食用部位与食用方法：**果称“桑葚”，味甜酸，可鲜食，或加工制成桑葚酒、桑葚汁、桑葚口服液、桑葚酱、桑葚干等。

**食疗保健与药用功能：**果味甘酸，性寒，有滋阴补血、补肝益肾、生津润燥、乌发明目、清肺热、祛风湿、熄风之功效，适用于动脉硬化、贫血、高血压、高血脂、冠心病、神经衰弱、风湿、关节硬化、肝肾阴亏、肠燥便秘、内热消渴、目暗、耳鸣等症，是提高机体免疫力、延缓衰老、美容养颜的保健食品。

## 2. 华桑（桑科 Moraceae）

*Morus cathayana* Hemsl.

**识别要点：**落叶小乔木或灌木状。单叶互生，叶片宽卵形或近圆形，长 8~20 cm，基部心形或平截，叶缘疏生浅齿或钝齿，不裂或有时分裂，叶面疏被短伏毛，叶背密生白色柔毛；叶柄长 2~5 cm。雌花序长 1~3 cm。聚花果圆筒状，长 2~3 cm，直径不及 1 cm，成熟时白色、红色或黑色。果期 5~6 月。

**分布与生境：**产陕西、河南、江苏、安徽、浙江、福建、湖北、湖南、广东北部及四川，生于海拔 900~1 300 m 的干旱阳坡或沟谷。日本及朝鲜半岛有分布。

**食用部位与食用方法：**果可鲜食及酿酒。

## 3. 蒙桑（桑科 Moraceae）

*Morus mongolica* (Bur.) Schneid.

**识别要点：**落叶乔木。小枝暗红色。单叶互生，叶片长椭圆状卵形，长 8~15 cm，先端尾状尖，基部心形，叶缘有锯齿，齿尖有长刺芒，两面无毛；叶柄长 2.5~3.5 cm；雌花序长 1~1.5 cm；雌花无梗。聚花果椭球形，长 1.5 cm，成熟后红色至紫黑色。果期 4~5 月。

**分布与生境：**产黑龙江、吉林、辽宁、陕西、内蒙古、河北、河南、山西、山东、江苏、安徽、湖北、湖南、广西、贵州、四川、云南及西藏，生于海拔 500~3 500 m 的山地林中或山坡。日本、朝鲜半岛和蒙古有分布。

**食用部位与食用方法：**果可鲜食。

## 4. 鸡桑（桑科 Moraceae）

*Morus anstralis* Poir.

**识别要点：**落叶乔木。单叶互生，叶片卵形，长 5~14 cm，基部稍心形或平截，叶缘有锯齿，不裂或 3~5 裂，叶面有硬毛，叶背沿脉被粗毛；叶柄长 1~1.5 cm。雌花序长约 1 cm；雌花无梗。聚花果近椭球形，直径约 1 cm，成熟后红色至暗紫色。果期 4~5 月。

**分布与生境：**产辽宁、陕西、甘肃、河北、河南、山西、山东、江苏、安徽、浙江、福建、台湾、江西、湖北、湖南、广东、海南、广西、四川、云南及西藏，生于海拔 500~2 000 m 的石灰岩山地、林缘及荒地。日本、朝鲜半岛、不丹、印度、尼泊尔和缅甸有分布。

**食用部位与食用方法：**果味甜，可鲜食或酿酒。

**食疗保健与药用功能：**果有滋补功效。

## 5. 构树（桑科 Moraceae）

*Broussonetia papyrifera* (L.) L' Hért. ex Vent.

**识别要点：** 落叶乔木，有乳汁；小枝密被粗毛。单叶互生，叶片宽卵形或长椭圆状卵形，长 6~18 cm，基部近心形，叶缘有粗锯齿，不裂或 2~5 裂，叶面有糙毛，叶背密布茸毛，叶基部 3 出脉；叶柄长 2.5~8 cm。雄花序下垂，长 6~8 cm；雌花序球形，绿色。聚花果球形，直径 1.5~3 cm，成熟后橙红色，肉质。果期 6~7 月。

**分布与生境：** 产辽宁、陕西、甘肃、河北、河南、山西、山东、江苏、安徽、福建、台湾、江西、湖北、湖南、广东、海南、广西、贵州、四川、云南及西藏，生于低山丘陵、荒地或水边。日本、朝鲜半岛、缅甸、越南、老挝、柬埔寨、泰国、马来西亚和太平洋岛屿有分布。

**食用部位与食用方法：** 雄花序经洗净后，可拌面蒸食，或经沸水焯后凉拌食用。成熟果实果汁味甜，可鲜食。

**食疗保健与药用功能：** 果味甘，性寒，有滋补肝肾、清肝明目、利水消肿、强筋骨之功效，适用于肝肾阴虚、腰膝酸软、盗汗、遗精、目翳昏花、头晕目昏、水肿等症。

## 6. 楮 小构树（桑科 Moraceae）

*Broussonetia kazinoki* Sieb.

**识别要点：**落叶灌木，有乳汁；幼枝被毛，后脱落。单叶互生，叶片卵形或斜卵形，长 3~7 cm，基部近圆形或微心形，叶缘有锯齿，不裂或 3 裂，叶面粗糙，叶背有毛，叶基部 3 出脉；叶柄长 1 cm。雌花序球形，绿色。聚花果球形，直径 0.8~1 cm，成熟后红色，肉质。果期 5~6 月。

**分布与生境：**产陕西、河南、江苏、安徽、福建、台湾、江西、湖北、湖南、广东、海南、广西、贵州、四川及云南，生于低海拔山地或丘陵、林缘及沟边。日本和朝鲜半岛有分布。

**食用部位与食用方法：**成熟果实果汁味甜，可鲜食。

**食疗保健与药用功能：**果有强壮之功效。

## 7. 二色波罗蜜（桑科 Moraceae）

*Artocarpus styracifolius* Pierre.

**识别要点：**常绿乔木，有乳汁；幼枝密被白色柔毛。单叶互生，2 列，叶片矩圆形或椭圆形，长 4~8 cm，全缘，叶面有疏毛，叶背有白色粉状毛；叶柄长 0.8~1.4 cm，被毛。聚花果球形，直径约 4 cm，有多数长而弯曲的凸体，成熟后黄色，总梗长 1.8~2.5 cm。果期 8~12 月。

**分布与生境：**产湖南、广东、海南、广西及云南，生于海拔 200~1 500 m 的林中。越南和老挝有分布。

**食用部位与食用方法：**果酸甜，可鲜食或制果酱。

## 8. 白桂木（桑科 Moraceae）

*Artocarpus hypargyreus* Hance.

**识别要点：**常绿乔木，有乳汁。单叶互生，叶片椭圆形或倒卵形，长 8~15 cm，基部宽楔形或稍圆形，全缘，叶面中脉被微毛，叶背有粉状毛；叶柄长 1.5~2 cm，被毛；节部具托叶环。花序单生于叶腋。聚花果近球形，直径 3~4 cm，熟时淡黄色至橙黄色，肉质，被毛；总果梗长 2~4 cm，被毛。果期 7~8 月。

**分布与生境：**产福建、江西、湖南、广东、海南、广西及云南，生于海拔 160~1 600 m 的常绿阔叶林中。

**食用部位与食用方法：**果味酸甜，可鲜食或制作蜜饯、饮料，以及酿酒、作调料等。

**食疗保健与药用功能：**果有清热、开胃功效。

## 9. 桂木（桑科 Moraceae）

*Artocarpus nitidus* Tréc. subsp. *lingnanensis* (Merr.) F. M. Jarr.

**识别要点：**常绿乔木，有乳汁。单叶互生，叶片矩圆状椭圆形或倒卵状椭圆形，长 7~15 cm，全缘或疏生浅齿，两面无毛；叶柄长 0.5~1.5 cm，被毛；节部具托叶环。花序单生于叶腋。聚花果近球形，直径约 5 cm，熟时红色，肉质，被毛。果期 5~9 月。

**分布与生境：**产湖南、广东、海南、广西及云南，生于中海拔林中。

**食用部位与食用方法：**果味酸甜，可鲜食，或作为制作蜜饯、饮料的原料，或制作果酱、果汁等。

**食疗保健与药用功能：**果味甘酸，性平，有清肺止咳、活血止血功效，适用于肺结核咯血、支气管炎、咽喉肿痛、吐血等症。

## 10. 胭脂 胭脂木（桑科 Moraceae）

*Artocarpus tonkinensis* A. Chev. ex Gagnep.

**识别要点：**常绿乔木，有乳汁。单叶互生，叶片椭圆形或倒卵形，长 8~20 cm，基部宽楔形或圆形，全缘，叶面无毛，叶背密被微毛；叶柄长 0.4~1.5 cm，被毛；托叶锥形，生于叶基两侧。花序单生于叶腋。聚花果近球形，直径约 6.5 cm，熟时黄色，肉质；总果梗长 3~4 cm。果期秋季。

**分布与生境：**产福建、广东、海南、广西、贵州及云南，生于海拔 800 m 以下的山地阳坡。越南和柬埔寨有分布。

**食用部位与食用方法：**果味甜，可鲜食、糖渍食，或作调味料。

## 11. 构棘（桑科 Moraceae）

*Maclura cochinchinensis* (Lour.) Corner.

**识别要点：**直立或攀缘状灌木，有乳汁；小枝无毛，有弯刺。单叶互生，叶片革质，椭圆状披针形或矩圆形，长 3~8 cm，基部楔形，全缘，无毛；叶柄长约 1 cm。花序腋生，头状。聚花果肉质，近球形，直径 2~5 cm，成熟后橙红色。果期 6~7 月。

**分布与生境：**产安徽、浙江、台湾、福建、江西、湖北、湖南、广东、海南、广西、贵州、四川、云南及西藏，生于低山丘陵灌丛中。亚洲热带地区、澳大利亚及日本有分布。

**食用部位与食用方法：**成熟果实可鲜食或酿酒。

## 12. 柘 柘树（桑科 Moraceae）

*Maclura tricuspidata* Carr.

**识别要点：**落叶乔木，有乳汁；小枝无毛，有刺。单叶互生，叶片卵形或菱状卵形，长 5~14 cm，基部楔形或圆形，全缘或 3 裂，无毛；叶柄长 1~3.5 cm。雌花序单生或成对腋生，头状。聚花果近球形，直径约 2.5 cm，成熟后橘红色，肉质。果期 6~7 月。

**分布与生境：**产辽宁、陕西、甘肃、河北、河南、山西、山东、江苏、安徽、浙江、福建、江西、湖北、湖南、广西、贵州、四川及云南，生于海拔 500~2 200 m 的山地阳坡、石缝中或林缘。朝鲜半岛有分布。

**食用部位与食用方法：**成熟果实可鲜食或酿酒。

**食疗保健与药用功能：**果味苦，性平，有清热凉血、舒筋活络之功效。

## 13. 聚果榕（桑科 Moraceae）

*Ficus racemosa* L.

**识别要点：**常绿乔木，有乳汁；幼枝、嫩叶及果实被平伏毛。单叶互生，叶片椭圆状倒卵形、椭圆形或长椭圆形，长 10~14 cm，基部楔形，全缘；叶柄长 2~3 cm。聚花果（榕果）聚生于老茎瘤状短枝上，稀成对生于落叶枝的枝腋，梨形，成熟时橙红色。果期 6~8 月。

**分布与生境：**产广西、贵州及云南，生于海拔 100~1 700 m 的山谷或山沟湿地、溪边。印度、尼泊尔至东南亚和澳大利亚有分布。

**食用部位与食用方法：**成熟果实味甜，可食。

## 14. 大果榕（桑科 Moraceae）

*Ficus auriculata* Lour.

**识别要点：**常绿小乔木，有乳汁；幼枝中空。单叶互生，叶片宽卵状心形或近圆形，长 15~55 cm，先端尾尖，基部心形，叶面无毛，叶背有柔毛，全缘或疏生齿，基出脉 5~7 对，侧脉 4~5 对；叶柄长 5~8 cm。聚花果（榕果）簇生于树干基部或老茎短枝上，梨形或扁球形，直径 3~6 cm，具 8~12 条纵肋，成熟时红褐色。果期 5~8 月。

**分布与生境：**产广东、海南、广西、贵州、四川及云南，生于海拔 100~1 700 m 的沟谷林中。印度、尼泊尔、不丹、巴基斯坦、缅甸、越南和泰国有分布。

**食用部位与食用方法：**嫩果可炒菜、煲汤、煮面，成熟果实味甜，可鲜食、酿酒或制果酱。

**食疗保健与药用功能：**果味甘，性平，有祛风宣肺、补肾益精之功效，适用于肺热咳嗽、遗精、吐血等症。

## 15. 苹果榕（桑科 Moraceae）

*Ficus oligodon* Miq.

**识别要点：**常绿小乔木，有乳汁。单叶互生，叶片倒卵状椭圆形，长 10~25 cm，基部浅心形或宽楔形，叶面无毛，叶背密被小瘤，脉上有毛，上部边缘有粗齿；叶柄长 4~6 cm。聚花果（榕果）簇生于老茎短枝上，梨形或球形，直径 2~3.5 cm，具 4~6 条纵肋，成熟时暗红色。果期 5~6 月。

**分布与生境：**产海南、广西、贵州、云南及西藏，生于海拔 200~2 100 m 的山谷、沟边或湿地。印度、尼泊尔、不丹至东南亚有分布。

**食用部位与食用方法：**嫩芽、嫩叶可炒食，或经沸水焯后凉拌食用。果味甜，可鲜食或制作果酱。

## 16. 杂色榕 青果榕（桑科 Moraceae）

*Ficus variegate* Bl.

**识别要点**：常绿乔木，有乳汁。单叶互生，叶片卵状椭圆形或窄卵形，长8~20 cm，基部圆形或微心形，成熟叶无毛，全缘；叶柄长5~7 cm。聚花果（榕果）簇生于树干或老茎短枝上，球形，直径1~3 cm，成熟时绿黄色或黄色。果期冬季。

**分布与生境**：产福建、台湾、广东、海南、广西、贵州及云南，生于低至中海拔山谷、溪沟边、疏林中。越南和泰国有分布。

**食用部位与食用方法**：果可食。

## 17. 尖叶榕（桑科 Moraceae）

*Ficus henryi* Warb.

**识别要点**：常绿乔木，有乳汁；幼枝黄绿色，无毛。单叶互生，叶片倒卵状矩圆形或矩圆状披针形，长7~16 cm，先端尾尖，基部楔形，两面均被点状钟乳体，全缘或中上部有疏锯齿，侧脉5~7对；叶柄长1~1.5 cm。聚花果（榕果）单生于叶腋，球形或椭球形，直径1~2 cm，成熟时橙红色。果期7~9月。

**分布与生境**：产甘肃南部、湖北、湖南、广西、贵州、四川、云南及西藏，生于海拔600~1 600 m的山地疏林中或溪边湿地。越南有分布。

**食用部位与食用方法**：成熟果实味甜，可鲜食、酿酒或制果酱。

**食疗保健与药用功能**：果实适用于感冒、头痛、风湿病等症。

## 18. 冠毛榕（桑科 Moraceae）

*Ficus gasparriniana* Miq.

**识别要点：**灌木，有乳汁；幼枝被糙毛。单叶互生，叶片倒卵状椭圆形至倒披针形，长 6~10 cm，先端渐尖，基部楔形，全缘，叶面无毛，叶背被柔毛和糙毛，侧脉 4~8 对；叶柄长约 1 cm，被柔毛。聚花果（榕果）单生于叶腋，球形或近球形，直径 7~8 mm，顶部脐状，成熟时红色或紫红色；总梗短。果期秋季。

**分布与生境：**产福建、江西、湖北、湖南、广东、广西、贵州及云南，生于山地、路旁灌丛中或沟边。印度、缅甸、越南、老挝和泰国有分布。

**食用部位与食用方法：**成熟果实可鲜食。

## 19. 异叶榕（桑科 Moraceae）

*Ficus heteromorpha* Hemsl.

**识别要点：**落叶小乔木或灌木状，有乳汁。单叶互生，叶片提琴形、椭圆形或椭圆状披针形，长 10~18 cm，基部圆或稍心形，叶面粗糙，叶背有钟乳体，全缘或微波状，侧脉 6~15 对，红色；叶柄长 1.5~6 cm，红色。聚花果（榕果）对生于短枝叶腋，稀单生，球形或圆锥状球形，光滑，直径 0.6~1 cm，成熟时紫黑色。果期 5~7 月。

**分布与生境：**产陕西、甘肃、山西、河南、江苏、安徽、浙江、福建、江西、湖北、湖南、广东、广西、贵州、四川及云南，生于山谷、坡地及林中。

**食用部位与食用方法：**果可鲜食或炖肉食，亦可制作果酱、磨粉等。

**食疗保健与药用功能：**果味甘酸，性温，有消食、止痢、补血、下乳之功效，适用于肠炎、痢疾、食欲减退、缺乳、脾胃虚弱等症。

## 20. 台湾榕 台湾天仙果（桑科 Moraceae）

*Ficus formosana* Maxim.

**识别要点：**灌木，有乳汁。单叶互生，叶片倒披针形，长 4~11 cm，先端尾尖，基部楔形，全缘或中上部疏生钝齿，叶面平滑。聚花果（榕果）单生于叶腋，卵球形，直径 6~9 mm，成熟时绿带红色，顶端脐状，基部具短梗。花果期 5~7 月。

**分布与生境：**产浙江、台湾、福建、江西、湖南、广东、海南、广西、贵州及云南，多生于山谷沟边、溪边湿润处。越南北部有分布。

**食用部位与食用方法：**成熟果实可鲜食。

## 21. 竹叶榕（桑科 Moraceae）

*Ficus stenophylla* Hemsl.

**识别要点：**灌木，有乳汁。单叶互生，叶片条状披针形，长 5~13 cm，基部楔形或近圆形，叶面无毛，叶背有小瘤，叶全缘、背卷，侧脉 7~17 对；叶柄长 3~7 mm；托叶披针形，红色。聚花果（榕果）腋生，椭球形，稍被毛，直径 7~8 mm，成熟时深红色，顶端脐状。花果期 5~7 月。

**分布与生境：**产浙江、福建、江西、湖北、湖南、广东、海南、广西、贵州及云南，多生于山谷沟边、溪边较向阳处。越南和泰国有分布。

**食用部位与食用方法：**成熟果实可鲜食或炖肉食。

## 22. 琴叶榕（桑科 Moraceae）

*Ficus pandurata* Hance.

**识别要点：**灌木，有乳汁。单叶互生，叶片提琴形或倒卵形，长 4~8 cm，先端短尖，基部圆或宽楔形，中部缢缩，叶面无毛，叶背脉上疏被毛，基生侧脉 2 条，侧脉 5~7 对。聚花果（榕果）单生于叶腋，椭球形或近球形，直径 0.6~1 cm，顶部脐状，成熟时鲜红色。果期 7~9 月。

**分布与生境：**产河南、安徽、浙江、福建、江西、湖南、广东、海南、广西、贵州及云南。越南有分布。

**食用部位与食用方法：**成熟果实可鲜食。

## 23. 地果 地瓜（桑科 Moraceae）

*Ficus tikoua* Bur.

**识别要点：**匍匐木质藤本，有乳汁。茎上生有不定根。单叶互生，叶片倒卵状椭圆形，长 2~8 cm，基部圆或浅心形，叶面被刺毛，叶背沿脉有细毛，疏生波状浅齿；叶柄长 1~2（~6）cm。聚花果（榕果）成对或簇生于匍匐茎上，常埋于土中，球形或卵球形，直径 1~2 cm，成熟时深红色。果期 7 月。

**分布与生境：**产陕西、甘肃、湖北、湖南、广西、贵州、四川、云南及西藏，生于海拔 800~1 400 m 的荒地、草坡或岩石缝中。印度、越南和老挝有分布。

**食用部位与食用方法：**嫩茎叶可炒肉、炖肉或做汤。果味甜，可鲜食，或制作果酱、酿酒、熬糖。

**食疗保健与药用功能：**果实味甘，性微寒，有清热解毒、涩精止遗、祛风除湿之功效，适用于咽喉痛、遗精滑精等症。

## 24. 薜荔（桑科 Moraceae）

*Ficus pumila* L.

**识别要点**：攀缘或匍匐灌木，有乳汁。营养枝上生不定根，果枝上无不定根。单叶互生，两型：营养枝上叶片卵状心形，长约 2.5 cm；果枝上叶片卵状椭圆形，长 5~10 cm，叶面无毛，叶背有黄色毛，全缘；叶柄长 0.5~1 cm。聚花果（榕果）单生于叶腋，近球形，直径 3~5 cm，顶端平截，成熟时黄绿色或微红色。果期 5~8 月。

**分布与生境**：产陕西、河南、江苏、安徽、浙江、福建、台湾、江西、湖北、湖南、广东、海南、广西、贵州、四川及云南。日本和越南有分布。

**食用部位与食用方法**：果经水洗可制作凉粉食用，或炖菜、制果品饮料。凉粉制作方法：夏季采收成熟果实，洗净，放入纱布袋，浸入具清水的木桶，揉搓挤压，将果汁、果肉挤出，溶于水中，加入几片茄片或将干的慈姑片用石磨擦注入其中，以促进胶体形成。将桶盖严，经 5~6 h 胶体形成，即为薜荔凉粉。

**食疗保健与药用功能**：果味甘酸，性平，有壮阳固精、祛风除湿、活血通络、补肾解毒、消肿、下乳之功效，适用于乳汁不下、闭经、遗精、淋浊、久痢、痔疮、痈疮等症。

梧桐

锥栗

文冠果

荞麦

薏苡

### 三、单果类群

单果是由一朵花中的一个心皮形成的单个果实，这种果实最为常见。

皂荚

榆树

七叶树

木通

水麻

锥

大果榆

Ⅰ. 干果类群

在单果中，若果实成熟后干燥而少汁，则称为干果（Dry fruit），如本部分介绍的蓇葖果、荚果、蒴果、瘦果、颖果、翅果、坚果。

豆茶决明

燕麦

## （一）蓇葖果类群

蓇葖果（Follicle）是由单个心皮形成的，成熟后沿背缝线或腹缝线开裂的干果。

## 木通科 Lardizabalaceae

### 1. 木通（木通科 Lardizabalaceae）

*Akebia quinata* (Houtt.) Decne.

**识别要点：**落叶或半常绿木质藤本。掌状复叶，小叶 5 枚，稀 3~4 枚或 6~7 枚；叶柄长 3~14 cm，小叶柄长 0.7~1.7 cm；小叶片倒卵形或倒卵状椭圆形，长 2~5 cm，宽 1.5~2.5 cm。肉质蓇葖果孪生或单生，成熟时紫色，矩圆状圆柱形，长 6~9 cm，直径 3~5 cm。种子多数，卵球形，长约 6 mm。果期 6~8 月。

**分布与生境：**产河南、山东、江苏、安徽、浙江、福建、江西、湖北及四川，生于海拔 300~1 500 m 的山坡灌丛、林缘、路边或沟边阴湿处。日本及韩国有分布。

**食用部位与食用方法：**嫩果可煮食，成熟果可鲜食。

**食疗保健与药用功能：**果实味甘，性寒，有疏肝理气、清热利尿、活血通脉、通乳、消炎之功效，适用于小便色赤、淋浊、水肿、胸中烦热、咽喉疼痛、风湿性关节炎、腰痛、乳汁不通、闭经、痛经等症。

## 2. 三叶木通（木通科 Lardizabalaceae）

*Akebia trifoliata* (Thunb.) Koidz.

**识别要点：**落叶木质藤本。掌状复叶，小叶 3 枚，稀 4 枚或 5 枚；叶柄长 7~11 cm，中央小叶柄长 2~4 cm，侧生小叶柄长 6~12 mm；小叶片卵形、椭圆形或披针形，长 3~8 cm，宽 2~6 cm，边缘波状或不规则浅裂。肉质蓇葖果成熟时灰白色略带淡紫色，矩圆状圆柱形，长 5~9 cm，直径 2~4 cm。种子多数，扁卵球形，长约 7 mm。果期 7~8 月。

**分布与生境：**产陕西南部、甘肃南部、河北、山西南部、山东、河南南部、安徽、浙江、湖北、湖南、贵州、四川及云南，生于海拔 100~2 800 m 的溪边、山谷、林缘、路边、沟边阴湿处或稍干旱山坡。日本有分布。

**食用部位与食用方法：**果肉甘甜可口，具香蕉风味，可鲜食或酿酒。

**食疗保健与药用功能：**果实味甘，性平，有疏肝理气、活血止痛、除烦利尿、通乳、消炎之功效，适用于风湿性关节炎、肝胃不和、胃热烦渴、食滞纳呆等症。

## 3. 白木通（木通科 Lardizabalaceae）

*Akebia trifoliata* (Thunb.) Koidz. subsp. *australis* (Diels) T. Shimizu

**识别要点：**落叶木质藤本。掌状复叶，小叶 3 枚，稀 4 枚；叶柄长 7~11 cm，中央小叶柄长 2~4 cm，侧生小叶柄长 6~12 mm；小叶片革质，卵状矩圆形或卵形，长 4~7 cm，宽 1.5~3.5 cm，边缘通常全缘，有时略有少数不规则浅缺刻。肉质蓇葖果成熟时黄褐色，矩圆状圆柱形，长 6~8 cm，直径 3~5 cm。果期 6~9 月。

**分布与生境：**产陕西、山西、河南、江苏、安徽、浙江、台湾、福建、江西、湖北、湖南、广东、广西、贵州、四川及云南，生于海拔 300~2 100 m 的山坡灌丛或沟谷疏林中。

**食用部位与食用方法：**果肉甘甜可口，可鲜食或酿酒。

**食疗保健与药用功能：**果实味甘，性平，归肾、肝经，有祛风活络、利水消肿、行气、活血、补肝肾、强筋骨之功效，适用于风湿痹痛、跌打损伤、闭经、脘腹胀闷、小便不利、带下、虫蛇咬伤等症。

# 八角科 Illiciaceae

## 4. 八角　八角茴香、大料（八角科 Illiciaceae）

*Illicium verum* Hook. f.

**识别要点：**常绿乔木。单叶互生，全缘，叶倒卵状椭圆形、倒披针形或椭圆形，长 5~15 cm，揉碎后散发八角茴香气味。蓇葖 7~8 枚，长 1.4~2 cm，顶端圆钝，单轮排列，平展，直径 3.5~4 cm；果梗长 2~5 cm。

**分布与生境：**主产广东、广西及云南，生于海拔 60~2 100 m 的山地湿润常绿阔叶林中。越南有分布。

**食用部位与食用方法：**果味甘甜，可作调味香料，用于煮卤味、烹菜肴、腌腊肉、制酱菜、配五香食品等；叶及鲜果可提取八角茴香油，为食品香料。

**食疗保健与药用功能：**果味辛，性温，归肝、肾、胃经，有温阳散寒、理气止痛之功效，适用于寒疝腹痛、肾虚腰痛、胃寒呕吐、脘腹冷痛等症。

注意事项：本科中其他植物的叶揉碎后散发樟脑香气，蓇葖 12~13 枚（若为 7~8 枚蓇葖，则直径 2~4 cm），蓇葖顶端具长 4~6 mm 的喙状尖头，果味酸或苦，有小毒，不能食用。例如，莽草（*Illicium lanceolatum* A. C. Smith.）（如下图）。即使是正品八角，其果实也只能作为调味食品，不能大量食用，曾有人大量炒食八角种子，食后出现头昏目眩、恶心呕吐等不良反应。

八角

莽草

莽草

# 芸香科 Rutaceae

## 花椒属 *Zanthoxylum* L.

**识别要点：**小乔木或灌木，稀藤本。茎枝常具皮刺。叶互生，单数羽状复叶，稀单叶或3枚小叶；小叶互生，边缘有锯齿，具透明油腺点。多圆锥花序。蓇葖果外果皮红色或紫红色，具油腺点。种子1枚，黑褐色，有光泽。

**分布与生境：**200余种，广泛分布于亚洲、非洲、大洋洲、北美洲热带及亚热带地区。我国有41种。

**食用部位与食用方法：**该属许多种类的幼芽、嫩叶经沸水焯、清水漂洗后可食。成熟果实可作调味香料。

**花椒属常见植物有以下6种：**

## 5. 青花椒 青椒、香椒（芸香科 Rutaceae）

*Zanthoxylum schinifolium* Sieb. & Zucc.

**识别要点：**灌木。茎枝无毛。单数羽状复叶，叶轴具窄翅；小叶7~19枚，小叶片宽卵形或披针形，长0.5~7 cm，先端短尖至渐尖，叶面被毛或毛状凸体，叶背无毛，全缘或有细锯齿。花序顶生。蓇葖果成熟后变为红褐色，直径4~5 mm，油腺点细小。果期9~12月。

**分布与生境：**产辽宁、河北、河南、山东、江苏、安徽、浙江、福建、台湾、江西、湖北、湖南、广东、广西及贵州，生于海拔800 m以下的山野、平原疏林、灌丛或岩缝中。日本和朝鲜有分布。

**食用部位与食用方法：**幼芽、嫩叶、嫩果经清水漂洗后可腌制食用，亦可经沸水焯后凉拌食用。成熟果可作调味品。

**食疗保健与药用功能：**果味辛，性微温，有温中止痛、杀虫止痒、发汗、健胃、祛风散寒、除湿止泻、活血通经之功效，适用于脾胃寒证、虫积腹痛、脘腹冷痛、跌打损伤、风湿痛、瘀血作痛、闭经、咯血、吐血、关节疼痛等症，外用可治湿疹瘙痒、阴瘙等症。

## 6. 异叶花椒（芸香科 Rutaceae）

*Zanthoxylum dimorphophyllum* Hemsl.

**识别要点：** 小乔木或灌木状。枝无刺。单叶或单数羽状复叶，小叶 3~5 枚，小叶片卵形、椭圆形或倒卵形，长 4~9 cm，先端钝圆或渐尖，具钝锯齿，两面密被油腺点。花序腋生及顶生。蓇葖果成熟时紫红色，直径 6~8 mm，油腺点稀少。果期 9~11 月。

**分布与生境：** 产陕西、甘肃、台湾、湖北、湖南、广东、海南、广西、贵州、四川及云南，生于海拔 2 400 m 以下的山地林中，石灰岩山地常见。尼泊尔、印度和缅甸有分布。

**食用部位与食用方法：** 幼芽、嫩叶、嫩果经沸水焯、清水漂洗后可炒食或腌制食用。成熟果可作调味品。

## 7. 刺花椒 毛刺花椒（芸香科 Rutaceae）

*Zanthoxylum acanthopodium* DC.

**识别要点：** 小乔木或灌木状。枝被锈色毛，具扁宽锐刺。单数羽状复叶，叶轴具翅，叶柄基部具 1 对扁平锐刺；小叶 3~9 枚，小叶片卵状椭圆形或披针形，长 6~10 cm，先端短渐尖，具细齿或全缘，两面密被锈色毛。花密集成团伞状，腋生。蓇葖果成熟时紫红色，直径约 4 mm，被毛，油腺点大而凸起。果期 9~10 月。

**分布与生境：** 产广西、贵州、四川、云南及西藏，生于海拔 1 500~3 200 m 的较干旱地带灌丛中、密林下或沟边。尼泊尔、印度和缅甸有分布。

**食用部位与食用方法：** 果可作食品调味剂及香料。

**食疗保健与药用功能：** 果味辛麻，性温，有温中散寒、止痛、杀虫、避孕之功效，适用于胃痛、风湿关节痛、虫积腹痛等症。

## 8. 竹叶花椒 竹叶椒（芸香科 Rutaceae）

*Zanthoxylum armatum* DC.

**识别要点：**小乔木或灌木状，无毛。枝具扁宽锐刺。单数羽状复叶，叶轴、叶柄具翅，背面有时具皮刺；小叶 3~9 枚，几无柄，小叶片披针形、椭圆形或卵形，长 3~12 cm，先端渐尖，疏生浅齿或近全缘，齿间或沿叶缘具油腺点，背面基部中脉两侧具簇生毛，脉上常被小刺。圆锥花序腋生或顶生。蓇葖果成熟时紫红色，直径 4~5 mm，疏生油腺点。果期 8~10 月。

**分布与生境：**产陕西、甘肃、山东、河南、江苏、安徽、浙江、福建、台湾、江西、湖北、湖南、广东、广西、贵州、四川、云南及西藏，生于海拔 3 100 m 以下的山地林缘及灌丛中，石灰岩山地常见。日本、朝鲜、尼泊尔、印度、缅甸、越南和老挝有分布。

**食用部位与食用方法：**幼芽及嫩叶经清水漂洗后可腌制食用，或经沸水焯后凉拌食用。果可作食品调味剂及香料。

**食疗保健与药用功能：**果味辛，性温，有祛风散寒、行气止痛、止血、止泻、止咳、杀虫之功效，适用于胃寒、虫积腹痛、牙痛、头痛感冒、咳嗽、吐泻、风湿关节痛、跌打损伤等症。

## 9. 花椒（芸香科 Rutaceae）

*Zanthoxylum bungeanum* Maxim.

**识别要点：**落叶小乔木或灌木状。茎干被粗壮皮刺，小枝刺基部宽扁直伸。单数羽状复叶，叶轴具窄翅；小叶 5~13 枚，无柄，小叶片通常卵形或椭圆形，长 2~7 cm，先端尖，具细锯齿，齿间具油腺点，背面基部中脉两侧具簇生毛。圆锥花序顶生。蓇葖果成熟时紫红色，直径 4~5 mm，散生凸起油腺点。果期 8~9 月。

**分布与生境：**产辽宁、陕西、甘肃、宁夏、青海、山西、山东、河北、河南、江苏、安徽、浙江、江西、湖北、湖南、广西、贵州、四川、云南及西藏，生于海拔 3 200 m 以下的山坡灌丛中。

**食用部位与食用方法：**幼芽及嫩叶可作蔬菜炒食或腌制食用。果可作食品调味剂及香料。

**食疗保健与药用功能：**果皮味辛，性温，归脾、胃、肾经，有温中止痛、祛风散寒、行气止痛、健胃、杀虫止痒之功效，适用于脾胃寒证、虫积腹痛、脘腹冷痛、呕吐泄泻、蛔虫病等症，外用可治湿疹、瘙痒等症。

## 10. 野花椒 岩椒（芸香科 Rutaceae）

*Zanthoxylum simulans* Hance.

**识别要点：**小乔木或灌木状。枝干散生基部宽扁锐刺。单数羽状复叶，叶轴具窄翅；小叶 5~13 枚，无柄，小叶片卵圆形或卵状椭圆形，长 2.5~7 cm，先端尖，边缘疏生浅钝齿，叶面疏被刚毛状倒伏细刺，密被油腺点。圆锥花序顶生。蓇葖果成熟时红褐色，直径 4~5 mm，被微凸起油腺点。果期 7~9 月。

**分布与生境：**产辽宁、陕西、青海、河北、河南、山东、江苏、安徽、浙江、福建、台湾、江西、湖北、湖南、广东及贵州，生于平原、低山丘陵或林下。

**食用部位与食用方法：**幼芽及嫩叶经清水漂洗后可腌制食用，或经沸水焯后凉拌食用。果可作食品调味剂及香料。

**食疗保健与药用功能：**果皮味辛，性温，有小毒，有祛风散寒、行气止痛、驱虫健胃之功效，适用于胃寒腹痛、寒湿泻痢、呕吐、蛔虫病等症，外用可治湿疹、皮肤瘙痒等症。

# 梧桐科 Sterculiaceae

## 11. 家麻树（梧桐科 Sterculiaceae）

*Sterculia pexa* Pierre

**识别要点：**乔木。小枝粗壮；掌状复叶；小叶 7~9 枚，小叶片倒卵状披针形或长椭圆形，长 9~23 cm，叶面无毛，叶背密被星状柔毛，侧脉 22~40 对，平行；叶柄长 20~23 cm。总状花序或圆锥花序。蓇葖果红褐色，矩圆状椭球形，长 4~9 cm，密被星状毛，每果内约有 3 粒种子。种子长球形，黑色，长约 1.5 cm。

**分布与生境：**产广西及云南，常生于干旱阳坡。越南、老挝和泰国有分布。

**食用部位与食用方法：**种子富含淀粉，煮熟可食。

## 12. 香苹婆（梧桐科 Sterculiaceae）

*Sterculia foetida* L.

**识别要点**：乔木。枝轮生，平伸。掌状复叶，聚生枝端；小叶 7~9 枚，小叶片椭圆状披针形，长 10~15 cm，幼时有毛，后无毛；叶柄长 10~20 cm。圆锥花序生于新枝近顶部。蓇葖果木质，椭球形，长 5~8 cm，几无毛，每果内有 10~15 粒种子。种子椭球形，黑色，长约 1.5 cm。

**分布与生境**：福建、广东、海南、广西及云南有栽培或半野生，印度、缅甸、斯里兰卡、越南、柬埔寨、泰国、澳大利亚北部及热带非洲有分布。

**食用部位与食用方法**：种子富含淀粉，炒熟或煮熟可食。

## 13. 苹婆（梧桐科 Sterculiaceae）

*Sterculia monosperma* Vent.

**识别要点**：乔木。单叶互生，叶片矩圆形或椭圆形，长 8~25 cm，两面无毛；叶柄长 2~3.5 cm。圆锥花序顶生或腋生。蓇葖果厚革质，成熟时鲜红色，矩圆状卵球形，长约 5 cm，每果内有 1~4 粒种子。种子椭球形，黑色，长约 1.5 cm。

**分布与生境**：产福建、广东、海南、广西、贵州、四川及云南，喜生于排水良好的肥沃土壤，耐阴。印度、越南和印度尼西亚有分布。

**食用部位与食用方法**：种子富含淀粉，炒熟或煮熟可食，味如板栗。

## 14. 粉苹婆（梧桐科 Sterculiaceae）

*Sterculia euosma* W. W. Smith

**识别要点：**乔木。单叶互生，叶片卵形、椭圆形、矩圆形或倒卵状矩圆形，长10~30 cm，叶面无毛或几无毛，叶背密被淡褐色星状柔毛；叶柄长约 5 cm。总状花序或圆锥花序顶生或腋生。蓇葖果成熟时红色，矩圆形或矩圆状卵球形，长 6~10 cm，外面密被短柔毛。种子卵球形，黑色，长约 2 cm。

**分布与生境：**产广西、贵州、云南及西藏，生于海拔 2 000 m 左右的石灰岩山坡。

**食用部位与食用方法：**种子富含淀粉，炒熟或煮熟可食。

## 15. 假苹婆（梧桐科 Sterculiaceae）

*Sterculia lanceolata* Cav.

**识别要点：**乔木。单叶互生，叶片椭圆形或椭圆状披针形，长 9~20 cm，两面无毛或叶背几无毛；叶柄长 2.5~3.5 cm。圆锥花序腋生。蓇葖果成熟时鲜红色，长卵球形或长椭球形，长 5~7 cm，密被毛，每果内有 2~4 粒种子。种子椭圆状卵球形，黑色，长约 1 cm。

**分布与生境：**产广东、海南、广西、贵州、四川及云南，多生于山谷溪边。缅甸、越南、老挝和泰国有分布。

**食用部位与食用方法：**种子富含淀粉，炒熟或煮熟可食。

## 16. 梧桐（梧桐科 Sterculiaceae）

*Firmiana simples* (L.) W. Wight

**识别要点：**落叶乔木。树皮青绿色，光滑。单叶互生，叶片心形，掌状 3~5 裂，宽 15~30 cm，基部深心形，基生脉 7 出；叶柄与叶片等长。圆锥花序顶生。蓇葖果膜质，有柄，成熟前开裂呈舟状，长 6~11 cm。种子 2~4 粒生于开裂果实边缘，球形，直径约 7 mm。

**分布与生境：**产湖北西部及四川南部，陕西、山西、山东、江苏、安徽、浙江、福建、台湾、江西、湖北、湖南、广东、海南、广西、贵州、四川及云南有栽培或逸为野生。日本有分布。

**食用部位与食用方法：**种子炒熟可食，味香，微甜。

**食疗保健与药用功能：**种子味甘，性平，有顺气和胃、补肾、祛风湿、杀虫之功效，适用于胃痛、伤食腹泻、小儿口疮、须发早白等症。

## 17. 萝藦（萝藦科 Asclepiadaceae）

*Metaplexis japonica* (Thunb.) Makino

**识别要点：**多年生草质藤本，有乳汁。幼枝密被短柔毛。单叶对生，叶片卵状心形，先端短渐尖，基部心形，边缘全缘；叶柄长 3~6 cm，顶端有簇生腺体。花序腋生；花白色，有时具淡紫色斑纹。蓇葖果双生，纺锤形，长 8~9 cm，直径约 2 cm，无毛，表面常有瘤状突起。果期 9~12 月。

**分布与生境：**产黑龙江、吉林、辽宁、内蒙古、河北、山西、陕西、甘肃、宁夏、青海、河南、山东、江苏、安徽、浙江、台湾、福建、江西、湖北、湖南、广东、广西、贵州、四川、云南及西藏，生于林缘、荒地、山麓、河边及灌丛中。日本、朝鲜和俄罗斯有分布。

**食用部位与食用方法：**嫩茎叶可炒食。幼果可鲜食、凉拌、油炸或炒食。

**食疗保健与药用功能：**果实味甘辛，性温，归心、肺、肾经，有补益精气、生肌止血、通乳、解毒之功效，适用于虚损劳伤、阳痿、带下、乳汁不通、丹毒、疮肿、蛇虫咬伤、小儿疳积、金疮出血等症。

注意事项：根、茎有毒，不可食用。

## 18. 地梢瓜（萝藦科 Asclepiadaceae）

*Cynanchum thesioides* (Freyn) K. Schum.

**识别要点：**草质或亚灌木状藤本，有乳汁。小枝被毛。单叶对生或近对生，稀轮生，线形或线状披针形，长 3~10 cm，宽 0.2~1.5 cm，边缘全缘；近无柄。花序腋生；花绿白色。蓇葖果双生，卵球状纺锤形，长 5~7 cm，直径 1~2 cm。果期 8~10 月。

**分布与生境：**产黑龙江、吉林、辽宁、陕西、甘肃、宁夏、青海、新疆、内蒙古、河北、河南、山西、山东、江苏、湖北及湖南，生于海拔 3 000 m 以下的山坡、沙丘、干旱山谷、荒地、灌丛及草地。朝鲜、俄罗斯和蒙古有分布。

**食用部位与食用方法：**幼果可鲜食、油炸或炒食。

**食疗保健与药用功能：**果实味甘，性平，有益气、通乳之功效，适用于体虚、乳汁不下等症。

## （二）荚果类群

荚果（Legume）是由单个心皮形成，成熟后沿背腹两缝线开裂的干果。

## 豆科 Fabaceae

### 1. 酸豆　酸角（豆科 Fabaceae）

*Tamarindus indica* L.

**识别要点：**乔木。双数羽状复叶，互生；小叶 10~20 对，小叶片矩圆形或椭圆状矩圆形，长 1.3~2.8 cm。总状花序顶生；花黄色或有紫红色条纹。荚果圆柱状长球形，肿胀，长 5~14 cm，常不规则缢缩，棕褐色，不开裂，外果皮薄而脆，中果皮厚而肉质，味酸甜。

**分布与生境：**原产非洲，福建、台湾、广东、广西及云南有野化。

**食用部位与食用方法：**果肉酸甜，可鲜食或熟食，或做蜜饯、制成调味酱及泡菜食用；其果汁加糖水是很好的清凉饮料。

**食疗保健与药用功能：**果味甘酸，性凉，有清暑热、化积滞之功效，适用于暑热、食欲减退、妊娠呕吐、小儿疳积、便秘等症。

## 2. 槐叶决明（豆科 Fabaceae）

*Senna sophera* (L.) Roxb.

**识别要点：**灌木，高 1~2 m。双数羽状复叶，互生；叶柄上面近基部有一腺体；小叶 5~10 对，小叶片椭圆状披针形，长 2~5 cm，边缘疏生粗毛。总状花序，花少数；花黄色。荚果近圆筒形，多少膨胀，长 5~10 cm；有多数种子。果期 10~12 月。

**分布与生境：**原产热带亚洲，现我国长江以南各省区均有分布，多生于山坡路旁。

**食用部位与食用方法：**嫩叶和嫩果荚可炒食，须经沸水焯、清水漂洗去苦味后食用。

**食疗保健与药用功能：**种子味甘苦，性平，归肺、胃、大肠经，有清肝明目、健胃调中、润肠解毒之功效，适用于目赤肿痛、头晕头胀、习惯性便秘、小儿疳积、痢疾等症。

注意事项：有小毒，不宜多食，大量食用会引起腹泻。

## 3. 豆茶决明 山扁豆（豆科 Fabaceae）

*Senna nomame* (Makino) T. C. Chen

**识别要点：**一年生草本，高 30~60 cm。双数羽状复叶，互生；叶柄上端有一黑褐色、盘状、无柄的腺体；小叶 10~28 对，小叶片带状披针形，稍不对称，长 5~9 mm。花腋生，黄色。荚果扁平，有毛，长 3~8 cm，宽约 5 mm。每果种子 6~12 粒，扁菱形。果期 8~10 月。

**分布与生境：**产黑龙江、吉林、辽宁、河北、河南、山东、江苏、安徽、浙江、台湾、江西、湖北、湖南、四川及云南，生于山坡、原野草丛中。日本和朝鲜半岛有分布。

**食用部位与食用方法：**嫩果荚可煮食。成熟种子可煮食。

**食疗保健与药用功能：**味甘、微苦，性平，有健脾利湿、止咳化痰之功效，适用于慢性肾炎、咳嗽多痰、慢性便秘等症。

注意事项：有小毒，不宜多食，否则会引起腹泻。

## 4. 决明（豆科 Fabaceae）

*Senna tora* (L.) Roxb.

**识别要点：**一年生亚灌木状草本，高 1~2 m。双数羽状复叶，互生；叶柄上无腺体，叶轴上每对小叶间有 1 个腺体；小叶 3 对，小叶片倒卵形或倒卵状长椭圆形，长 2~6 cm。花常 2 朵聚生于叶腋；花黄色。荚果纤细，近四棱形，长达 15 cm，直径 3~4 mm；有多数种子。果期 8~11 月。

**分布与生境：**原产美洲热带地区，现全世界热带、亚热带地区广泛分布，我国长江以南各省区均有野化，生于山坡、旷野及河滩沙地。

**食用部位与食用方法：**嫩叶和嫩果荚可炒食，须经沸水焯、清水漂洗去苦味后食用。

**食疗保健与药用功能：**种子味甘苦咸，性微寒，归肝、大肠经，有清肝明目、利尿、润肠通便之功效，适用于目赤涩痛、眩晕、目暗不明、大肠秘结等症。

注意事项：有小毒，不宜多食，否则会引起腹泻。

## 5. 皂荚 皂角（豆科 Fabaceae）

*Gleditsia sinensis* Lam.

**识别要点：**落叶乔木。树干和枝具分支的粗刺，刺圆柱形，长达 16 cm。双数一回羽状复叶，互生，长 10~28 cm；小叶 3~9 对，小叶片卵状披针形或矩圆形，长 2~10 cm，有细锯齿。总状花序；花黄白色。荚果带状，肥厚，长 12~37 cm，劲直或扭曲；有多数种子。果期 5~12 月。

**分布与生境：**产陕西、甘肃、青海、河北、河南、山西、山东、江苏、安徽、浙江、福建、江西、湖北、湖南、广东、广西、贵州、四川及云南，生于海拔 2 500 m 以下的山坡林中、沟谷或路旁。

**食用部位与食用方法：**嫩芽可腌食、油盐凉拌调食或炒食。种子煮熟后，经糖渍可食。

**食疗保健与药用功能：**果实味辛咸，性温，具小毒，有祛风通窍、化痰止咳、杀虫之功效，适用于顽痰阻肺、咳嗽痰多、口噤不语、喉痹、哮喘、鼻窍不通等症，外用可治皮癣。

注意事项：有小毒。种子食前用水浸泡至发涨，经水煮熟，倒掉水以除毒，再经糖渍或与其他食料配伍做成食品。

## 6. 猪屎豆（豆科 Fabaceae）

*Crotalaria pallida* Ait.

**识别要点：**多年生草本或呈灌木状。茎枝密被柔毛。3 出复叶，互生，叶柄长 2~4 cm；小叶片矩圆形或椭圆形，长 3~6 cm，小叶柄长 1~2 mm。总状花序顶生；花黄色。荚果长球形，长 3~4 cm，果瓣开裂后扭转，具 20~30 粒种子。花果期 9~12 月。

**分布与生境：**产山东、浙江、福建、台湾、江西、湖南、广东、海南、广西、四川及云南，生于海拔 1 000 m 以下的荒山草地及沙质土壤中。美洲、非洲、亚洲热带及亚热带地区有分布。

**食用部位与食用方法：**种子煮熟后可食。

**食疗保健与药用功能：**种子味甘涩，性凉，有补肝肾、明目、固精之功效，适用于头晕眼花、神经衰弱、遗精、早泄、尿频、遗尿、白带多等症。

注意事项：有小毒，不宜多食。

## 7. 花木蓝（豆科 Fabaceae）

*Indigofera kirilowii* Maxim. ex Palibin

**识别要点：**落叶小灌木，高 0.3~1 m。幼枝具棱，与叶轴、小叶两面及花序均疏被白色丁字毛。单数羽状复叶，长 6~15 cm；小叶 7~11 枚，对生，小叶片宽卵形、卵状菱形或椭圆形，长 1.5~4 cm，先端圆钝，基部楔形或宽楔形，边缘全缘。总状花序腋生，疏花，花淡红色，稀白色。荚果圆柱形，长 3.5~7 cm，无毛，具种子 10 余粒。种子赤褐色，长球形，长 5 mm。果期 8~9 月。

**分布与生境：**产吉林、辽宁、内蒙古、河北、山西、陕西、河南、山东、江苏及浙江，生于海拔 400 m 以下的山坡灌丛、疏林或岩石缝中。日本和朝鲜半岛有分布。

**食用部位与食用方法：**果实成熟后取种子煮食，也可磨成面粉摊煎饼食用。

注意事项：有小毒，不宜多食。

## 8. 常春油麻藤（豆科 Fabaceae）

*Mucuna sempervirens* Hemsl.

**识别要点：**常绿木质藤本。老茎直径达 30 cm。羽状复叶具 3 枚小叶，长 21~39 cm，无毛，顶生小叶片椭圆形、矩圆形或卵状椭圆形，长 8~15 cm，侧生小叶极偏斜，小叶柄膨大；叶柄长 7~17 cm。总状花序生于老茎上，长 10~36 cm；花深紫色，长约 6.5 cm，有臭味。荚果带形，木质，长 30~60 cm，宽 3~3.5 mm，种子间缢缩。种子扁长球形，长 2.2~3 cm，宽 2~2.2 cm，厚约 1 cm。

**分布与生境：**产陕西南部、浙江、福建、江西、湖北、湖南、广东、广西、贵州、四川及云南，生于海拔 300~3 000 m 的山坡林中或灌丛中。日本有分布。

**食用部位与食用方法：**根可制淀粉。种子可磨豆腐。

注意事项：有小毒，不宜多食。

## 9. 鹿藿（豆科 Fabaceae）

*Rhynchosia volubilis* Lour.

**识别要点：**缠绕草质藤本。茎被灰色或淡黄色毛。3 小叶复叶，互生；叶柄长 2~5.5 cm；顶生小叶菱形或倒卵状菱形，长 3~8 mm，先端钝，基部圆形或宽楔形，两面被毛；侧生小叶较小，常偏斜，基部 3 出脉。总状花序腋生，或 1~3 朵花簇生叶腋；花黄色。荚果矩圆形，扁，成熟时红紫色，长 1~1.5 cm。种子常 2 粒，椭球形或近肾形，黑色，光亮。果期 8~10 月。

**分布与生境：**产山西、陕西、河南、山东、江苏、安徽、浙江、台湾、福建、江西、湖北、湖南、广东、海南、广西、贵州、四川及云南，生于海拔 200~1 000 m 的山坡草丛中。日本、朝鲜半岛和越南有分布。

**食用部位与食用方法：**种子煮熟可食，或与肉类煮食。

**食疗保健与药用功能：**种子有镇咳祛痰、祛风和血、解毒杀虫之功效。

## 10. 两型豆 三籽两型豆（豆科 Fabaceae）

*Amphicarpaea edgeworthii* Benth.

**识别要点：** 一年生缠绕草本。茎纤细，被淡褐色柔毛。3 枚小叶复叶，叶柄长 2~5.5 cm；顶生小叶片菱状卵形或扁卵形，长 2.5~5.5 cm，宽 2~5 cm，两面被白色伏贴柔毛，有 3 条基出脉。花二型：生于茎上部的花有花瓣，淡紫色或白色，长 1~1.7 cm；生于茎下部的花无花瓣。荚果二型：生于茎上部的荚果长 2~3.5 cm，宽约 6 mm，两侧扁，有种子 2~3 粒；生于茎下部的荚果短，有种子 1 粒。

**分布与生境：** 产黑龙江、吉林、辽宁、内蒙古、河北、山西、河南、陕西、甘肃、山东、江苏、安徽、浙江、台湾、福建、江西、湖北、湖南、海南、贵州、四川、云南及西藏，生于海拔 300~3 000 m 的山坡路旁及旷野草地。日本、朝鲜半岛、俄罗斯（西伯利亚）、越南和印度有分布。

**食用部位与食用方法：** 种子可制豆芽菜，亦可磨制豆浆或制作豆酱、糕点馅等。

## 11. 野大豆（豆科 Fabaceae）

*Glycine soja* Sieb. & Zucc.

**识别要点：** 一年生缠绕草本。全株被褐色毛。侧根密生于主根上部。茎纤细，长 1~4 m。叶具 3 枚小叶，长达 14 cm，顶生小叶片卵形或卵状披针形，长 3.5~6 cm，先端急尖或钝，基部圆，两面均密被糙伏毛。总状花序长约 10 cm；花小，淡紫红色或白色。荚果长球形，长 1.7~2.3 cm，宽 4~5 mm，两侧扁，种子间稍缢缩，干后易开裂，有褐色或黑色种子 2~3 粒。

**分布与生境：** 产黑龙江、吉林、辽宁、内蒙古、河北、山西、河南、陕西、甘肃、宁夏、山东、江苏、安徽、浙江、福建、江西、湖北、湖南、贵州、四川、云南及西藏，生于海拔 150~2 700 m 的田边、沟边、沼泽、草甸、沿海岛屿向阳灌丛中。

**食用部位与食用方法：** 幼苗可作蔬菜。种子可煮食或磨面食用。

**食疗保健与药用功能：** 种子味甘，性温，有平肝、明目、补气血、强壮、利尿之功效，适用于头晕、目昏、风痹、汗多等症。

## 12. 补骨脂（豆科 Fabaceae）

*Cullen corylifolium* (L.) Medikus

**识别要点：**一年生草本。全株被白色柔毛和黑褐色腺点。茎直立，高达 1.5 m。单叶，有时具 1 枚细小的侧生小叶，叶片宽卵形，长 4.5~9 cm，先端钝或圆，基部圆形或微心形，边缘有不规则疏齿；托叶线形，长 7~8 mm；叶柄长 2~4.5 cm，小叶柄长 2~3 mm。花序腋生；花 10 余朵密生，淡紫色或白色。荚果卵球形，长约 5 mm，不开裂，成熟时黑色，具种子 1 粒。

**分布与生境：**产陕西、台湾、湖北、广西、四川及云南，生于山坡、溪边或田边；河北、山西、河南、安徽、江西、广东、广西及贵州等省区有栽培或逸为野生。印度、缅甸、斯里兰卡有分布。

**食用部位与食用方法：**种子可作汤料。

**食疗保健与药用功能：**种子味辛苦，性温，归肾、脾经，有温肾助阳、纳气、止泻、补脾健胃之功效，适用于阳痿遗精、遗尿、尿频，腰膝冷痛、肾虚作喘、五更泄泻等症，外用可治白癜风、斑秃、牛皮癣等皮肤病。

## 13. 野豌豆（豆科 Fabaceae）

*Vicia sepium* L.

**识别要点：**多年生草本。根状茎匍匐。茎细弱，斜升或攀缘，具棱。双数羽状复叶，卷须发达；托叶半截形；小叶 5~7 对，小叶片卵圆形或矩圆状披针形，长 0.6~3 cm，先端有短尖头，基部圆形，边缘全缘，两面被毛。总状花序，有花 2~6 朵，粉红色、红色或紫色。荚果扁，矩圆形，长 2~4 cm，成熟时黑色，顶端具喙。果期 7~8 月。

**分布与生境：**产陕西、甘肃、宁夏、新疆、青海、贵州、四川、云南及西藏，生于海拔 1 000~2 200 m 的山坡或林缘草丛。日本、朝鲜半岛和俄罗斯有分布。

**食用部位与食用方法：**幼苗和嫩叶可作蔬菜食用。嫩荚果可煮食或炒食。成熟种子可煮粥或磨面食用。

**食疗保健与药用功能：**味甘辛，性温，有补肾调经、祛痰止咳之功效，适用于肾虚腰痛、遗精、月经不调、咳嗽痰多等症，外用可治疗疮。

## （三）蒴果类群

蒴果（Capsule）是由合生心皮形成，成熟后开裂的干果。

## 大戟科 Euphorbiaceae

### 1. 禾串树 尖叶土蜜树（大戟科 Euphorbiaceae）

*Bridelia balansae* Tutch.

**识别要点：**乔木。树干具枝刺。单叶互生；叶片椭圆形、长卵形或椭圆状披针形，长 5~15 cm，先端急尖至渐尖，基部楔形，全缘，叶背常灰色或粉绿色，沿脉疏生毛或几无毛；叶柄长 3~8 mm；托叶长三角形，长 3~5 mm。雌雄异株，雌花簇生叶腋或苞腋。蒴果核果状，椭球形，长 1~1.2 cm，成熟时紫黑色或黑色。果期 9~12 月。

**分布与生境：**产台湾、福建、广东、海南、广西、贵州及云南，生于海拔 200~1 000 m 的山坡常绿林中。日本、越南和老挝有分布。

**食用部位与食用方法：**果略甜，成熟时可食。

### 2. 白饭树（大戟科 Euphorbiaceae）

*Flueggea virosa* (Roxb. ex Willd.) Voigt

**识别要点：**灌木，全株无毛。单叶互生，2 列；叶片椭圆形、矩圆形或近圆形，长 2~5 cm，先端有小尖头，基部楔形，全缘，叶背白绿色；叶柄长 2~9 mm；托叶长披针形。花多朵簇生于叶腋。蒴果浆果状，近球形，直径 3~5 mm，成熟时淡白色，不开裂。果期 7~12 月。

**分布与生境：**产河北、河南、山东、台湾、福建、湖北、湖南、广东、海南、广西、贵州及云南，生于海拔 100~2 000 m 的山地灌丛中。亚洲东部至东南部、非洲和大洋洲有分布。

**食用部位与食用方法：**成熟果实可鲜食。

## 3. 余甘子 油甘树（大戟科 Euphorbiaceae）

*Phyllanthus emblica* L.

**识别要点：**落叶乔木或灌木。小枝被黄褐色短毛。单叶互生，在小枝上排成 2 列；叶片革质，椭圆形或线状矩圆形，长 1~2 cm，先端钝，具短尖头或急尖，基部浅心形或钝圆，全缘；叶柄长不及 1 mm；托叶三角形。花 3~7 朵簇生叶腋。蒴果核果状，扁球形，直径 1~2 cm，成熟时浅青黄色，外果皮肉质。果期 7~12 月。

**分布与生境：**产福建、台湾、江西、广东、海南、广西、贵州及云南，生于海拔 2 000 m 以下的山地灌丛、低山坡地、稀树山冈或海滨。印度及亚洲东南部国家有分布。

**食用部位与食用方法：**果可鲜食，回味甘甜生津，亦可制作饮料、蜜饯、罐头、糖葫芦等。

**食疗保健与药用功能：**果味酸涩，性凉，归肺、胃经，有清热凉血、消食健胃、生津、止咳、解毒之功效，适用于血热血瘀、消化不良、腹胀、感冒发热、口干烦热、喉痛、咳嗽等症。

## 4. 木奶果 （大戟科 Euphorbiaceae）

*Baccaurea ramiflora* Lour.

**识别要点：**常绿乔木。单叶互生；叶片矩圆形、倒卵状矩圆形至倒卵形，长 9~16 cm，先端渐尖，基部楔形，全缘，无毛；叶柄长 1~4.5 cm；托叶长三角形，长 3~4 mm。雌雄异株，雌花序总状，腋生或老茎生花。蒴果浆果状，卵球形或近球形，长 2~2.5 cm，直径 1.5~2 cm，成熟时紫红色，果皮肉质。果期几全年。

**分布与生境：**产广东、海南、广西、云南及西藏，生于海拔 1 300 m 以下的山地、山谷或山坡林中。印度、缅甸及亚洲东南部国家有分布。

**食用部位与食用方法：**果味酸甜，成熟时可食，亦可酿酒、制果酱或果汁。

**食疗保健与药用功能：**果实味甘，性凉，归肺、脾经，有止咳、平喘、祛湿解毒之功效，适用于“香港脚”、稻田皮炎等症。

## 七叶树科 Hippocastanaceae

### 5. 七叶树 天师栗（七叶树科 Hippocastanaceae）

*Aesculus chinensis* Bunge

**识别要点：**落叶乔木。掌状复叶，小叶 5~9 枚，叶柄长 10~15 cm；小叶片倒卵形或长倒披针形，长 8~25 cm，宽 3~5 cm，侧脉 15~25 对。花序顶生，近圆柱形，长 20~30 cm；花白色或带有黄色斑块。蒴果球形或卵球形，直径 3~4 cm，黄褐色，被斑点。种子 1~2 枚，近球形，栗褐色；种脐白色。果期 9~10 月。

**分布与生境：**产陕西、甘肃、河南、江西、湖北、湖南、广东北部、贵州、四川及云南，生于海拔 2 000 m 以下的山地阔叶林中或溪边。

**食用部位与食用方法：**种子经脱涩后取其淀粉可做糕点、饼干，或制饼食用。

**食疗保健与药用功能：**种子味甘，性温，有疏肝理气、和胃止痛、杀虫之功效，适用于胸腹胀闷、胃脘疼痛、肝胃气滞、蛔虫病等症。

注意事项：枝、叶有毒，不可食用。

## 无患子科 Sapindaceae

### 6. 文冠果（无患子科 Sapindaceae）

*Xanthoceras sorbifolium* Bunge

**识别要点：**落叶小乔木或灌木状。单数羽状复叶，互生；小叶 4~8 对，小叶片披针形或近卵形，长 2.5~6 cm，先端渐尖，基部楔形，边缘有尖锯齿，嫩叶背面被茸毛和星状毛。总状花序先叶抽出或与叶同放，花杂性同株，两性花花序顶生，雄花序腋生；花瓣 5 枚，白色，基部紫红色或黄色。蒴果近球形或宽椭球形，长达 6 cm，有 3 个棱角。成熟种子黑色，有光泽。花期春季，果期秋季。

**分布与生境：**产辽宁、陕西、甘肃、宁夏、青海、内蒙古、河北、河南、山西及山东，生于丘陵山坡等处。

**食用部位与食用方法：**嫩芽、嫩叶经沸水烫、清水漂洗后，可炒食或凉拌。嫩花味甘，可炒食。种子鲜美可食；或与蜂蜜一起腌藏，制成蜜饯，兑水后成为一种风味饮料；亦可榨油，种仁含脂肪 57.18%，蛋白质 29.69%。

**食疗保健与药用功能：**种子味甘，性平，有祛风除湿之功效，主治风湿性关节炎。

## 7. 薄果猴欢喜（杜英科 Elaeocarpaceae）

*Sloanea leptocarpa* Diels

**识别要点：**常绿乔木。单叶互生；叶片革质，披针形或倒披针形，长 7~14 cm，宽 2~3.5 cm，背面有疏毛，侧脉 7~8 对，全缘；叶柄长 1~3 cm，被褐色柔毛，先端膨大。花腋生。蒴果球形，直径 1.5~2 cm，3~4 爿裂，果爿薄，多刺，针刺长 1~2 mm；果梗长 2~3 cm。种子长 1 cm，黑色，有假种皮包被种子下半部。果期 9 月。

**分布与生境：**产福建、湖南、广东、广西、贵州、四川及云南，生于海拔 700~1 700 m 的常绿阔叶林中。

**食用部位与食用方法：**成熟种子炒熟食用味佳，亦可鲜食。

## 8. 猴欢喜（杜英科 Elaeocarpaceae）

*Sloanea sinensis* (Hance) Hemsl.

**识别要点：**常绿乔木。单叶互生；叶片薄革质，矩圆形或狭倒卵形，长 6~12 cm，宽 3~5 cm，无毛，侧脉 5~7 对，全缘或上部有小锯齿；叶柄长 1~4 cm，无毛，先端膨大。花簇生于枝顶叶腋，白色。蒴果球形，直径 2~5 cm，3~7 爿裂，果爿长 2~3.5 cm，厚 3~5 mm，多刺，针刺长 1~1.5 cm，内果皮紫红色；果梗长 3~7 cm。种子长 1~1.3 cm，黑色，有假种皮包被种子下半部。果期翌年 6~7 月。

**分布与生境：**产安徽、浙江、福建、江西、湖北、湖南、广东、海南、广西、贵州及四川，生于海拔 700~1 000 m 的常绿阔叶林中。缅甸、越南、老挝、柬埔寨和泰国有分布。

**食用部位与食用方法：**成熟种子炒熟食，味香，粉状，亦可鲜食。

## 锦葵科 Malvaceae

### 9. 苘麻（锦葵科 Malvaceae）

*Abutilon theophrasti* Medikus

**识别要点：**一年生亚灌木状直立草本，高 1~2 m。茎枝被柔毛。单叶互生，圆心形，长 3~12 cm，基部心形，两面密被星状毛。花单生于叶腋，黄色。蒴果半球形，顶端平截，直径约 2 cm，长约 1.2 cm，分果爿 15~20 个，被粗毛。种子肾形，黑褐色，被星状毛。花期 6~10 月。

**分布与生境：**产吉林、辽宁、陕西、宁夏、新疆、内蒙古、河北、河南、山西、山东、江苏、安徽、浙江、福建、台湾、江西、湖北、湖南、广东、海南、广西、贵州、四川及云南，生于村边、路旁、荒地或田野间。日本、印度、越南、欧洲及北美洲有分布。

**食用部位与食用方法：**嫩苗可作蔬菜。种子浸除苦味，晒干后可磨粉蒸食，亦可榨油食用。

**食疗保健与药用功能：**种子味苦，性平，有利尿、通乳之功效。

## 五桠果科 Dilleniaceae

### 10. 五桠果（五桠果科 Dilleniaceae）

*Dillenia indica* L.

**识别要点：**常绿乔木。单叶互生，叶片矩圆形或倒卵状矩圆形，长 15~40 cm，基部宽楔形，边缘具锯齿，齿尖锐利，侧脉 25~50 对，叶背脉上有毛；叶柄具窄翅。花单生于枝顶叶腋，直径 12~20 cm，白色；雄蕊多轮，多数。蒴果球形，不裂，直径 10~15 cm。

**分布与生境：**产广西及云南，生于海拔 700~1 000 m 的山谷、沟边及林中。印度至东南亚有分布。

**食用部位与食用方法：**果味酸甜，可鲜食或制果酱、果汁。

## 11. 大花五桠果（五桠果科 Dilleniaceae）

*Dillenia turbinata* Finet & Gagnep.

**识别要点：**常绿乔木。单叶互生，叶片倒卵形或长倒卵形，长 12~30 cm，基部楔形下延呈窄翅状，边缘具牙齿，侧脉 15~25 对，叶面脉上有毛，叶背有硬毛；叶柄被锈色硬毛。总状花序顶生，直径 10~13 cm，通常黄色；雄蕊 2 轮，多数。蒴果近球形，不裂，直径 4~5 cm，暗红色。

**分布与生境：**产广东、海南、广西及云南，生于常绿阔叶林中。越南有分布。

**食用部位与食用方法：**果味酸甜，可鲜食或制果酱、果汁。

## 12. 小花五桠果（五桠果科 Dilleniaceae）

*Dillenia pentagyna* Roxb.

**识别要点：**落叶乔木。单叶互生，叶片长椭圆形或倒卵状椭圆形，长 20~60 cm，基部下延呈窄翅状，边缘具浅波状齿，齿尖突出，侧脉 30~60 对；叶柄具窄翅。花数朵簇生，黄色；雄蕊 2 轮，多数。蒴果球形，不裂，直径 1.5~2 cm，黄红色。

**分布与生境：**产海南及云南，生于海拔 400 m 以下的灌丛及草地。印度至马来半岛有分布。

**食用部位与食用方法：**果可食。

**食疗保健与药用功能：**果有止咳之功效。

## 13. 地菍（野牡丹科 Melastomataceae）

*Melastoma dodecandrum* Lour.

**识别要点：** 匍匐小灌木，长 10~30 cm。茎匍匐上升，逐节生根，多分枝，披散。单叶对生，叶片卵形或椭圆形，长 1~4 cm，先端急尖，基部宽楔形，全缘或生密浅细锯齿，基出脉 3~5 条，叶背有糙伏毛；叶柄长 2~10 mm，被糙伏毛。花常 3 朵顶生，淡紫红色或紫红色；雄蕊弯曲。蒴果坛状球形，近顶端略缢缩，平截，肉质，不开裂，直径约 7 mm。果期 7~9 月。

**分布与生境：** 产安徽、浙江、福建、江西、湖北、湖南、广东、广西、贵州及四川，生于海拔 1 300 m 以下的山坡矮草丛中，为酸性土壤常见植物。越南有分布。

**食用部位与食用方法：** 果可食用，亦可酿酒。

**食疗保健与药用功能：** 果味甘涩，性平，有涩肠止痢、舒筋活血、补血安胎、祛风利湿、清热解毒之功效，适用于流行性脑脊髓膜炎、肠炎、痢疾、肺脓肿、盆腔炎、子宫出血、贫血、白带多、腰腿痛、风湿骨痛等症，捣碎外敷可治疮、痈、疽、疖、外伤出血、蛇伤等症。

## 14. 毛菍（野牡丹科 Melastomataceae）

*Melastoma sanguineum* Sims

**识别要点：** 大灌木，高达 3 m。枝、叶柄、花梗均被长粗毛。单叶对生，叶片卵状披针形或披针形，长 8~20 cm，先端长渐尖或渐尖，基部钝或圆形，全缘，基出脉 5 条，两面被糙伏毛；叶柄长 1.5~4 cm，被糙伏毛。花常 1 朵顶生，粉红色或紫红色；雄蕊弯曲。蒴果杯状球形，直径 1.5~2 cm，肉质，密被红色长硬毛。花果期通常 8~10 月。

**分布与生境：** 产福建、广东、海南及广西，生于海拔 400 m 以下的山坡坡脚、沟边、湿润草丛或矮灌丛中。印度、马来西亚和印度尼西亚有分布。

**食用部位与食用方法：** 果可鲜食，或制果酱。

## 15. 野牡丹 多花野牡丹、展毛野牡丹（野牡丹科 Melastomataceae）

*Melastoma malabathricum* L.

**识别要点：** 灌木，高 0.5~1.5 m。枝钝四棱形或近圆柱形，密被鳞片状糙伏毛。单叶对生，叶片卵形、卵状披针形、近椭圆形或披针形，长 4~13 cm，先端尖，基部浅心形、近圆形或近楔形，全缘，基出脉 5~7 条，两面被糙伏毛；叶柄长 0.5~1.5 cm，密被糙伏毛。花序顶生；花粉红色或红色；雄蕊弯曲。蒴果坛状球形，顶端平截，肉质，被鳞片状糙伏毛。果期 8~12 月。

**分布与生境：** 产浙江、台湾、福建、江西、湖南、广东、海南、广西、贵州、四川、云南及西藏，生于海拔 2 800 m 以下的荒野、草地、山坡、沟边、路边、竹林中、山谷林下或疏林下。中南半岛、菲律宾及澳大利亚有分布。

**食用部位与食用方法：** 果可鲜食，或制果酱、制果汁。

**食疗保健与药用功能：** 果味甘酸涩，性平，有消积滞、收敛止血、散瘀消肿之功效，适用于消化不良、肠炎、腹泻、痢疾等症。

# 马鞭草科 Verbenaceae

## 16. 海榄雌（马鞭草科 Verbenaceae）

*Avicennia marina* (Forsk.) Vierh.

**识别要点：** 常绿灌木。小枝四棱形。单叶对生，叶片革质，椭圆形或卵形，长 2~7 cm，背面有毛，全缘。花序头状；花序梗长 1~2.5 cm；花对生，黄褐色，直径约 5 mm。蒴果近球形，直径约 1.5 cm，被毛。花果期 7~10 月。

**分布与生境：** 产台湾、福建、广东及海南，生于海岸及盐沼地带，为海岸红树林组成树种。非洲东部、印度、马来西亚、澳大利亚和新西兰有分布。

**食用部位与食用方法：** 果实经清水浸泡去涩味后可炒熟食用。

**食疗保健与药用功能：** 果实可入药，适用于痢疾等症。

## 17. 木蝴蝶（紫葳科 Bignoniaceae）

*Oroxylum indicum* (L.) Benth. ex Kurz

**识别要点：**小乔木。单数二至四回羽状复叶，着生于茎近顶端，长 0.6~1.3 m；小叶三角状卵形，长 5~13 cm，先端短渐尖，基部近圆形或近心形，偏斜，无毛，全缘。花序顶生，长 0.4~1.5 m；合瓣花，花冠紫红色，肉质，长 3~9 cm，口部直径 5.5~8 cm。蒴果木质，扁平，垂悬树梢，长 0.4~1.2 m，宽 5~9 cm，厚约 1 cm。种子多列，极薄，扁圆形，周围具白色透明膜质翅。

**分布与生境：**产台湾、福建、广东、海南、广西、贵州、四川及云南，生于海拔 500~900 m 的河谷密林中。东南亚有分布。

**食用部位与食用方法：**幼嫩果实可炒食或腌酸后食用。

**食疗保健与药用功能：**成熟种子味甘苦，性凉，归肺、肝、胃经，有清肺利咽、疏肝和胃之功效，适用于肝胃气痛、肺热咳嗽、喉痛、音哑等症。

## 18. 火烧花（紫葳科 Bignoniaceae）

*Mayodendron igneum* (Kurz) Kurz

**识别要点：**常绿乔木。树皮光滑。单数二回羽状复叶，长达 60 cm；小叶卵形或卵状披针形，长 8~12 cm，先端长渐尖，基部宽楔形，全缘，无毛。短总状花序具 5~13 朵花，着生于老茎或侧生短枝，花序梗长 2.5~3.5 cm；合瓣花，花冠橙黄色，长 6~7 cm，直径 1.5~1.8 cm。蒴果线形，无毛，下垂，长达 45 cm，直径约 7 mm。种子卵圆形，多数，具白色透明膜质翅。果期 5~9 月。

**分布与生境：**产台湾、广东、海南、广西、贵州及云南，生于海拔 100~1 900 m 的干热河谷或低山林中。印度、缅甸、越南、老挝和泰国有分布。

**食用部位与食用方法：**鲜花洗净后，与佐料一起捣烂食用，或将鲜花经沸水焯后，蘸佐料食用。幼嫩果实去皮后可煮食。

## 胡麻科 Pedaliaceae

### 19. 芝麻（胡麻科 Pedaliaceae）

*Sesamum indicum* L.

**识别要点：**一年生直立草本，高达 1.5 m。茎不分枝或分枝。叶对生或互生，叶片披针形至卵形，长 4~20 cm，宽 2~10 cm，下部常掌状 3 裂，边缘全缘；叶柄长 3~11 cm。花白色或带有紫红色或黄色的彩晕。蒴果长圆柱形，直立，有纵棱，被毛。种子多数，光滑，有黑白之分。花果期夏末秋初。

**分布与生境：**原产印度。我国各地有栽培或逸为野生。世界热带和亚热带地区广泛栽培或逸为野生。

**食用部位与食用方法：**嫩叶经沸水焯后可凉拌食用。种子炒熟后可直接食用，或烙饼时粘在饼外，或做糕点、做芝麻酱、榨芝麻油。

**食疗保健与药用功能：**种子味甘，性平，归肝、肾、大肠经，有补益精血、润肠通便之功效，适用于精血亏虚、肠燥便秘、肝肾不足、虚风眩晕、风痹瘫痪、病后虚弱等症。

## 姜科 Zingiberaceae

### 20. 节鞭山姜（姜科 Zingiberaceae）

*Alpinia conchigera* Griff.

**识别要点：**多年生草本，高达 2 m。叶片披针形，长 20~30 cm，宽 7~10 cm，除边缘及下面中脉被柔毛外，其余无毛，具平行叶脉；叶柄长 0.5~1 cm，叶舌全缘，长约 5 mm。圆锥花序顶生，长 20~30 cm，有 1~2 分枝。蒴果枣红色，球形，直径 0.8~1 cm，有种子 3~5 枚。果期 9~12 月。

**分布与生境：**产云南南部，生于海拔 600~1 100 m 的山坡密林下或疏阴处。南亚至东南亚有分布。

**食用部位与食用方法：**果可食。

## 21. 益智（姜科 Zingiberaceae）

*Alpinia oxyphylla* Miq.

**识别要点：**多年生草本，高达 3 m。叶片披针形，长 25~35 cm，宽 3~6 cm，边缘具脱落性小刚毛，平行叶脉；叶柄长 0.5~1 cm，叶舌 2 裂，长 1~2 cm。总状花序顶生。蒴果球形，干后纺锤形，长 1.5~2 cm，被柔毛。种子不规则扁球形，被淡黄色假种皮。果期 4~9 月。

**分布与生境：**产福建、广东、海南、广西及云南，生于林下阴湿处。

**食用部位与食用方法：**果可食。

**食疗保健与药用功能：**果味辛，性温，归脾、肾经，有暖肾固精缩尿、温脾止泻摄唾之功效，适用于肾虚遗尿、小便频数、遗精白浊、脾寒泄泻、腹中冷痛、口多唾涎等症。

## 22. 山姜（姜科 Zingiberaceae）

*Alpinia japonica* (Thunb.) Miq.

**识别要点：**多年生草本，高达 70 cm。叶片披针形、倒披针形或窄长椭圆形，长 25~40 cm，宽 4~7 cm，两面被柔毛，平行叶脉；叶柄近无至长 2 cm，叶舌 2 裂，长 2 mm。总状花序顶生，花序轴被柔毛。蒴果球形或椭球形，直径 1~1.5 cm，被柔毛，成熟时橙红色。种子多角形，长约 5 mm，有樟脑气味。果期 7~12 月。

**分布与生境：**产安徽、浙江、福建、台湾、江西、湖北、湖南、广东、广西、贵州、四川及云南，生于林下阴湿处。日本有分布。

**食用部位与食用方法：**果可食。

**食疗保健与药用功能：**果味辛，性温，有祛风通络、理气止痛、芳香健胃之功效，适用于消化不良、腹痛、慢性下泻等症。

## 23. 草果（姜科 Zingiberaceae）

*Amomum tsaoko* Crevost & Lemarie

**识别要点：**多年生草本。茎丛生，高达 3 m。叶片长椭圆形或矩圆形，长 40~70 cm，宽 10~20 cm，两面无毛，具平行叶脉；无柄或具短柄，叶舌全缘，长 0.8~1.2 cm。穗状花序由根状茎抽出，不分枝，长 13~18 cm；花序梗长 10 cm 或更长；花红色。蒴果密生，成熟时红色，长球形或长椭球形，长 2.5~4.5 cm，干后变为褐色，具皱缩纵线条，不开裂。种子扁平，多角形，直径 4~6 mm，有浓香。果期 9~12 月。

**分布与生境：**产广西、贵州及云南，生于海拔 1 100~1 800 m 的疏林下。

**食用部位与食用方法：**果可作调味香料，常用于火锅、面食汤料等。

**食疗保健与药用功能：**果味辛，性温，归脾、胃经，有燥湿温中、除痰截疟之功效，适用于脘腹胀痛、寒湿中阻、痰积聚、疟疾、食积等症。

罂粟

注意事项：草果的果实外形相似于毒品罂粟（*Papaver somniferum* L.）的果实，也曾有人用罂粟果实熬汤，用于火锅、面汤等中，做违法之事。但罂粟果实顶端有扁平盘状体，种子粒状而细小，直径约 1 mm，表面呈蜂窝状，可以区别。

## 24. 砂仁（姜科 Zingiberaceae）

*Amomum villosum* Lour.

**识别要点：**多年生草本。茎散生，高达 3 m，根状茎匍匐于地面。叶片长披针形，长约 37 cm，宽约 7 cm，两面无毛，具平行叶脉；无柄或近无柄，叶舌长 3~5 mm。穗状花序椭圆形；花序梗长 4~8 cm；花白色。蒴果椭球形，长 2.5~4.5 cm，成熟时紫红色，干后变为褐色，被柔刺。种子多角形，有浓香。果期 8~9 月。

**分布与生境：**产福建、广东、海南、广西及云南，生于海拔 100~800 m 的阴湿林。印度、缅甸、越南、老挝、柬埔寨和泰国有分布。

**食用部位与食用方法：**果可食，作调味香料，常用于火锅、面食汤料等，或作药膳。

**食疗保健与药用功能：**果味辛，性温，归脾、胃、肾经，有化湿开胃、温中止泻、理气安胎之功效，适用于湿阻中焦、脾胃气滞、脾胃虚寒、妊娠恶阻、胎动不安、宿食不消、腹痛、呕吐、寒泻冷痢等症。

## 25. 九翅豆蔻（姜科 Zingiberaceae）

*Amomum maximum* Roxb.

**识别要点：**多年生草本。茎丛生，高达 3 m。叶片长椭圆形或矩圆形，长 30~90 cm，宽 10~20 cm，叶面无毛，叶背被柔毛，平行叶脉；叶柄近无至长 8 cm，叶舌矩圆形，长 1.2~2 cm。穗状花序近球形，直径约 5 cm；花白色，花冠管长于花萼管，花冠裂片矩圆形。蒴果卵球形，长 2.5~3 cm，成熟时紫绿色，3 裂，具 9 翅，翅上毛密。果期 6~8 月。

**分布与生境：**产广东、海南、广西、云南及西藏，生于海拔 350~800 m 的林中阴湿处。

**食用部位与食用方法：**嫩茎芯可炒食。花可炒食、烤食或煮米饭。果可煮食、煮米饭，作调味香料或药膳。

**食疗保健与药用功能：**果味辛，性温，归脾、胃经，有开胃、消食、行气、止痛之功效，适用于脘腹冷痛、腹胀、不思饮食、嗳腐吞酸等症。

## 26. 香豆蔻（姜科 Zingiberaceae）

*Amomum subulatum* Roxb.

**识别要点：**多年生草本，高达 2 m。叶片矩圆状披针形，长 27~60 cm，宽 3.5~11 cm，两面无毛，具平行叶脉；叶柄近无至长 3 cm，叶舌长 3~4 mm。穗状花序近陀螺形，直径约 5 cm；花黄色。蒴果球形，长 2~2.5 cm，成熟时紫色或红褐色，不裂，具 10 余条波状窄翅。果期 6~9 月。

**分布与生境：**产广西、云南及西藏，生于海拔 300~1 300 m 的阴湿林中。孟加拉国及尼泊尔有分布。

**食用部位与食用方法：**果可作甜品和糕点调料。

**食疗保健与药用功能：**果味辛，性温，归肺、肝、胃、大肠经，有散寒行气、健胃消食之功效，适用于喉痛、肺结核、眼睑炎、脘腹胀痛、食积不化、肺寒咳嗽等症。

## （四）瘦果类群

瘦果（Achene）是果实成熟后不开裂、果皮紧包种子、不易分离的干果。

### 荨麻科 Urticaceae

#### 1. 水麻（荨麻科 Urticaceae）

*Debregeasia orientalis* C. J. Chen

**识别要点：**灌木。单叶互生，叶片长圆状披针形或线状披针形，长 5~20 cm，边缘有细齿，基部 3 出脉，叶面疏生糙毛和点状钟乳体，叶背有灰白色毡毛；叶柄长 3~10 mm。花序球状，生于上年生枝和老枝叶腋。瘦果浆果状，倒卵球形，成熟时橙黄色。果期 5~7 月。

**分布与生境：**产陕西、甘肃、台湾、湖北、湖南、广西、贵州、四川、云南及西藏，生于海拔 300~2 800 m 的溪谷河流两岸潮湿地区。日本有分布。

**食用部位与食用方法：**嫩芽、幼叶可作蔬菜。果可食。

### 蓼科 Polygonaceae

#### 2. 苦荞 苦荞麦（蓼科 Polygonaceae）

*Fagopyrum tataricum* (L.) Gaertn.

**识别要点：**一年生直立草本。多分枝，全株无毛。茎一侧具乳头状突起。单叶互生，叶片宽三角形，长 2~7 cm，先端尖，基部心形或戟形，沿叶脉有乳头状突起；下部叶具长柄；托叶膜质，鞘状包茎，偏斜，黄褐色。花白色或淡红色。瘦果长卵球形，长 5~6 mm，具 3 棱。

**分布与生境：**产黑龙江、辽宁、陕西、甘肃、青海、新疆、内蒙古、河北、河南、山西、湖北、湖南、贵州、四川、广西、云南及西藏，生于海拔 300~3 900 m 的山坡、田边、路旁。亚洲、欧洲和美洲有分布。

**食用部位与食用方法：**种子可食用。

## 3. 荞麦（蓼科 Polygonaceae）

*Fagopyrum esculentum* Moench.

**识别要点：**一年生直立草本。上部分枝，全株无毛。茎红色或绿色，一侧具乳头状突起。单叶互生，叶片三角形或卵状三角形，长 2.5~7 cm，先端渐尖，基部心形，沿叶脉有乳头状突起；叶柄长 0.5~6 cm；托叶膜质，鞘状包茎，偏斜。花白色或红色。瘦果卵球形，长 5~6 mm，具 3 锐棱。

**分布与生境：**全国各地有栽培或野化，生于田边、沟边或荒地。

**食用部位与食用方法：**幼苗和嫩茎叶可作为蔬菜，炒或凉拌食用。果去壳后，种子（荞麦米）可用来做荞米饭、荞米粥或制成荞麦片，亦可磨成荞麦粉，制成面条、烙饼、面包、糕点、荞酥、凉粉、灌肠等民间风味食品，还可酿酒。

**食疗保健与药用功能：**味甘，性寒。茎叶有降血压、止血之功效。种子有健胃、收敛、健脾消积、下气宽肠、解毒敛疮之功效，适用于止虚汗。

## （五）颖果类群

颖果（Caryopsis）是果实成熟后不开裂，果皮与种皮愈合而不能分离的干果。

### 禾本科 Poaceae / Gramineae

**识别要点：**草本或木本（竹类）。茎秆圆形，节间多中空。叶互生，2 列，叶鞘多开放，叶片条形或线形，狭长，具纵向平行叶脉。颖果。

禾本科是世界粮食仓库，水稻、大麦、小麦、青稞、粟、稷、玉米、高粱等都是该科的农作物。除了众多的农作物外，该科有很多植物可作为野菜野果食用，其中最大的一类是竹类（植物学上称竹亚科）。

禾本科中除了竹亚科植物的竹笋可作为野菜食用外，还有许多大型（高 1.5~4 m）野生草本植物的地下嫩根状茎常含糖分而味甜，或颖果较大或较多而富含淀粉，或嫩茎粗大肥嫩，可食。

本卷书只介绍野果类植物，野菜类（如竹笋、芦根等）植物另卷介绍。

### 燕麦属 *Avena* L.

**识别要点：**一年生草本。圆锥花序疏散，下垂。小穗具 2~6 朵小花，长 1~4 cm。颖片大，膜质，多脉；外稃坚硬，先端 2 齿裂，背部常有旋扭状的长芒，稀无芒。颖果与稃片分离，或为其所包藏。

**分布与生境：**约 25 种，主要分布于地中海和亚洲西南部至欧洲北部，至温带地区。我国引种有 5 种，逸为野生。

**食用部位与食用方法：**燕麦属植物的颖果均有较高营养价值，可作为粮食食用。

**燕麦属常见植物有下列 3 种：**

#### 1. 燕麦（禾本科 Poaceae / Gramineae）

*Avena sativa* L.

**识别要点：**一年生草本。秆高 0.7~1.5 m。叶鞘无毛；叶片长 7~20 cm，宽 0.5~1 cm。圆锥花序顶生，开展，长达 25 cm，宽 10~15 cm。小穗长 1.5~2.2 cm；小穗轴近无毛或疏生毛，不易断落，第一节间长不及 5 mm。外稃坚硬，无毛，第一外稃长约 1.3 cm，无芒或背部有一较直的芒，第二外稃无芒。颖果长圆柱形，长约 1 cm，黄褐色。

**分布与生境：**黑龙江、吉林、辽宁、内蒙古、河北、山东、山西、河南、陕西、宁夏、甘肃、青海、新疆、湖北、湖南、广东、广西、贵州、四川、云南及西藏等地有野生。

**食用部位与食用方法：**颖果磨面食用，营养价值很高。

## 2. 莜麦（禾本科 Poaceae / Gramineae）

*Avena chinensis* (Fisch. ex Roem. & Schult.) Metzg.

**识别要点：**一年生草本。秆高 0.6~1 m，2~4 节。叶鞘常被微毛；叶片长 8~40 cm，宽 0.3~1.6 cm。圆锥花序开展，长 12~20 cm，分枝纤细。小穗长 2~4 cm；小穗轴坚韧，无毛，弯曲，第一节间长达 1 cm；颖近相等，长 1.5~2.5 cm。外稃草质，第一外稃长约 2 cm，背部无芒或上部 1/4 以上伸出 1~2 cm 的芒。颖果长约 8 mm，与稃片分离。花果期 6~8 月。

**分布与生境：**产内蒙古、河北、山西、河南、陕西、宁夏、甘肃、青海、湖北、四川、云南等省区，生于山坡路旁、高山草甸或潮湿处。

**食用部位与食用方法：**颖果可磨面制粉，做面食。

## 3. 野燕麦（禾本科 Poaceae / Gramineae）

*Avena fatua* L.

**识别要点：**一年生草本。秆高 0.6~1.2 m，无毛，2~4 节。叶鞘光滑或基部被微毛；叶片长 10~30 cm，宽 0.4~1.2 cm。圆锥花序金字塔形，长 10~25 cm；分枝具棱角。小穗长 1.8~2.5 cm；小穗轴密生淡棕色或白色硬毛，节脆硬易断落，第一节间长约 3 mm。外稃坚硬，第一外稃长 1.5~2 cm，芒自稃体中部稍下处伸出，长 2~4 cm，芒柱棕色，扭转，第二外稃有芒。颖果被淡棕色柔毛，长 6~8 mm。花果期 4~9 月。

**分布与生境：**产黑龙江、内蒙古、河北、山西、河南、陕西、宁夏、甘肃、青海、新疆、江苏、安徽、浙江、台湾、福建、江西、湖北、湖南、广东、广西、贵州、四川、云南及西藏，生于山坡林缘、荒芜田野或田埂路旁。欧洲、亚洲和非洲寒温带地区有分布，北美洲有传入。

**食用部位与食用方法：**颖果可作为粮食代用品，可煮粥，与米一起煮饭，做燕麦片，磨面粉食用。

**食疗保健与药用功能：**颖果味甘，性温，有补虚损、固表止汗之功效，适用于体虚、吐血、出虚汗、高血糖等症。

## 4. 菵草（禾本科 Poaceae / Gramineae）

*Beckmannia syzigachne* (Steud.) Fern.

**识别要点：**一年生草本。秆丛生，高 15~90 cm，1~4 节。叶鞘无毛，多长于节间，叶舌长 3~8 mm；叶片长 5~20 cm，宽 0.3~1 cm。圆锥花序长 10~30 cm；分枝稀疏，直立或斜升。小穗灰绿色，具 1 朵小花，长约 3 mm。外稃常具伸出颖外之短尖头。颖果黄褐色，长球形，长约 1.5 mm，顶端具丛生毛。花果期 4~10 月。

**分布与生境：**产黑龙江、吉林、辽宁、内蒙古、河北、山东、山西、河南、陕西、宁夏、甘肃、青海、新疆、江苏、安徽、浙江、福建、江西、湖北、湖南、贵州、四川、云南及西藏，生于海拔 3 800 m 以下的亚高山草甸、半沼泽、河漫滩或水旁潮湿处。广布于全世界。

**食用部位与食用方法：**颖果可食。

**食疗保健与药用功能：**颖果有滋养健胃之功效。

## 5. 雀麦（禾本科 Poaceae / Gramineae）

*Bromus japonicus* Thumb. ex Murr.

**识别要点：**一年生草本，高 40~90 cm。叶鞘闭合；叶片线形，长 12~30 cm，宽 4~8 mm，两面被毛。圆锥花序疏展，长 20~30 cm，弯垂。小穗黄绿色；外稃长 0.9~1 cm，背部芒长 0.5~1.6 cm。颖果长球形，长 7~8 mm，成熟后紧贴稃片。

**分布与生境：**产辽宁、内蒙古、河北、山西、陕西、甘肃、宁夏、青海、新疆、山东、河南、江苏、安徽、浙江、江西、湖北、湖南、贵州、四川、云南及西藏，生于海拔 50~3 000 m 的山坡林缘、荒野路旁或河漫滩湿地。欧洲、亚洲温带地区广泛分布。

**食用部位与食用方法：**舂去外皮，颖果可磨粉、熬糖、酿酒或煮粥食用。

**食疗保健与药用功能：**颖果味甘，性平，无毒，有催产、敛汗、杀虫之功效，适用于难产等症。

## 6. 稗（禾本科 Poaceae / Gramineae）

*Echinochloa crusgalli* (L.) Beauv.

**识别要点：**一年生草本。秆无毛，高 0.5~1.5 m。叶鞘无毛；无叶舌；叶片线形，长 10~40 cm，宽 0.5~2 cm，无毛。圆锥花序直立，长 6~20 cm。小穗卵形，长 3~4 mm，密集生于穗轴的一侧。颖果，谷粒易脱落。

**分布与生境：**产全国各地，多生于沼泽地、沟边或水稻田。全世界温暖地区均有分布。

**食用部位与食用方法：**舂去外壳后，颖果可做饭、煮粥或磨成面粉食用，也可熬糖或酿酒。

**食疗保健与药用功能：**颖果味辛甘苦，性微寒，有益气益脾之功效。

## 7. 棕叶狗尾草（禾本科 Poaceae / Gramineae）

*Setaria palmifolia* (Koen.) Stapf

**识别要点：**多年生草本。秆高 0.7~2 m。叶鞘松散，具易脱落的毛；叶舌长约 1 mm，具毛；叶片纺锤状宽披针形，长 20~59 cm，宽 2~7 cm，基部窄缩呈柄状，近基部边缘有毛，具纵皱褶。圆锥花序长 20~60 cm，宽 2~10 cm，主轴具棱角，分枝疏散，长达 30 cm。颖果窄长卵球形，成熟时不带颖片脱落，长 2~3 mm，具不明显横皱纹。花果期 8~12 月。

**分布与生境：**产安徽南部、浙江、台湾、福建、江西、湖北西部、湖南、广东、香港、海南、广西、贵州、四川、云南及西藏，生于山坡或谷地林下阴湿处。非洲，大洋洲，北美洲，亚洲热带、亚热带地区有分布。

**食用部位与食用方法：**颖果富含淀粉，可供食用。

## 8. 皱叶狗尾草（禾本科 Poaceae / Gramineae）

*Setaria plicata* (Lam.) T. Cooke

**识别要点：**多年生草本。秆细弱，高 0.4~1.3 m。叶鞘背脉常呈脊，疏生毛；叶片薄，椭圆状披针形或线状披针形，长 4~43 cm，宽 0.5~3 cm，基部渐窄呈柄状，具较浅纵皱褶。圆锥花序窄长球形或线形，疏散开展，下部具分枝。颖果窄长卵球形。花果期 6~10 月。

**分布与生境：**产陕西南部、江苏、安徽南部、浙江、台湾、福建、江西、湖北、湖南、广东、香港、海南、广西、贵州、四川及云南，生于山坡林下、沟谷地阴湿处或路边杂草地。印度、尼泊尔、斯里兰卡、马来西亚、马来群岛及日本南部有分布。

**食用部位与食用方法：**颖果可酿酒或制饴糖。

## 9. 金色狗尾草（禾本科 Poaceae / Gramineae）

*Setaria pumila* (Poir.) Roem. & Schult.

**识别要点：**一年生草本。秆高 20~90 cm，无毛。叶鞘下部扁，具脊；叶片线状披针形或窄披针形，长 5~40 cm，宽 0.2~1 cm。圆锥花序圆柱状或窄圆锥状，直立，主轴具柔毛，刚毛金黄色或稍带褐色。颖果卵球形。花果期 6~10 月。

**分布与生境：**产全国各地，生于林缘、山坡、路边、荒芜园地或荒野。欧亚大陆温暖地带有分布。

**食用部位与食用方法：**颖果可磨面及酿酒。

## 10. 狗尾草（禾本科 Poaceae / Gramineae）

*Setaria viridis* (L.) Beauv.

**识别要点：**一年生草本。秆高 0.1~1 m。叶鞘松散，边缘具毛；叶片长三角状窄披针形或线状披针形，长 4~30 cm，宽 0.2~1.8 cm。圆锥花序圆柱状或基部稍疏离，直立或稍弯垂，主轴被较长柔毛。颖果灰白色。花果期 5~10 月。

**分布与生境：**产全国各地，生于海拔 4 000 m 以下的荒野或道旁，为旱地常见杂草。原产欧亚大陆温带和暖温带地区，现广布于全世界温带和亚热带地区。

**食用部位与食用方法：**颖果富含淀粉，可煮粥食用或酿酒。

**食疗保健与药用功能：**颖果味淡，性凉，有清热解毒、祛风明目、利尿之功效，适用于风热感冒、沙眼、目赤疼痛、黄疸肝炎、小便不利等症。

## 11. 光高粱

*Sorghum nitidum* (Vahl) Pers.

**识别要点：**多年生草本。秆高 0.6~1.5 m，节密被长约 3.5 mm 灰白色毛。叶鞘抱茎，叶舌长 1~1.5 mm，具毛；叶片线形，长 10~40 (~50) cm，宽 4~6 mm，两面具粉屑状毛或细毛，边缘具小刺毛。圆锥花序顶生，长球形，长 15~45 cm，主轴具棕褐色毛；分枝近轮生，长 2~5 cm，基部裸露，不再分枝。颖果长卵球形，棕褐色，成熟时不露颖外。花果期夏秋季。

**分布与生境：**产山东、江苏、安徽、浙江、台湾、福建、江西、湖北、湖南、广东、香港、海南、广西、贵州、四川及云南，生于海拔 300~1 400 m 的向阳山坡草丛中。印度、斯里兰卡、中南半岛、日本、菲律宾及大洋洲有分布。

**食用部位与食用方法：**颖果可磨面及酿酒。

## 12. 薏苡 薏米、苡米、回回米（禾本科 Poaceae / Gramineae）

*Coix lacryma-jobi* L.

**识别要点：**一年生草本。秆高1~2 m，有分枝。叶片宽大开展，无毛。总状花序腋生，雄花序位于花序上部；雌小穗位于花序下部，为骨质念珠状总苞所包，总苞椭圆形，先端具颈状喙，斜口，长0.7~1.2 cm，宽4~8 mm，暗褐色或浅棕色。颖果长球形，长5~8 mm，宽4~6 mm，厚3~4 mm，腹面具沟，基部有棕色种脐。花果期7~12月。

**分布与生境：**产黑龙江、吉林、辽宁、河北、内蒙古、河南、山西、陕西、宁夏、新疆、山东、江苏、安徽、浙江、台湾、福建、江西、湖北、广东、海南、广西、贵州、四川及云南，生于海拔2 000 m以下的潮湿地和山谷溪沟。亚洲热带、亚热带地区有分布。

**食用部位与食用方法：**取成熟颖果，除去外壳、黄褐色种皮和杂质，收集种仁（称薏苡仁），其味甘淡微甜，营养丰富，具碳水化合物52%~80%，蛋白质13%~17%，脂肪4%~7%，油以不饱和脂肪酸为主，亚麻油酸占34%，并有薏仁酯，可磨粉面食用或煮粥食用，为高级保健食品。

**食疗保健与药用功能：**薏苡仁味甘淡，性微寒，归脾、胃、肺经，有利水渗湿、健脾止泻、祛湿除痹、清热排脓之功效，适用于水肿、小便不利、脾虚泄泻、湿痹筋脉拘挛、肺痈、肠痈等症。

## （六）翅果类群

翅果（Samara）是果实成熟后不开裂，边缘有扁平翅的干果。

### 榆科 Ulmaceae

### 1. 大果榆（榆科 Ulmaceae）

*Ulmus macrocarpa* Hance

**识别要点：**落叶乔木或灌木状。树皮暗灰色或灰黑色，不规则纵裂。单叶互生，叶片厚革质，宽倒卵形、倒卵状圆形、倒卵形，稀椭圆形，长 5~12 cm，先端短尾状，基部渐窄或圆，稍心形或一边楔形，叶缘重锯齿，或兼单锯齿，两面粗糙、被毛；叶柄长 2~10 mm。花先叶开放，在去年生枝上簇生或散生于新枝基部。翅果扁平，宽倒卵状圆形、近圆形或宽椭圆形，长 2.5~4 cm，幼嫩时淡绿色。花果期 4~5 月。

**分布与生境：**产黑龙江、吉林、辽宁、内蒙古、河北、山西、陕西、甘肃、青海、山东、江苏、安徽、河南及湖北，生于海拔 700~1 800 m 的山坡、山谷、台地、黄土丘陵及固定沙岗。朝鲜和俄罗斯有分布。

**食用部位与食用方法：**树皮富含淀粉，去除表面粗糙老皮后，取白色内皮晒干，磨成粉称榆皮面，掺入面粉食用。嫩果可做汤菜，亦可做馅。

**食疗保健与药用功能：**果味辛苦，性温，有祛痰、利尿、杀虫之功效。

## 2. 榆树（榆科 Ulmaceae）

*Ulmus pumila* L.

**识别要点：**落叶乔木。树皮暗灰色，具不规则深纵裂，粗糙。单叶互生，叶片椭圆状卵形、长卵形或卵状披针形，长 2~8 cm，基部一侧楔形或圆形，另一侧圆形或半心形，叶缘具重锯齿或单锯齿，叶面无毛，叶背有毛；叶柄长 4~10 mm。花先叶开放，在去年生枝叶腋呈簇生状。翅果扁平，近圆形，长 1.2~2 cm，幼嫩时淡绿色，成熟后白黄色。花果期 3~6 月。

**分布与生境：**产东北、华北、西北及西南各地，生于海拔 2 500 m 以下的山坡、山谷、丘陵及沙岗。朝鲜和俄罗斯有分布。

**食用部位与食用方法：**树皮富含淀粉，去除表面粗糙老皮后，取白色内皮晒干，磨成粉称榆皮面，掺入面粉，可烙饼食用（口感黏滑，别具风味），亦可作为制醋原料。嫩叶洗净，可煮玉米粥。幼嫩绿色翅果称“榆钱子”，味清甜，脆嫩，经摘除花序轴，用沥箕、盆，在水中筛洗掉枯萎的花被片等杂质后，拌点油盐，可与面粉或玉米面混拌蒸食（面粉或玉米面只起黏合成形作用，不必多放），亦可凉拌、炒食、做馅、做汤、煮食等。

**食疗保健与药用功能：**树皮有安神、利尿之功效。榆钱子味微甘，性平，有安神、利尿、清湿热、清心降火、止咳化痰、杀虫之功效，适用于妇女白带、小儿疳积等症，外用可治疮癣。

## 3. 旱榆（榆科 Ulmaceae）

*Ulmus glaucescens* Franch.

**识别要点**：落叶乔木或灌木状。单叶互生，叶片卵形、菱状卵形、椭圆形或椭圆状披针形，长 2.5~5 cm，先端渐尖或尾状，基部楔形或圆形，叶缘具单锯齿，两面无毛；叶柄长 5~8 mm。花先叶开放，在去年生枝上簇生。翅果扁平，长 2~2.5 cm，幼嫩时淡绿色。花果期 3~5 月。

**分布与生境**：产辽宁、内蒙古、河北、山西、陕西、甘肃、宁夏、青海、山东及河南，生于海拔 500~2 600 m 的山地。

**食用部位与食用方法**：树皮富含淀粉，去除表面粗糙老皮后，取白色内皮晒干磨成粉称榆皮面，掺入面粉中食用。嫩果可做汤菜或做面食。

## 4. 黑榆（榆科 Ulmaceae）

*Ulmus davidiana* Planch.

**识别要点**：落叶乔木或灌木状。单叶互生，叶片卵形或倒卵状椭圆形，长 4~12 cm，先端尾尖或渐尖，基部一侧楔形或圆形，另一侧近圆形或耳状，叶缘具重锯齿，两面幼时被毛，后脱落无毛；叶柄长 0.5~1.5 cm。花先叶开放，在去年生枝上簇生。翅果扁平，近倒卵圆形，长 1~2 cm，幼嫩时淡绿色。花果期 4~5 月。

**分布与生境**：产黑龙江、吉林、辽宁、内蒙古、河北、山西、陕西、甘肃、青海、河南、山东、安徽、浙江及湖北，生于海拔 2 300 m 以下的石灰岩山地、谷地或溪边湿地。日本、朝鲜和俄罗斯有分布。

**食用部位与食用方法**：树皮富含淀粉，去除表面粗糙老皮后，取白色内皮晒干磨成粉称榆皮面，掺入面粉中食用。嫩果可做汤菜或做面食。

## （七）坚果类群

坚果（Nut）是果实成熟后不开裂、果皮坚硬、内含 1 枚种子的干果。

### 桦木科 Betulaceae

### 榛属 *Corylus* L.

**识别要点：**落叶乔木或灌木。单叶互生，羽状脉，具重锯齿或浅裂；托叶早落。坚果，近球形或卵球形，内藏或露出于钟状或管状果苞内。种子无胚乳，子叶（俗称种仁）发达，肉质。

**分布与生境：**约 20 种，产于亚洲东部、北美洲和欧洲。我国 7 种。

**食用部位与食用方法：**果实（子叶）可食，常经烘、炒、煮后熟食。

**榛属常见植物有下列 7 种：**

#### 1. 刺榛（桦木科 Betulaceae）

*Corylus ferox* Wall.

**识别要点：**落叶乔木。小枝紫褐色，被毛。单叶互生，叶片卵状矩圆形或倒卵状矩圆形，长 5~15 cm，先端尾尖，基部圆形或近心形，边缘具锐尖重锯齿，叶背脉腋处有毛；叶柄长 1~3.5 cm。坚果卵球形，直径约 1.5 cm，藏于钟状果苞内。果期 9~10 月。

**分布与生境：**产陕西、甘肃、宁夏、湖北西部、贵州、四川、云南及西藏，生于海拔 1 500~3 800 m 的山坡林中。不丹、尼泊尔和印度有分布。

**食用部位与食用方法：**果实可食，常经烘、炒、煮后熟食，亦可做糕点、榨油等。

## 2. 滇榛（桦木科 Betulaceae）

*Corylus yunnanensis* (Franch.) A. Camus

**识别要点：**落叶小乔木或灌木状。单叶互生，叶片卵圆形、宽卵形或倒卵形，长 4~12 cm，先端骤尖，基部心形，边缘具规则重锯齿，两面被毛；叶柄长 0.7~1.5 cm，密被毛。坚果卵球形，长 1.5~2 cm，密被毛及腺体，藏于钟状果苞内。

**分布与生境：**产湖北、贵州、四川及云南，生于海拔 1 600~3 700 m 的山坡灌丛中。

**食用部位与食用方法：**果实可食，常经烘、炒、煮后熟食，亦可做糕点、榨油等。

## 3. 榛 榛子（桦木科 Betulaceae）

*Corylus heterophylla* Fisch. ex Trautv.

**识别要点：**落叶小乔木或灌木状。小枝被毛及腺体。单叶互生，叶片矩圆形或倒卵形，长 4~13 cm，基部心形，边缘有不规则重锯齿或浅裂，叶背沿脉有毛；叶柄长 1~2.5 cm。坚果卵球形，直径 0.7~1.5 cm，藏于钟状果苞内。果期 9 月。

**分布与生境：**产黑龙江、吉林、辽宁、陕西、甘肃、宁夏、内蒙古、山西、河北、河南、山东、江苏、安徽、浙江、江西、湖北、贵州及四川，生于海拔 400~2 500 m 的山坡阔叶林中。日本、朝鲜和俄罗斯东部有分布。

**食用部位与食用方法：**榛仁味清香，除鲜食、煮熟食或炒熟食外，还可制糖果、巧克力、糕点、冰激凌、榛子粉、榛子乳、榛子酱、榨油等。

**食疗保健与药用功能：**榛仁含脂肪、蛋白质、碳水化合物、多种维生素，以及钙、磷、钾、铁等矿物质元素，味甘，性平，有调和脾胃、滋养气血、助消化、明目之功效。

## 4. 华榛（桦木科 Betulaceae）

*Corylus chinensis* Franch.

**识别要点：**落叶大乔木。小枝被毛及刺状腺体。单叶互生，叶片卵形、卵状椭圆形至倒卵状椭圆形，长 8~18 cm，基部斜心形，边缘有不规则重锯齿，叶背脉腋处有毛；叶柄长 1~2.5 cm，密被毛及腺体。坚果卵球形，直径 1~1.5 cm，藏于管状果苞内。果期 9~10 月。

**分布与生境：**产陕西、甘肃、河南、湖北、湖南、贵州、四川、云南及西藏，生于海拔 1 200~3 500 m 的山坡林中。

**食用部位与食用方法：**果实味美可食，常经烘、炒、煮后熟食，可做糕点或榨油。

## 5. 披针叶榛（桦木科 Betulaceae）

*Corylus fargesii* Schneid.

**识别要点：**落叶乔木。小枝被毛。单叶互生，叶片矩圆状披针形、倒卵状披针形或披针形，长 6~9 cm，基部斜心形或近圆形，边缘有不规则重锯齿，两面疏被毛；叶柄长 1~1.5 cm，密被毛。坚果卵球形，直径 1~1.5 cm，藏于管状果苞内。果期 8~9 月。

**分布与生境：**产陕西、甘肃、宁夏、河南、江西、湖北、湖南、贵州、四川及云南，生于海拔 800~3 000 m 的山坡林中。

**食用部位与食用方法：**果实经烘、炒、煮后可食，亦可做糕点。

## 6. 毛榛（桦木科 Betulaceae）

*Corylus mandshurica* Maxim.

**识别要点：** 落叶灌木。小枝被毛及刺状腺体。单叶互生，叶片宽卵形、卵形或矩圆状卵形，长 6~12 cm，边缘有不规则粗锯齿，叶背密被长柔毛；叶柄长 1~3 cm。坚果卵球形，直径约 1.5 cm，被毛，藏于管状果苞内。果期 9 月。

**分布与生境：** 产黑龙江、吉林、辽宁、陕西、甘肃、宁夏、青海、内蒙古、山西、山东、河北、河南及四川，生于海拔 400~2 600 m 的山地林内或灌丛中。日本、朝鲜和俄罗斯东部有分布。

**食用部位与食用方法：** 果实可食，常经烘、炒、煮后熟食，亦可做糕点或榨油。

## 7. 虎榛子（桦木科 Betulaceae）

*Ostryopsis davidiana* Decne

**识别要点：** 落叶灌木。小枝密被毛。单叶互生，叶片卵形或椭圆状卵形，长 2~6.5 cm，先端渐尖或尖，基部心形或近圆形，边缘有不规则重锯齿，叶背密被白色毛，脉腋处具毛；叶柄长 0.3~1.2 cm，密被毛。坚果球形或近球形，直径 4~6 mm，具纵肋，藏于管状果苞内。果期 6~7 月。

**分布与生境：** 产辽宁、内蒙古、河北、河南、山西、陕西、甘肃、宁夏、青海、四川及云南，生于海拔 800~2 800 m 的山坡疏林或灌丛中。

**食用部位与食用方法：** 种仁可做糕点，亦可榨油。

## 壳斗科 Fagaceae

**识别要点：**乔木或灌木。单叶互生，羽状脉；托叶早落。壳斗被鳞形或线形小苞片，或被瘤状突起，或被针刺；坚果，1~3 (~5) 枚，半包或全包被于木质化的壳斗内。种子无胚乳，子叶发达，肉质。

**分布与生境：**约 1 000 种，除非洲中南部外，全球广泛分布。我国有 294 种。

**食用部位与食用方法：**该科植物称“木本庄稼”，其坚果内种子（子叶，俗称种仁）富含淀粉，可食，其中许多种类的种仁生食脆甜、熟食粉香；若遇口感不良（含鞣酸，味苦、涩等）种类，则可经提取、加工后，制作淀粉、粉丝或豆腐食用。一般制作流程是：清洗—碎浆—过滤—沉淀—脱水—干燥。具体为：将采摘回的坚果尽早清洗，再加水做碎浆处理（捶碎、捣烂、碾磨、打碎等均可），或去除果壳后加水做碎浆处理，经纱布过滤，在水缸或盆中揉搓，洗尽淀粉，去除渣滓。将洗出的淀粉水经沉淀后，去除上清水，留取淀粉浆，制成豆腐，或再经吊滤的方法去除水分而得到含水量较低的淀粉。如果做粉丝等粉制品，可以直接用湿粉进行加工；如果要得到干淀粉，则进行人工干燥或用干燥机处理。对于绝大多数种类，采用此法可去除苦、涩味；若遇苦、涩味强的种类，在留取淀粉浆后，再用盐水浸泡 2 次，每次 1 h，换清水洗后即可去除苦涩味。

## 8. 水青冈（壳斗科 Fagaceae）

*Fagus longipetiolata* Seem.

**识别要点：**落叶乔木。单叶互生，叶片卵形、卵状披针形或矩圆状披针形，长 6~15 cm，叶缘波状，有锯齿，叶面无毛，叶背初时有毛，后脱落无毛，侧脉直达齿端；叶柄长 1~2.5 cm。壳斗长 1.8~3 cm，生有线形或钻状小苞片，密被褐色毛，壳斗 4（3）瓣裂；总梗长 1.5~7 cm。每壳斗具 2 枚三棱形坚果。果期 9~10 月。

**分布与生境：**产陕西、安徽、浙江、福建、江西、湖北、湖南、广东、广西、贵州、四川及云南，生于海拔 300~2 600 m 的混交林中或成小片纯林，多生于阳坡。越南有分布。

**食用部位与食用方法：**果炒熟后可食或榨油（参见壳斗科页）。

**食疗保健与药用功能：**果有健胃、消食、理气之功效。

## 9. 光叶水青冈（壳斗科 Fagaceae）

*Fagus lucida* Rehd. & Wils.

**识别要点：**落叶乔木。单叶互生，叶片卵形或卵状披针形，长 4.5~10 cm，叶缘有锯齿，叶面初时有毛，后脱落无毛，叶背中脉有毛，侧脉直达齿端；叶柄长 0.6~2 cm。壳斗长 1.2~1.8 cm，生有鳞片状小苞片，紧贴，3~4 瓣裂，总梗长 0.5~1.5 cm。每壳斗具 1~2 枚三棱形坚果。果期 9~10 月。

**分布与生境：**产安徽、浙江、福建、江西、湖北、湖南、广东、广西、贵州及四川，生于海拔 750~2 000 m 的混交林中或成小片纯林。

**食用部位与食用方法：**成熟果实炒熟后可食或榨油（参见壳斗科页）。

## 10. 板栗（壳斗科 Fagaceae）

*Castanea mollissima* Bl.

**识别要点：**落叶乔木。单叶互生，叶片椭圆形或矩圆形，长 7~15 cm，叶缘有齿，侧脉伸出齿尖呈芒刺状，叶背有星状毛；叶柄长 1.2~2 cm。壳斗近球形，密被尖刺，连刺直径 5~8 cm，内包坚果 1~3 枚；坚果长 1.5~3 cm，直径 1.8~3.5 cm。果期 8~10 月。

**分布与生境：**产黑龙江、吉林、辽宁、陕西、甘肃、青海、内蒙古、河北、河南、山西、山东、江苏、安徽、浙江、福建、台湾、江西、湖北、湖南、广东、广西、贵州、四川、云南及西藏，生于海拔 2 800 m 以下的山坡。

**食用部位与食用方法：**果可食，鲜食脆甜、熟食面香，亦可做菜肴（炖、炒、烤、烧皆可），做干粉或糕点，煮粥或煮甜羹（参见壳斗科页）。

**食疗保健与药用功能：**板栗可食用部分为种子的肥厚子叶，含淀粉、总糖、蛋白质、多种矿物质和多种维生素，是高热量、低脂肪、蛋白质丰富、不含胆固醇的健康食品。味甘，性温，有养胃健脾、补肾强筋、收涩止泻、活血止血之功效，适用于反胃、泄泻、腰膝软弱、吐血、流鼻血、便血、折伤肿痛等症。

## 11. 茅栗（壳斗科 Fagaceae）

*Castanea seguinii* Dode

**识别要点：**落叶乔木或灌木状。单叶互生，叶片长椭圆形或倒卵状椭圆形，长6.5~14 cm，叶缘疏生粗锯齿，侧脉直达齿尖，叶面无毛，叶背有黄色腺鳞；叶柄长5~9 mm。壳斗近球形，密被尖刺，连刺直径3~4 cm，内包坚果（1~）3（~5）枚；坚果长1.5~2 cm，直径1.3~2.5 cm。果期9~11月。

**分布与生境：**产陕西、甘肃、河南、江苏、安徽、浙江、福建、江西、湖北、湖南、广东、广西、贵州、四川及云南，生于海拔2 000 m以下的山区。

**食用部位与食用方法：**果可食，鲜食脆甜、熟食面香，亦可制作淀粉或酿酒（参见壳斗科页）。

**食疗保健与药用功能：**果味甘，性平，有消食化气、安神和血之功效，适用于失眠、肺结核、肺炎等症。

## 12. 锥栗（壳斗科 Fagaceae）

*Castanea henryi* (Skan) Rehd. & Wils.

**识别要点：**落叶大乔木。枝、叶无毛。单叶互生，叶片披针形或长披针形，长9~23 cm，先端长渐尖或长尾尖，叶缘生细锯齿，具芒尖，幼叶背面有毛，后脱落无毛；叶柄长1.5~2 cm。壳斗近球形，被尖刺，连刺直径2.5~4.5 cm，内包坚果1枚；坚果卵球形，长1~2 cm，直径1~1.5 cm。果期9~10月。

**分布与生境：**产陕西、河南、江苏、安徽、浙江、福建、江西、湖北、湖南、广东、广西、贵州、四川及云南，生于海拔2 000 m以下山区。

**食用部位与食用方法：**果可食，鲜食脆甜、熟食面香，亦可与瘦猪肉同煮食用，或磨粉制作糕点、罐头、豆腐等副食品（参见壳斗科页）。

**食疗保健与药用功能：**果味甘，性平，有健胃滋补之功效，适用于胃弱、消瘦、肾虚、痿弱等症。

## 13. 黧蒴锥 黧蒴栲（壳斗科 Fagaceae）

*Castanopsis fissa* (Champ. ex Benth.) Rehd. & Wils.

**识别要点：**常绿乔木。幼枝及幼叶背面有微毛。单叶互生，2 列，叶片长椭圆形或倒卵状长椭圆形，长 17~25 cm，先端钝尖，叶缘有波状钝齿；叶柄长 1.5~2.5 cm。壳斗椭球形或近球形，几全包坚果，外具 3~5 个圆环，内包坚果 1 枚；坚果椭球形或近球形，长 1.3~1.8 cm，直径 1.1~1.6 cm。果期 9~11 月。

**分布与生境：**产福建、江西、湖南、广东、海南、广西、贵州及云南，生于海拔 1 600 m 以下的山坡、沟谷常绿阔叶林中。越南和泰国有分布。

**食用部位与食用方法：**子叶去涩后可熟食，或制作淀粉、酿酒（参见壳斗科页）。

## 14. 苦槠 苦槠栲（壳斗科 Fagaceae）

*Castanopsis sclerophylla* (Lindl. & Paxt.) Schott.

**识别要点：**常绿乔木。枝、叶无毛。单叶互生，2 列，叶片长椭圆形至倒卵状椭圆形，长 7~15 cm，叶缘中部以上有锯齿，稀全缘，老叶背面银灰色；叶柄长 1.5~2 cm。壳斗近球形，直径 1.2~1.5 cm，几全包坚果，外具脊肋状圆环，内包坚果 1 枚；坚果近球形，长 1.3~1.8 cm，直径 1.1~1.6 cm。果期 10~11 月。

**分布与生境：**产江苏、安徽、福建、江西、湖南、广东、海南、广西、贵州、四川及云南，生于海拔 1 600 m 以下的山坡、沟谷常绿阔叶林中。越南有分布。

**食用部位与食用方法：**子叶味较涩，经去涩后可制作粉条及苦槠豆腐（参见壳斗科页）。

**食疗保健与药用功能：**味苦涩，性微寒，有止泻痢、除恶血、止渴、食之不饥、令健行之功效。

## 15. 红锥 刺栲（壳斗科 Fagaceae）

*Castanopsis hystrix* Hook. f. & Thoms. ex A. DC.

**识别要点：**常绿乔木，高达 25 m。幼枝、叶柄、花序均被微毛及细片状蜡鳞。单叶互生，2 列，叶片卵状披针形、卵形或卵状椭圆形，长 4~9 cm，先端渐尖或尾尖，边缘全缘或近顶部具少数浅齿，中脉在叶面下凹；叶柄长不及 1 cm。壳斗近球形，被尖刺，连刺直径 2.5~4 cm；坚果圆锥形，直径 0.8~1.5 cm。果期 8~10 月。

**分布与生境：**产福建、湖南、广东、海南、广西、贵州、云南及西藏，生于海拔 100~1 900 m 的山地常绿阔叶林中。不丹、尼泊尔、缅甸、印度、越南和老挝有分布。

**食用部位与食用方法：**果富含淀粉，可食或酿酒（参见壳斗科页）。

## 16. 钩锥（壳斗科 Fagaceae）

*Castanopsis tibetana* Hance

**识别要点：**常绿乔木。枝、叶无毛。单叶互生，2 列，叶片卵状椭圆形至倒卵状椭圆形，长 15~30 cm，叶缘近顶部或中上部有锯齿，叶背红褐色或灰褐色，中脉在叶面凹陷；叶柄长 1.5~3 cm。壳斗球形，被尖刺，连刺直径 6~8 cm，4 瓣裂，内包坚果；坚果扁圆锥形，直径 2~2.8 cm，被毛。果期 8~10 月。

**分布与生境：**产安徽、浙江、福建、江西、湖北、湖南、广东、广西、贵州及云南，生于海拔 200~1 500 m 的山地林中。

**食用部位与食用方法：**果可食，鲜食脆甜、熟食面香，亦可磨粉、酿酒（参见壳斗科页）。

## 17. 印度锥 印度栲（壳斗科 Fagaceae）

*Castanopsis indica* (Roxb. ex Lindl.) DC.

**识别要点：**常绿乔木。枝、叶背、叶柄均被黄色短柔毛。单叶互生，2 列，叶片卵状椭圆形至倒卵状椭圆形，长 9~20 cm，叶缘有芒状锯齿；叶柄长 0.5~1 cm。壳斗球形，被尖刺，连刺直径 3.5~4 cm，4 瓣裂，内包坚果；坚果圆锥形，直径 1~1.4 cm。果期 9~11 月。

**分布与生境：**产广东、海南、广西、云南及西藏，生于海拔 350~1 500 m 的林中。印度、尼泊尔、缅甸、越南和老挝有分布。

**食用部位与食用方法：**果可食，鲜食无涩味、熟食面香（参见壳斗科页）。

## 18. 锥 桂林栲（壳斗科 Fagaceae）

*Castanopsis chinensis* (Spreng.) Hance.

**识别要点：**常绿乔木。枝、叶无毛。单叶互生，2 列，叶片披针形或卵状披针形，长 7~18 cm，先端长渐尖，叶缘中部以上有锯齿，侧脉直达齿端，中脉在叶面凸起；叶柄长 1~2.5 cm。壳斗球形，被尖刺，连刺直径 2.5~3 cm，内包坚果；坚果圆锥形，直径 1~1.3 cm。果期 9~11 月。

**分布与生境：**产湖南、广东、广西、贵州及云南，生于海拔 200~1 500 m 的山地林中或成小片纯林。越南有分布。

**食用部位与食用方法：**果可食，鲜食无涩味、熟食面香，亦可做豆腐、糕点等（参见壳斗科页）。

## 19. 甜锥（壳斗科 Fagaceae）

*Castanopsis eyrei* (Champ. ex Benth.) Tutch.

**识别要点：**常绿乔木。枝、叶无毛。单叶互生，2 列，叶片披针形或长椭圆形，长 5~13 cm，先端长渐尖或尾状，全缘或近顶部疏生浅齿，叶背淡绿色或被灰白色蜡鳞层；叶柄长 0.7~1.5 cm。壳斗宽卵球形，被尖刺，连刺直径 2~3 cm，不整齐开裂，内包坚果；坚果圆锥形，直径 1~1.4 cm。果期 9~11 月。

**分布与生境：**产江苏、安徽、浙江、福建、台湾、江西、湖北、湖南、广东、广西、贵州、四川及西藏，生于海拔 300~1 700 m 的山地林中。

**食用部位与食用方法：**果可食，鲜食脆甜、熟食面香，亦可做粉丝、果酱或酿酒（参见壳斗科页）。

## 20. 栲 丝栗栲（壳斗科 Fagaceae）

*Castanopsis fargesii* Franch.

**识别要点：**常绿乔木。枝、叶无毛。单叶互生，2 列，叶片长椭圆形至卵状椭圆形，长 7~15 cm，全缘或近顶部疏生浅齿，叶背被红褐色或黄褐色粉状蜡鳞，中脉在叶面凹陷；叶柄长 1~2 cm。壳斗球形或宽卵球形，被尖刺，连刺直径 2.5~3 cm，不规则开裂，内包坚果；坚果圆锥形，直径 0.8~1.4 cm。果期 8~11 月。

**分布与生境：**产江苏、安徽、浙江、福建、台湾、江西、湖北、湖南、广东、海南、广西、贵州、四川及云南，生于海拔 200~2 100 m 的山地林中。

**食用部位与食用方法：**果可食，鲜食脆甜、熟食面香，亦可做豆腐、粉丝及酿酒（参见壳斗科页）。

## 21. 秀丽锥 秀丽栲（壳斗科 Fagaceae）

*Castanopsis jucunda* Hance.

**识别要点：**常绿乔木。枝、叶无毛。单叶互生，2 列，叶片卵形、卵状椭圆形至倒卵状椭圆形，长 10~18 cm，叶缘中部以上有锯齿或波状齿，中脉在叶面凹陷；叶柄长 1~2.5 cm。壳斗球形，被尖刺，连刺直径 2.5~3 cm，不规则开裂，内包坚果；坚果宽圆锥形，直径 1~2 cm。果期 9~10 月。

**分布与生境：**产江苏、安徽、浙江、福建、台湾、江西、湖北、湖南、广东、海南、广西及云南，生于海拔 1 500 m 以下的山地疏林中，或形成小片纯林。

**食用部位与食用方法：**果可食，鲜食脆甜、熟食面香，亦可酿酒（参见壳斗科页）。

## 22. 湖北锥（壳斗科 Fagaceae）

*Castanopsis hupehensis* C. S. Chao

**识别要点：**常绿乔木。枝、叶无毛。单叶互生，2 列，叶片披针形、长椭圆形或倒卵状椭圆形，长 6~11 cm，先端渐尖或尾状，叶缘中部以上有粗锯齿，稀全缘，中脉在叶面微凹陷；叶柄长 3~7 mm。壳斗椭球形或近球形，被尖刺，连刺直径 2~2.2 cm，不规则开裂，内包坚果 1 枚；坚果宽圆锥形，直径 1.1~1.4 cm。果期 6~9 月。

**分布与生境：**产湖北、湖南、贵州、四川及云南，生于海拔 600~1 000 m 的山地林中。

**食用部位与食用方法：**果富含淀粉、糖分、粗蛋白质，鲜食脆甜、熟食面香（参见壳斗科页）。

## 23. 高山锥 高山栲（壳斗科 Fagaceae）

*Castanopsis delavayi* Franch.

**识别要点：**常绿乔木。枝、叶无毛。单叶互生，2 列，叶片倒卵形至卵形，长 5~13 cm，先端短尖或圆钝，边缘疏生粗齿，稀波状浅齿，老叶背面银灰色；叶柄长 0.7~1.5 cm。壳斗宽卵球形或近球形，被尖刺，连刺直径 1.5~2 cm，不规则开裂；坚果宽卵球形，直径 1.3~1.4 cm。果期 9~11 月。

**分布与生境：**产广东、贵州、四川及云南，生于海拔 1 500~2 800 m 的山地林中，或成纯林。

**食用部位与食用方法：**果富含淀粉，可食或酿酒（参见壳斗科页）。

## 24. 米锥 米槠（壳斗科 Fagaceae）

*Castanopsis carlesii* (Hemal.) Hayata

**识别要点：**常绿乔木。枝、叶无毛。单叶互生，2 列，叶片披针形或卵状披针形，长 6~12 cm，先端渐尖或稍尾状，边缘中部以上有浅齿或全缘，老叶背面稍灰白色；叶柄长不及 1 cm。壳斗近球形或宽卵球形，直径 1~1.5 cm，表面疏被细小突起或顶部具长 1~2 mm 尖刺，不规则开裂；坚果近球形或宽圆锥形，直径 0.7~1.1 cm。果期 9~11 月。

**分布与生境：**产江苏、安徽、浙江、福建、台湾、江西、湖北、湖南、广东、海南、广西、贵州、四川及云南，生于海拔 1 700 m 以下的山地林中，或成纯林。

**食用部位与食用方法：**果可食，鲜食脆甜、熟食面香，亦可制作淀粉（参见壳斗科页）。

## 25. 鹿角锥 红勾栲（壳斗科 Fagaceae）

*Castanopsis lamontii* Hance.

**识别要点：**常绿乔木。枝、叶无毛。单叶互生，2 列，叶片椭圆形或卵状长椭圆形，长 12~30 cm，先端短尖或长渐尖，基部常一侧稍偏斜，全缘或近顶部疏生浅齿，老叶背面稍苍灰色；叶柄长 1.5~3 cm。壳斗近球形，被尖刺，连刺直径 4~6 cm，不规则开裂，刺长达 1.5 cm，鹿角状分叉，基部连成 4~6 个鸡冠状刺环；每壳斗内具 2~3 枚坚果；坚果宽圆锥形，高 1.5~2.5 cm，密被短伏毛。果期 9~11 月。

**分布与生境：**产福建、江西、湖南、广东、广西、贵州及云南，生于海拔 500~2 500 m 的山地林中。越南有分布。

**食用部位与食用方法：**果富含淀粉，可鲜食，制作淀粉或酿酒（参见壳斗科页）。

## 26. 元江锥 元江栲（壳斗科 Fagaceae）

*Castanopsis orthacantha* Franch.

**识别要点：**常绿乔木。枝、叶无毛。单叶互生，2 列，叶片卵形、卵状椭圆形或卵状披针形，长 7~14 cm，先端短渐尖或尾状，边缘中部以上疏生浅齿或全缘，中脉在叶面微下凹；叶柄长不及 1 cm。壳斗近球形，被尖刺，连刺直径 3~3.5 cm，不规则开裂；坚果圆锥形，直径 1~1.5 cm，密被短伏毛。果期 9~11 月。

**分布与生境：**产贵州、四川及云南，生于海拔 1 500~3 200 m 的山地阴坡或沟谷林中，有时成小片纯林。

**食用部位与食用方法：**果富含淀粉，可食或酿酒（参见壳斗科页）。

## 27. 紫玉盘柯（壳斗科 Fagaceae）

*Lithocarpus uvariifolius* (Hance.) Rehd.

**识别要点：**常绿乔木。小枝、叶柄、叶背及花序轴密被褐色毛。单叶互生，叶片倒卵形或倒卵状椭圆形，长 9~22 cm，先端骤尖或短尾尖，中部以上或近顶部有细齿或浅齿，有时波状或全缘；叶柄长 1~3.5 cm。壳斗 3 个成簇或单生，深碗状或半球形，高 2~3.5 cm，直径 3.5~5 cm，包果 1/2 以上，被肋状或菱形鳞片；坚果半球形，顶部圆或稍平，密被细伏毛。果期 10~12 月。

**分布与生境：**产福建、广东及广西，生于海拔 200~1 000 m 的山地常绿阔叶林中。

**食用部位与食用方法：**种仁煮熟后可食，或做豆腐，制作淀粉及酿酒（参见壳斗科页）。

## 28. 密脉柯（壳斗科 Fagaceae）

*Lithocarpus fordianus* (Hemsl.) Chun

**识别要点：**常绿乔木。小枝及叶背有毛。单叶互生，叶片长椭圆形或倒卵状椭圆形，长 10~25 cm，先端短尖或短尾状，边缘中部以上有锯齿，侧脉 16~25 对；叶柄长 1~3 cm。壳斗深碗状，高 2~3 cm，直径 2.5~3.5 cm，被三角形鳞片；坚果半球形，顶端圆或近平，被微毛。果期 8~10 月。

**分布与生境：**产湖南、广西、贵州及云南，生于海拔 700~1 500 m 的山地常绿阔叶林中。越南有分布。

**食用部位与食用方法：**果富含淀粉，无涩味，煮熟后可食或酿酒（参见壳斗科页）。

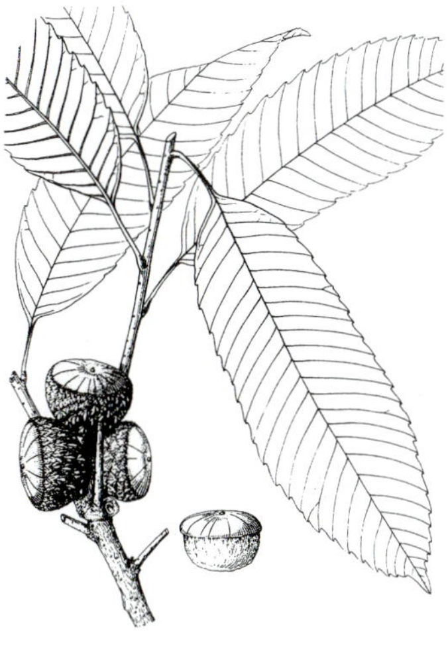

## 29. 烟斗柯（壳斗科 Fagaceae）

*Lithocarpus corneus* (Lour.) Rehd.

**识别要点：**常绿乔木。单叶互生，叶片椭圆形、倒卵状长椭圆形或卵形，长 4~20 cm，先端短尾状，边缘基部以上有锯齿或浅波状；叶柄长 0.5~4 cm。壳斗碗状或半球形，高 2.2~4.5 cm，直径 2.5~5.5 cm，被鳞片；坚果陀螺状或半球形，顶端圆、平或中央稍凹陷，被微毛。果期 9~11 月。

**分布与生境：**产福建、台湾、湖南、广东、海南、广西、贵州及云南，生于海拔 1 000 m 以下的山地常绿阔叶林中。越南有分布。

**食用部位与食用方法：**果富含淀粉，无涩味，煮熟后可食或酿酒（参见壳斗科页）。

注意事项：兜售假药的街头行骗人利用人们“长得像什么，吃进去就补什么”的心态，常借用此植物果实的形态，谎称其为“龟头果”或“补肾果”而行骗。实则该植物果实无此功效，请注意识别防范，避免上当受骗。

## 30. 榄叶柯（壳斗科 Fagaceae）

*Lithocarpus oleifolius* A. Camus

**识别要点：**常绿乔木。小枝、叶背有黄褐色毛。单叶互生，叶片长椭圆形或窄披针形，长 8~16 cm，先端长渐尖，全缘；叶柄长 1~1.5 cm。壳斗球形或扁球形，直径 2.6~3.2 cm，被线状三角形鳞片；坚果扁球形或近球形，直径 2~2.5 cm，深褐色，无毛。果期 10~11 月。

**分布与生境：**产福建、江西、湖南、广东、广西及贵州，生于海拔 500~1 200 m 的山地常绿阔叶林中。

**食用部位与食用方法：**种仁去涩后可做豆腐，制作淀粉及酿酒（参见壳斗科页）。

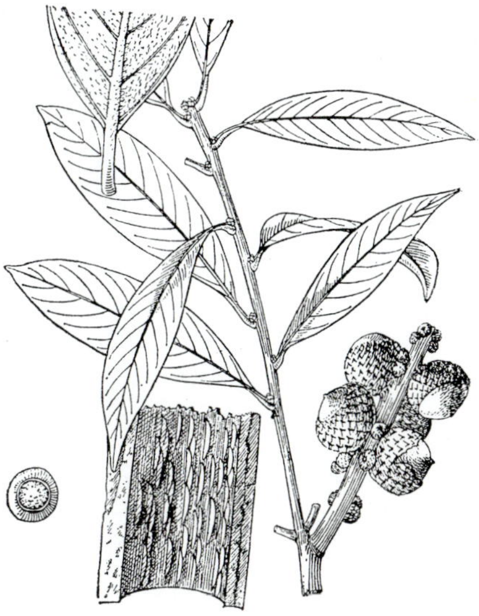

## 31. 美叶柯（壳斗科 Fagaceae）

*Lithocarpus calophyllus* Chun ex C. C. Huang & Y. T. Chang

**识别要点：**常绿乔木。单叶互生，叶片倒卵状椭圆形或长椭圆形，长 8~15 cm，先端短尾尖，全缘，叶背有褐色鳞秕 / 鳞片，无毛；叶柄长 2.5~5 cm。壳斗浅碗状或碟状，高 0.5~1 cm，直径 1.5~2.5 cm，被鳞片；坚果近球形、椭球形或扁球形，长 1.5~2 cm，直径 1.8~2.6 cm。果期 8~9 月。

**分布与生境：**产福建、江西、湖南、广东、广西及贵州，生于海拔 500~1 200 m 的山地常绿阔叶林中。

**食用部位与食用方法：**种仁去涩后可做豆腐，制作淀粉及酿酒（参见壳斗科页）。

## 32. 柯 石栎（壳斗科 Fagaceae）

*Lithocarpus glaber* (Thunb.) Nakai

**识别要点：**常绿乔木。单叶互生，叶片倒卵形、倒卵状椭圆形或长椭圆形，长6~14 cm，先端短尾尖，全缘或近顶端有少数浅齿，老叶背面有蜡鳞，无毛；叶柄长1~2 cm。壳斗浅碗状或碗状，高0.5~1 cm，直径1~1.5 cm，被三角形鳞片；坚果椭球形，长1.2~2.5 cm，直径0.8~1.5 cm，被白霜。果期9~10月。

**分布与生境：**产河南、江苏、安徽、浙江、福建、台湾、江西、湖北、湖南、广东、广西、贵州及四川，生于海拔500~1 500 m的山地常绿阔叶林中。日本有分布。

**食用部位与食用方法：**种仁去涩后可做豆腐，制作淀粉、粉丝及酿酒（参见壳斗科页）。

## 33. 灰柯（壳斗科 Fagaceae）

*Lithocarpus henryi* (Seem.) Rehd. & Wisl.

**识别要点：**常绿乔木。枝、叶无毛。单叶互生，叶片窄长椭圆形或披针状长椭圆形，长12~22 cm，宽3~6 cm，先端短尖，全缘，老叶背面有蜡鳞；叶柄长1.5~3.5 cm。壳斗浅碗状，高0.6~1.4 cm，直径1.5~2.4 cm，被宽卵状三角形鳞片；坚果圆锥形，长1.2~2 cm，直径1.5~2.4 cm，稍被白粉。果期8~10月。

**分布与生境：**产陕西、江苏、安徽、江西、湖北、湖南、贵州及四川，生于海拔1 400~2 100 m的山地林中。

**食用部位与食用方法：**种仁去涩后可做豆腐，制作淀粉及酿酒（参见壳斗科页）。

## 34. 麻栎（壳斗科 Fagaceae）

*Quercus acutissima* Carr.

**识别要点：**落叶乔木。单叶互生，叶片长椭圆状披针形，长 8~19 cm，叶缘有锯齿，侧脉 13~18 对，伸出齿尖呈芒刺状，老叶无毛或仅叶背脉上有毛；叶柄长 1~3 cm。壳斗杯状，直径 2~4 cm，高约 1.5 cm，被线形外曲小苞片；坚果 1 枚，卵球形或椭球形，长 1.7~2.2 cm，直径 1.5~2 cm。果期 8~9 月。

**分布与生境：**产辽宁、陕西、河北、河南、山西、山东、江苏、安徽、浙江、福建、台湾、江西、湖北、湖南、广东、海南、广西、贵州、四川及云南，生于海拔 2 200 m 以下的山地林中。

**食用部位与食用方法：**种仁去涩后可做豆腐，制作淀粉及酿酒（参见壳斗科页）。

**食疗保健与药用功能：**种仁味苦涩，性微温，归脾、大肠、肾经，有止泻、消肿、解毒之功效。

## 35. 栓皮栎（壳斗科 Fagaceae）

*Quercus variabilis* Bl.

**识别要点：**落叶乔木。茎干木栓层发达。单叶互生，叶片卵状披针形或长椭圆状披针形，长 8~15 cm，叶缘有锯齿，侧脉 13~18 对，伸出齿尖呈芒刺状，老叶背面密被灰白色星状毛；叶柄长 1~3 cm。壳斗杯状，直径 2.5~4 cm，高约 1.5 cm，被条形外曲小苞片；坚果 1 枚，宽卵球形或近球形，长约 1.5 cm。果期 9~10 月。

**分布与生境：**产辽宁、陕西、甘肃、河北、河南、山西、山东、江苏、安徽、浙江、福建、台湾、江西、湖北、湖南、广东、广西、贵州、四川及云南，生于海拔 3 000 m 以下的山地阳坡林中。

**食用部位与食用方法：**种仁去涩、磨粉后可做面食、豆腐，制作淀粉、粉丝及酿酒（参见壳斗科页）。

**食疗保健与药用功能：**种仁味苦涩，性平，有涩肠固脱之功效，适用于咳嗽、水泻等症。

## 36. 槲树 柞栎（壳斗科 Fagaceae）

*Quercus dentata* Thunb.

**识别要点：**落叶乔木。小枝密被星状毛。单叶互生，叶片倒卵形或倒卵状椭圆形，长 10~30 cm，叶缘有粗齿或波状浅裂，侧脉 4~10 对，老叶背面密被星状毛；叶柄长 2~5 mm。壳斗杯状，直径 2~5 cm，高 1.2~2 cm，被披针形外曲小苞片；坚果 1 枚，卵球形或宽卵球形，长 1.5~2.3 cm，直径 1.2~1.5 cm。果期 9~10 月。

**分布与生境：**产黑龙江、吉林、辽宁、陕西、甘肃、河北、河南、山西、山东、江苏、安徽、浙江、台湾、湖北、湖南、广西、贵州、四川及云南，生于海拔 2 700 m 以下山的地阳坡林中。日本和朝鲜有分布。

**食用部位与食用方法：**种仁去涩后可做豆腐，制作淀粉及酿酒（参见壳斗科页）。

**食疗保健与药用功能：**种仁味苦涩，性微温，有涩肠固脱之功效。

## 37. 白栎（壳斗科 Fagaceae）

*Quercus fabri* Hance.

**识别要点：**落叶乔木或灌木状。小枝密被茸毛。单叶互生，叶片倒卵形或倒卵状椭圆形，长 7~15 cm，叶缘有粗齿或波状锯齿，侧脉 8~12 对，老叶背面有黄色星状毛；叶柄长 3~5 mm。壳斗杯状，高 4~8 mm，直径 0.8~1.1 cm，被卵状披针形紧贴的小苞片；坚果 1 枚，卵状椭球形，长 1.7~2 cm，直径 0.7~2 cm。果期 10 月。

**分布与生境：**产陕西、河南、江苏、安徽、浙江、福建、江西、湖北、湖南、广东、广西、贵州、四川及云南，生于海拔 1 900 m 以下的山地林中。

**食用部位与食用方法：**种仁富含淀粉，去涩后可做豆腐，制作粉丝及酿酒（参见壳斗科页）。

## 38. 槲栎 （壳斗科 Fagaceae）

*Quercus aliena* Bl.

**识别要点：**落叶乔木。小枝粗，无毛。单叶互生，叶片椭圆状倒卵形或倒卵形，长 10~30 cm，叶缘有波状钝齿或锯齿，侧脉 10~15 对，老叶背面被茸毛或近无毛；叶柄长 1~1.3 cm。壳斗杯状，直径 1.2~2 cm，高 1~1.5 cm，被卵状披针形紧贴的小苞片；坚果 1 枚，卵球形或椭球形，长 1.7~2.5 cm，直径 1.3~1.8 cm。果期 9~10 月。

**分布与生境：**产辽宁、陕西、甘肃、河北、河南、山西、山东、江苏、安徽、浙江、台湾、福建、江西、湖北、湖南、广东、广西、贵州、四川及云南，生于海拔 2 700 m 以下的丘陵、山地林中。日本和朝鲜有分布。

**食用部位与食用方法：**种仁去涩后可制作淀粉，做豆腐及酿酒（参见壳斗科页）。

## 39. 蒙古栎 辽东栎（壳斗科 Fagaceae）

*Quercus mongolica* Fisch. ex Ledeb.

**识别要点：**落叶乔木。小枝无毛。单叶互生，叶片倒卵形或倒卵状长椭圆形，长 7~19 cm，叶缘有粗钝齿，侧脉 7~11 对，老叶近无毛；叶柄长 2~8 mm。壳斗杯状，直径 1.5~1.8 cm，高 0.8~1.5 cm，被鳞片状小苞片；坚果 1 枚，卵球形或长卵球形，长 2~2.3 cm，直径 1.3~1.8 cm。果期 9 月。

**分布与生境：**产黑龙江、吉林、辽宁、内蒙古、河北、山西、陕西、甘肃、宁夏、青海、河南、山西、山东及四川，生于海拔 200~2 500 m 的山地林中。日本、朝鲜和俄罗斯有分布。

**食用部位与食用方法：**种仁去涩后可做豆腐，制作淀粉及酿酒（参见壳斗科页）。

## 40. 刺叶高山栎　刺叶栎（壳斗科 Fagaceae）

*Quercus spinosa* David ex Franch.

**识别要点：**常绿乔木或灌木状。单叶互生，叶片倒卵形或椭圆形，长 2.5~7 cm，先端钝圆，叶缘疏生刺齿或全缘，侧脉 4~8 对，老叶背面中脉下部密被星状毛，中脉在叶面下凹；叶柄长 2~3 mm。壳斗杯状，直径 1~1.5 cm，高 6~9 mm，被排列紧密的小苞片；坚果 1 枚，椭球形，长 1.6~2 cm，直径 1~1.3 cm。果期 9~10 月。

**分布与生境：**产陕西、甘肃、福建、台湾、江西、湖北、湖南、贵州、四川、云南及西藏，生于海拔 900~3 000 m 的石灰岩山地阳坡、山脊或山谷林中。

**食用部位与食用方法：**种仁去涩后可做豆腐，制作淀粉及酿酒（参见壳斗科页）。

## 41. 橿子栎　枹子栎（壳斗科 Fagaceae）

*Quercus baronii* Skan

**识别要点：**半常绿小乔木或灌木状。单叶互生，叶片卵状披针形，长 3~6 cm，先端渐尖，叶缘具锐齿，侧脉 6~7 对，老叶背面中脉上被星状毛；叶柄长 0.5~1.5 cm，被黄色茸毛。壳斗杯状，直径 1.2~1.8 cm，高 8~10 mm，被线形反曲小苞片；坚果 1 枚，卵球形，长 1.5~1.8 cm，直径 1~1.2 cm。果期 9 月。

**分布与生境：**产陕西、甘肃、河南、山西、湖北、湖南及四川，生于海拔 500~2 700 m 的山地林中。

**食用部位与食用方法：**种仁去涩后可做豆腐、糕点，制作淀粉及酿酒（参见壳斗科页）。

## 42. 乌冈栎（壳斗科 Fagaceae）

*Quercus phillyraeoides* A. Gary

**识别要点：**常绿小乔木。单叶互生，叶片倒卵形或窄椭圆形，长 2~6 cm，先端短尖，叶缘具锯齿，侧脉 8~13 对，老叶无毛或背面中脉上有疏毛；叶柄长 3~5 mm。壳斗杯状，直径 1~1.2 cm，高 6~8 mm，被紧贴小苞片；坚果 1 枚，卵状椭球形，长 1.5~1.8 cm，直径约 8 mm。果期 9~10 月。

**分布与生境：**产陕西、河南、安徽、浙江、福建、台湾、江西、湖北、湖南、广东、广西、贵州、四川及云南，生于海拔 300~1 200 m 的阳坡或干旱山脊。

**食用部位与食用方法：**种仁去涩后可做豆腐，制作淀粉及酿酒（参见壳斗科页）。

## 43. 饭甑青冈（壳斗科 Fagaceae）

*Cyclobalanopsis fleuryi* (Hick. & A. Camus) Chun ex Q. F. Zheng

**识别要点：**常绿乔木。幼枝、嫩叶有褐色毛。单叶互生，螺旋状排列，叶片长椭圆形或卵状矩圆形，长 14~27 cm，先端短尖，叶缘全缘或近顶部有波状浅齿，老叶近无毛，中脉在叶面微凸起；叶柄长 2~6 cm。壳斗筒状钟形，高 3~4 cm，直径 2.5~4 cm，具 10~13 环带，被茸毛；坚果长椭球形，长 3~4.5 cm，直径 2~3 cm，密被黄褐色茸毛。果期 10~12 月。

**分布与生境：**产福建、江西、湖南、广东、海南、广西、贵州、云南及西藏，生于海拔 500~1 500 m 的山地密林中。越南和老挝有分布。

**食用部位与食用方法：**种仁去涩后可做豆腐，制作淀粉及酿酒（参见壳斗科页）。

**食疗保健与药用功能：**种仁味甘、微涩，性微寒，有清热解毒、敛肺止咳之功效，适用于外感风热、咳嗽不止、肺痈吐脓、湿热痢疾、下痢不止等症。

## 44. 雷公青冈 （壳斗科 Fagaceae）

*Cyclobalanopsis hui* (Chun) Chun ex Y. C. Hsu & H. W. Jen

**识别要点：**常绿乔木。幼枝、嫩叶有褐色毛。单叶互生，螺旋状排列，叶片长椭圆形或椭圆状披针形，长 7~13 cm，宽 1.5~3 cm，先端钝尖，叶缘全缘或近顶部有波状钝齿，老叶近无毛，中脉在叶面平；叶柄长 1~1.4 cm。壳斗浅碗状，高 0.4~1 cm，直径 1.5~3 cm，具 4~6 环带，密被茸毛；坚果扁球形，长 1.5~2 cm，直径 1.5~2.5 cm，幼时被毛。果期 10~12 月。

**分布与生境：**产湖南、广东、海南及广西，生于海拔 250~1 200 m 的山地林中。

**食用部位与食用方法：**种仁去涩后可做豆腐，制作淀粉及酿酒（参见壳斗科页）。

## 45. 云山青冈 云山椆（壳斗科 Fagaceae）

*Cyclobalanopsis sessilifolia* (Bl.) Scott.

**识别要点：**常绿乔木。单叶互生，螺旋状排列，叶片长椭圆形或椭圆状矩圆形，长 7~14 cm，先端短尖，叶缘全缘或近顶部有数细齿，无毛；叶柄长 0.5~1 cm。壳斗杯状，高 0.5~1 cm，直径 1~1.5 cm，具 5~7 环带，被茸毛；坚果倒卵球形或倒卵状椭球形，长 1.7~2.4 cm，直径 0.8~1.5 cm。果期 10~11 月。

**分布与生境：**产江苏、浙江、福建、台湾、江西、湖北、湖南、广东、广西、贵州及四川，生于海拔 1 000~1 700 m 的山地林中。日本有分布。

**食用部位与食用方法：**种仁去涩后可做豆腐、糕点，制作淀粉及酿酒（参见壳斗科页）。

## 46. 曼青冈（壳斗科 Fagaceae）

*Cyclobalanopsis oxyodon* (Miq.) Oerst.

**识别要点：**常绿乔木。单叶互生，螺旋状排列，叶片长椭圆形或长椭圆状披针形，长 13~22 cm，宽 2~5 cm，先端渐尖，叶缘有锯齿，叶背被灰白色毛，常有灰黄色蜡粉层，中脉在叶面下凹；叶柄长 2.5~4 cm。壳斗杯状，高 1~1.5 cm，直径 1.2~2 cm，具 6~8 环带，被毛；坚果卵球形或近球形，长 1.6~2.2 cm，直径 1.4~1.7 cm。果期 9~10 月。

**分布与生境：**产陕西、浙江、江西、湖北、湖南、广东、广西、贵州、四川、云南及西藏，生于海拔 700~2 800 m 的山地林中。不丹、印度、尼泊尔和缅甸有分布。

**食用部位与食用方法：**种仁去涩后可做豆腐，酿酒，制作粉丝（参见壳斗科页）。

## 47. 多脉青冈 粉背青冈（壳斗科 Fagaceae）

*Cyclobalanopsis multinervis* W. C. Cheng & T. Hong

**识别要点：**常绿乔木。单叶互生，螺旋状排列，叶片长椭圆形或椭圆状披针形，长 7~16 cm，宽 2.5~5.5 cm，先端渐尖或短尖，叶缘中部以上有锯齿，叶背有毛及灰色蜡粉，侧脉 10~15 对；叶柄长 1~2.7 cm。壳斗杯状，高 7~8 mm，直径 1~1.5 cm，具 6~7 环带；坚果长卵球形，长约 1.8 cm，直径约 1 cm。果期 10~11 月。

**分布与生境：**产陕西南部、安徽、浙江、福建、江西、湖北、湖南、广东、广西及四川，生于海拔 1 000~2 000 m 的山地林中。

**食用部位与食用方法：**种仁去涩后可做豆腐，制作淀粉及酿酒（参见壳斗科页）。

## 48. 青冈（壳斗科 Fagaceae）

*Cyclobalanopsis glauca* (Thunb.) Oerst.

**识别要点：**常绿乔木。单叶互生，螺旋状排列，叶片倒卵状椭圆形或长椭圆形，长 6~13 cm，先端渐尖或短尾状，叶缘中部以上有锯齿，叶背常有灰白色粉霜；叶柄长 1~3 cm。壳斗碗状，高 6~8 mm，直径 0.9~1.4 cm，具 5~6 环带，被疏毛；坚果椭球形或卵球形，长 1~1.6 cm，直径 0.9~1.4 cm。果期 10 月。

**分布与生境：**产陕西、甘肃、河南、江苏、安徽、浙江、福建、台湾、江西、湖北、湖南、广东、广西、贵州、四川、云南及西藏，生于海拔 2 800 m 以下的山地林中。日本、朝鲜和印度有分布。

**食用部位与食用方法：**种仁去涩后可做豆腐，制作淀粉及酿酒（参见壳斗科页）。

## 49. 小叶青冈（壳斗科 Fagaceae）

*Cyclobalanopsis myrsinifolia* (Bl.) Oerst.

**识别要点：**常绿乔木。单叶互生，螺旋状排列，叶片卵状披针形或椭圆状披针形，长 6~11 cm，宽 1.8~4 cm，先端渐尖或长渐尖，叶缘中部以上有细齿，叶背苍灰色，无毛；叶柄长 1~2.5 cm。壳斗杯状，高 5~8 mm，直径 1~1.8 cm，具 6~9 环带，被毛；坚果卵球形或椭球形，长 1.4~2.5 cm，直径 1~1.5 cm，无毛，果脐平。果期 10 月。

**分布与生境：**产陕西、河南、江苏、安徽、浙江、台湾、福建、江西、湖北、湖南、广东、广西、贵州、四川及云南，生于海拔 200~2 500 m 的山地林中。日本、朝鲜、越南、老挝和泰国有分布。

**食用部位与食用方法：**种仁去涩后可做豆腐，酿酒或制作粉丝（参见壳斗科页）。

## 50. 赤皮青冈（壳斗科 Fagaceae）

*Cyclobalanopsis gilva* (Bl.) Oerst.

**识别要点：**常绿乔木。小枝及叶背密生黄色星状毛。单叶互生，螺旋状排列，叶片倒披针形或倒卵状长椭圆形，长 6~12 cm，宽 2~3.5 cm，先端渐尖或骤尖，叶缘中部以上有锯齿；叶柄长 1~1.5 cm。壳斗碗状，高 6~8 mm，直径 1.1~1.5 cm，具 6~7 环带，被疏毛；坚果倒卵状椭球形，长 1.5~2 cm，直径 1~1.3 cm。果期 10 月。

**分布与生境：**产浙江、福建、台湾、湖南、广东及贵州，生于海拔 300~1 500 m 的山地林中。日本有分布。

**食用部位与食用方法：**种仁去涩后可做豆腐、糕点，制作淀粉及酿酒（参见壳斗科页）。

## 51. 滇青冈（壳斗科 Fagaceae）

*Cyclobalanopsis glaucoides* Schott.

**识别要点：**常绿乔木。幼枝及嫩叶背面有茸毛。单叶互生，螺旋状排列，叶片长椭圆形或倒卵状披针形，长 5~12 cm，宽 2~5 cm，先端渐尖或尾状，叶缘中部以上有尖齿，叶背灰绿色；叶柄长 0.5~2 cm。壳斗碗状，高 6~8 mm，直径 0.8~1.2 cm，具 6~8 环带，被微毛；坚果椭球形或卵球形，长 1~1.4 cm，直径 0.7~1 cm。果期 10 月。

**分布与生境：**产青海南部、广西、贵州、四川、云南及西藏，生于海拔 1 200~2 800 m 的山地林中。

**食用部位与食用方法：**种仁去涩后可做豆腐、糕点，制作淀粉及酿酒（参见壳斗科页）。

## 52. 莲 荷花（莲科 Nelumbonaceae）

*Nelumbo nucifera* Gaertn.

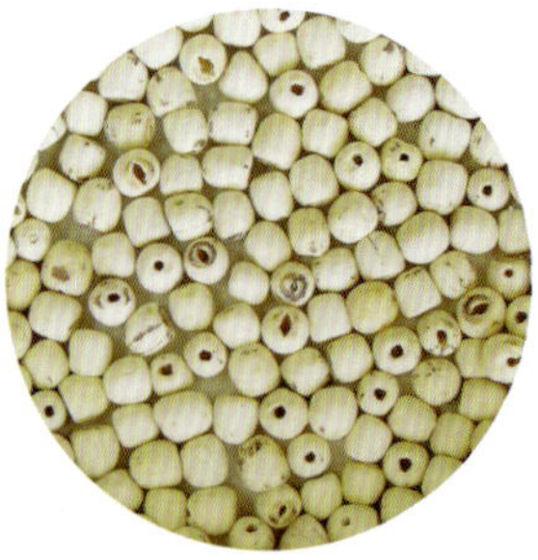

**识别要点：**多年生水生草本。根状茎肥厚，横生泥中，节长。叶片盾状圆形，伸出水面，直径 25~90 cm；叶柄长 1~2 m，中空。花单生于花葶顶端；花托倒圆锥形。坚果椭球形或卵球形，黑褐色，长 1.5~2.5 cm，生于花托穴内。种子种皮红色或白色。果期 8~10 月。

**分布与生境：**我国南北各地，自生或在池塘及水田内栽培。俄罗斯、朝鲜、日本、印度、越南及亚洲南部和大洋洲有分布。

**食用部位与食用方法：**根状茎称藕，可凉拌、炒食、炖食或做馅，也可制成藕粉。莲花可炒食或拖面炸食。坚果称莲子，去壳后可食用种子，种皮红色者称红莲，种皮白色者称白莲，可煮粥、煮汤或炖食等。

**食疗保健与药用功能：**生藕味甘，性寒，有除烦解渴、清热生津、健脾生肌、开胃消食、凉血、止血、散瘀之功效；熟藕性温，有补心生血、健脾开胃、滋养强壮之功效。莲花有活血止血、祛湿消风之功效。莲子味甘涩，性平，有补脾止泻、安神养心、益肾涩精、收涩止带之功效，适用于脾虚泄泻、遗精滑精、带下清稀、虚烦心悸、失眠多梦等症；莲心（绿色的胚）味苦，性寒，有清心安神、交通心肾、涩精止血之功效，适用于热入心包、心肾不交、失眠遗精、血热等症。

## 胡颓子科 Elaeagnaceae

**识别要点：**灌木或小乔木，稀藤本状；枝、叶、花和果实被银白色、褐色或锈色盾状鳞片或星状毛。单叶互生，叶缘全缘；有叶柄；无托叶。坚果，成熟时为膨大肉质化的萼管所包围，呈核果状，椭球形或球形，稀具翅，红色或黄色。

**分布与生境：**90 余种，分布于亚洲、欧洲及北美洲。我国有 74 种。

**食用部位与食用方法：**果实富含维生素、氨基酸、糖、有机酸及微量元素等营养成分，可鲜食，酿酒，制醋，制果干、果脯、果汁、果酱、罐头、果胶冻、果子羹等。

**胡颓子科常见植物有下列 13 种：**

### 53. 长叶胡颓子（胡颓子科 Elaeagnaceae）

*Elaeagnus bockii* Diels

**识别要点：**常绿灌木。常具刺；幼枝密被锈色鳞片。叶互生，叶片革质，宽椭圆形、披针形至条状矩圆形，长 2.5~13 cm，宽 0.5~3.5 cm，叶背具银白色叠生鳞片。总状花序，腋生；花白色或黄白色。果椭球形或长柱形，长 0.5~1.5 cm，被白色或锈色鳞片，成熟时红色。果期 3~4 月。

**分布与生境：**产陕西、甘肃、湖北、湖南、广东、广西、贵州、四川及云南，生于海拔 350~2 900 m 的向阳山坡、林中或路边灌丛中。

**食用部位与食用方法：**参见胡颓子科页。

### 54. 披针叶胡颓子（胡颓子科 Elaeagnaceae）

*Elaeagnus lanceolata* Warb. ex Diels

**识别要点：**常绿灌木。具刺；幼枝、叶、花均被银白色星状毛和锈色鳞片。叶互生，叶片革质，披针形，长 5~18 cm，宽 1.5~4 cm。总状花序腋生；花白色。果椭球形或纺锤形，长 1.2~1.5 cm，直径 5~6 mm，成熟时红色。果期 4~5 月。

**分布与生境：**产陕西、甘肃、山西、河南、安徽、湖北、湖南、广东、广西、贵州、四川及云南，生于海拔 140~3 480 m 的溪边、山谷林下、山坡灌丛中。

**食用部位与食用方法：**参见胡颓子科页。

## 55. 蔓胡颓子（胡颓子科 Elaeagnaceae）

*Elaeagnus glabra* Thunb.

**识别要点：**常绿藤状灌木。幼枝、叶、花均被锈色鳞片。叶互生，叶片近革质，近圆形、椭圆形至披针形，长 1.2~11.5 cm，宽 1.2~3.5 cm。花单生或总状花序，腋生；花白色。果阔椭球形至长球形，长 1.4~2 cm，成熟时橘红色。果期 4~5 月。

**分布与生境：**产江苏、安徽、浙江、福建、台湾、江西、湖北、湖南、广东、海南、广西、贵州、重庆、四川、云南及西藏，生于海拔 50~2 500 m 的溪边、山谷林中或山坡灌丛中。

**食用部位与食用方法：**参见胡颓子科页。

## 56. 胡颓子（胡颓子科 Elaeagnaceae）

*Elaeagnus pungens* Thunb.

**识别要点：**常绿灌木。常具刺；幼枝密被锈色鳞片。叶互生，叶片革质，椭圆形或矩圆形，长 5~18.5 cm，宽 1.8~6.5 cm，叶背密被白色鳞片。总状花序，腋生；花黄白色。果椭球形，长 1.2~1.5 cm，被锈色鳞片，成熟时红色。果期 4~6 月。

**分布与生境：**产河南、江苏、安徽、浙江、福建、台湾、江西、湖北、湖南、广东、广西、贵州及四川，生于海拔 2 300 m 以下的海岛石山、沟谷溪边、向阳山坡或路旁。日本有分布。

**食用部位与食用方法：**参见胡颓子科页。

**食疗保健与药用功能：**味甘酸涩，性平，有消食化积、健脾开胃之功效。

## 57. 宜昌胡颓子（胡颓子科 Elaeagnaceae）

*Elaeagnus henryi* Warb. ex Diels

**识别要点：**常绿灌木。具刺，生于叶腋；幼枝密被叠生锈色鳞片。叶互生，叶片革质，宽披针形至卵圆形，长 3~15 cm，宽 2~6 cm，叶背密被黄白色和少许锈色鳞片。花单生或总状花序，腋生；花黄白色。果长球形，长达2 cm，被叠生锈色鳞片，成熟时红色。果期4~5月。

**分布与生境：**产陕西、甘肃、江苏、安徽、浙江、福建、江西、湖北、湖南、广东、广西、贵州、四川及云南，生于海拔 200~2 700 m 的溪边灌丛、河谷林中或山坡密林中。

**食用部位与食用方法：**参见胡颓子科页。

## 58. 巴东胡颓子（胡颓子科 Elaeagnaceae）

*Elaeagnus difficilis* Sevr.

**识别要点：**常绿灌木。叶腋处有刺，微弯曲，长约 7 mm；幼枝、叶、花均被锈色鳞片。叶互生，叶片近革质，椭圆形至披针形，长 7~13.5 cm，宽 2.2~6 cm，叶背银白色。总状花序腋生；花黄绿色。果椭球形，长 1.3~1.8 cm，直径 6~9 mm，成熟时粉红色或橘红色。果期 5~6 月。

**分布与生境：**产浙江、福建、江西、湖北、湖南、广东、广西、贵州、四川及云南，生于海拔 300~ 1 900 m 的溪边、林下灌丛、沟谷边坡、山顶矮林中。

**食用部位与食用方法：**参见胡颓子科页。

## 59. 沙枣（胡颓子科 Elaeagnaceae）

*Elaeagnus angustifolia* L.

**识别要点：**落叶乔木，高达 10 m，常具刺；幼枝、幼叶均密被黄白色星状毛。叶互生，叶片纸质，矩圆状披针形至条状披针形，长 1~8 cm，宽 0.4~3.2 cm，成熟叶两面均被银白色鳞片。花 1~3 朵生于小枝下部叶腋；花黄色。果长球形或椭球形，两端钝或稍尖，长达 2.5 cm，成熟时黄棕色或黄红色，果肉粉质。果期 8~10 月。

**分布与生境：**产辽宁、陕西、甘肃、宁夏、青海、新疆、内蒙古、河北、河南及山西，生于海拔 1 800 m 以下的海岸、河边、湖边、干河床、荒坡、沙漠潮湿处或田边。

**食用部位与食用方法：**参见胡颓子科页。

**食疗保健与药用功能：**味甘酸涩，性凉，有补肾固精、健胃止泻、利尿、调经之功效，适用于胃痛、腹泻、肺热咳嗽、身体虚弱、月经不调等症。

## 60. 翅果油树（胡颓子科 Elaeagnaceae）

*Elaeagnus mollis* Diels

**识别要点：**落叶灌木或小乔木。幼枝密被星状毛和鳞片。单叶互生，叶片卵形或卵状椭圆形，长 6~15 cm，叶面散生星状毛，叶背密被灰白色星状毛。花簇生于叶腋，灰绿色，密被星状毛。果近球形或宽椭球形，长 1.2~1.4 cm，具 8 条翅状棱，果肉绵质，果核纺锤形。果期 8~9 月。

**分布与生境：**产山西及陕西，生于海拔 700~1300 m 的山地阳坡。

**食用部位与食用方法：**种仁富含油脂，炒熟后可食或榨油。

## 61. 牛奶子（胡颓子科 Elaeagnaceae）

*Elaeagnus umbellata* Thunb.

**识别要点：**落叶灌木，常具刺；幼枝、叶背、花、果实均被银白色鳞片。叶互生，叶片纸质，倒卵形或窄卵状披针形，长 2.2~8 cm，宽 1~3.5 cm。花单生、簇生或短总状花序，生于新枝基部或叶腋；花白色。果近球形，长 5~7 mm，成熟时红色。果期 7~8 月。

**分布与生境：**全国各省区均产，生于海拔 3 000 m 以下的海岸、河谷灌丛、草地、林缘、山坡林下或山顶灌丛中。亚洲东部，印度、尼泊尔、不丹、阿富汗等国有分布。

**食用部位与食用方法：**参见胡颓子科页。

**食疗保健与药用功能：**果味酸苦，性凉，有清热利湿、止血之功效，适用于咳嗽、泄泻、痢疾等症。

## 62. 银果牛奶子（胡颓子科 Elaeagnaceae）

*Elaeagnus magna* (Serv.) Rehd.

**识别要点：**落叶灌木，有刺；幼枝、叶背、花、果实均被银白色鳞片。叶互生，叶片纸质或膜质，椭圆形或卵状椭圆形，长 4~11 cm，宽 1.5~4.2 cm。花单生、簇生或短总状花序，生于叶腋；花黄白色。果长球形或椭球形，长 1.2~2 cm，成熟时红色。果期 6 月。

**分布与生境：**产陕西、江西、湖北、湖南、广东、广西、贵州、四川及云南，生于海拔 2 300 m 以下的山区沙壤、路边林缘或河床。

**食用部位与食用方法：**参见胡颓子科页。

## 63. 木半夏（胡颓子科 Elaeagnaceae）

*Elaeagnus multiflora* Thunb.

**识别要点：**落叶灌木或小乔木；有刺。幼枝密被锈色鳞片。叶互生，叶片纸质，倒卵状矩圆形或卵状椭圆形，长 3~10 cm，宽 1~5 cm，叶背密被叠生白色鳞片和散生锈色鳞片。花单生于叶腋，白色。果长球形、椭球形或卵球形，长 1.2~1.4 cm，成熟时红色。果期 6~7 月。

**分布与生境：**产陕西、河北、河南、山东、江苏、安徽、浙江、福建、江西、湖北、湖南、广东、贵州、四川、云南及西藏，生于海拔 2 100 m 以下的低地开阔林中、山坡路边、沟边或山区。日本有分布。

**食用部位与食用方法：**参见胡颓子科页。

## 64. 中国沙棘（胡颓子科 Elaeagnaceae）

*Hippophae rhamnoides* L. subsp. *sinensis* Rousi

**识别要点：**落叶灌木或乔木；多刺，粗壮；幼枝密被银白色或褐色鳞片。叶近对生或互生，叶片纸质，条形、披针形或条状披针形，长 2~8 cm，宽 0.2~1.0 cm，叶背被银白色鳞片；叶柄长 1~1.5 mm。果球形、卵球形或椭球形，直径 4~9 mm，成熟时淡红色或橘红色。果期 9~10 月。

**分布与生境：**产辽宁、内蒙古、河北、河南、山西、陕西、甘肃、青海、新疆、四川、云南及西藏，生于海拔 600~4 200 m 的向阳山脊、谷地、干涸河床、砾石沙质土或黄土。分布于欧亚大陆。

**食用部位与食用方法：**参见胡颓子科页。

**食疗保健与药用功能：**果味甘酸涩，性温，有活血散瘀、补脾健胃、化痰宽胸、止咳之功效，适用于脾虚食少、消化不良、咳嗽痰多、跌打损伤、瘀血肿痛、呼吸困难等症。

## 65. 肋果沙棘（胡颓子科 Elaeagnaceae）

*Hippophae neurocarpa* S. W. Liu & T. N. He

**识别要点：**落叶灌木或小乔木。幼枝密被银白色鳞片和星状毛，老枝先端刺状。叶互生，叶片线形或线状披针形，长 2~6 cm，宽 1.5~5 mm，叶背密被银白色鳞片和星状毛，混生褐色鳞片。果圆柱形，弯曲，长 6~9 mm，直径 3~4 mm，具 5~7 条纵肋，成熟时褐色，肉质，密被银白色或淡白色鳞片。

**分布与生境：**产甘肃、青海、四川及西藏，生于海拔 3 400~4 400 m 的河谷、阶地或河漫滩，常成片生长，形成灌木林。

**食用部位与食用方法：**果经煮熟后可做果泥、果脯或糕点，亦可酿酒。

## 66. 细果野菱 四角刻叶菱（菱科 Trapaceae）

*Trapa incisa* Sieb. & Zucc.

**识别要点：**一年生浮水水生草本。根二型：黑色着泥根生于泥中，淡绿褐色羽状丝裂根生于水中。茎粗 1~2.5 mm。浮水叶聚生于茎顶，叶片菱状三角形，长 1.5~3 cm，宽 2~4 cm，叶缘具缺刻状齿；叶柄上部膨大成海绵质气囊。果在水中成熟，狭菱形，长 0.8~1.5 cm，具 4 角，角圆锥状、烛尖状至锐尖。

**分布与生境：**产黑龙江、吉林、辽宁、陕西、河北、河南、江苏、安徽、浙江、福建、台湾、江西、湖北、湖南、广东、海南、贵州、四川及云南，生于海拔 2 000 m 以下的池塘或湖沼中。亚洲东部至东南部有分布。

**食用部位与食用方法：**嫩茎叶可作蔬菜炒食或做汤。果实内种仁富含淀粉，可鲜食，也可制成菱粉，配制冰激凌等食品，亦可酿酒。

## 67. 欧菱 菱、乌菱、格菱、冠菱、无角菱、丘角菱、四瘤菱、四角菱、四角矮菱（菱科 Trapaceae）

*Trapa natans* L.

**识别要点：**一年生浮水水生草本。根二型：黑色着泥根生于泥中，淡绿褐色羽状丝裂根生于水中。茎粗 2.5~6 mm。浮水叶聚生于茎顶，叶片三角状菱形，长 4~6 cm，宽 4~8 cm，叶缘具浅齿、圆齿或锯齿；叶柄上部膨大成海绵质气囊。果在水中成熟，陀螺状至短菱形，长 1.8~3 cm，具 2~4 角，稀无角，角三角形至圆锥状，基部变厚，先端钝圆至锐尖。

**分布与生境：**产黑龙江、吉林、辽宁、内蒙古、陕西、新疆、河北、河南、山东、江苏、安徽、浙江、福建、台湾、江西、湖北、湖南、广东、海南、广西、贵州、四川、云南及西藏，生于海拔 2 700 m 以下的池塘、湖泊、沼泽及缓流江水边。分布于亚洲、欧洲和非洲。

**食用部位与食用方法：**嫩茎叶可作蔬菜炒食或做汤。果实内种仁富含淀粉，可鲜食或熟食，也可制作菱粉，配制冰激凌等食品，亦可酿酒。

**食疗保健与药用功能：**种仁味甘，性凉，有益脾健胃、解毒之功效，适用于脾虚泄泻、暑热烦渴、饮酒过度、痢疾等症。

东北茶藨子

杨梅

金柑

栝楼

## Ⅱ. 肉果类群

在单果中，若果实成熟后肉质而多汁，则称为肉果（Fleshy fruit），如本卷介绍的浆果、柑果、瓠果、梨果、核果。

火棘

## （一）浆果类群

浆果（Berry）是外果皮薄，中果皮和内果皮厚，肉质而多浆的肉果。

## 睡莲科 Nymphaeaceae

### 1. 芡实 鸡头米（睡莲科 Nymphaeaceae）

*Euryale ferox* Salisb.

**识别要点：**一年生水生草本。叶二型：初生叶为沉水叶，叶片箭形或椭圆形，无刺；次生叶为浮水叶，叶片椭圆状肾形或圆形，直径 0.6~1.3 m，盾状，叶缘全缘，叶面深绿色，叶背带紫色，两面在叶脉分枝处具锐刺；叶柄及花梗长达 25 cm，均被硬刺。浆果球形，直径 3~5（~10）cm，暗紫红色，密被硬刺。种子 20~100 枚，球形，具浆质假种皮及黑色厚种皮。果期 8~9 月。

**分布与生境：**产黑龙江、吉林、辽宁、河北、河南、山东、江苏、安徽、浙江、福建、湖北、湖南及广西，生于湖、塘、池、沼中。俄罗斯、朝鲜、日本及印度有分布。

**食用部位与食用方法：**嫩叶柄可作蔬菜。种子供食用，通常煮食，与其他材料一起炖食或与粳米一同煮粥，是传统的保健食品，还可酿酒。

**食疗保健与药用功能：**种子味甘涩，性平，归脾、肾经，有补脾止泻、益肾固精、除湿止带、益胃之功效，适用于消化不良、肾虚体弱、脾虚久泻、遗精遗尿、小便白浊、淋浊、带下清稀、大便泄泻等症。

## 2. 猫儿屎（木通科 Lardizabalaceae）

*Decaisnea insignis* (Griff.) Hook. f. & Thoms.

**识别要点：**落叶灌木。单数羽状复叶着生茎顶，叶长 50~90 cm，小叶 13~33 枚，对生，小叶片卵形至卵状矩圆形，长 6~14 cm；叶柄长 10~20 cm。浆果下垂，圆柱状，稍弯曲，成熟时蓝色或蓝紫色，被白粉，长 5~10 cm，直径约 2 cm。种子黑色，多数，椭球形，扁平，长约 1 cm。果期 7~8 月。

**分布与生境：**产陕西、甘肃、江苏、安徽、浙江、江西、湖北、湖南、贵州、广西、四川、云南及西藏，生于海拔 500~3 800 m 的阴坡杂木林中及林缘。尼泊尔、不丹、印度及缅甸有分布。

**食用部位与食用方法：**果肉味甜可食，亦可酿酒或制糖。

**食疗保健与药用功能：**果味甘辛，性平，有清肺止咳、祛风除湿之功效，适用于肺结核咳嗽、风湿关节痛等症。

## 3. 鹰爪枫（木通科 Lardizabalaceae）

*Holboellia coriacea* Diels

**识别要点：**常绿木质攀缘藤本。幼枝具细纵棱。掌状复叶，小叶3枚，小叶片椭圆形或矩圆形，长5~13 cm，叶缘反卷，具半透明蜡质带，叶背粉绿色。果长球形，成熟时淡紫色，长4~7 cm，直径约2 cm。果期8~9月。

**分布与生境：**产陕西、甘肃、河南、江苏、安徽、浙江、江西、湖北、湖南、广西东北部、贵州及四川，生于海拔400~1 800 m的山谷、溪边、山坡灌丛中或林缘。

**食用部位与食用方法：**果可食，亦可酿酒。

## 4. 五月瓜藤 五风藤（木通科 Lardizabalaceae）

*Holboellia angustifolia* Wall.

**识别要点：**落叶木质藤本。幼枝具细纹。掌状复叶，小叶3~7枚，小叶片窄矩圆形、披针形至倒披针形，长3~11 cm，叶缘无半透明蜡质带，叶背灰绿色。果圆柱形，成熟时紫红色，长5~9 cm，直径约2 cm，干后常结肠状。果期7~8月。

**分布与生境：**产陕西、甘肃、福建、江西、湖北、湖南、广东、广西、贵州、四川、云南及西藏，生于海拔400~2 800 m较阴湿的溪边、林缘及较干旱的山地。巴基斯坦、尼泊尔、不丹、印度及缅甸有分布。

**食用部位与食用方法：**果可食。

**食疗保健与药用功能：**果适用于肾虚腰痛、疝气等症。

## 5. 八月瓜（木通科 Lardizabalaceae）

*Holboellia latifolia* Wall.

**识别要点**：常绿木质攀缘藤本。幼枝具细纹。掌状复叶，小叶 3~5 (~7) 枚，小叶片卵状矩圆形、卵圆形或椭圆形，长 4~13 cm，叶缘无半透明蜡质带，叶背淡绿色。果圆柱形或卵球形，稀结肠状，成熟时紫红色，长 4~8 (~12) cm，直径 1.5~5 cm。果期 7~9 月。

**分布与生境**：产贵州、四川、云南及西藏，生于海拔 600~2 900 m 的山坡或山谷阔叶林林缘。巴基斯坦、印度、尼泊尔、不丹、孟加拉国及缅甸有分布。

**食用部位与食用方法**：果可食。

**食疗保健与药用功能**：果味苦，性凉，归膀胱、心、肝经，有清热利湿、活血通脉、行气止痛之功效，适用于小便短赤、淋浊、水肿、风湿痹痛、跌打损伤、乳汁不通、子宫脱垂等症。

## 6. 野木瓜（木通科 Lardizabalaceae）

*Stauntonia chinensis* DC.

**识别要点**：常绿木质藤本。掌状复叶，小叶 (3~) 5~7 (~8) 枚，小叶片矩圆形、矩圆状披针形或倒卵状椭圆形，长 7~13 cm，老叶背面有明显斑点。果椭球形，成熟时橙黄色，长 5~7 cm，直径 2.5~3.5 cm。果期 9~10 月。

**分布与生境**：产安徽、浙江、福建、江西、湖南、广东、海南、广西、贵州及云南，生于海拔 300~1 500 m 的常绿阔叶林下、山谷或溪边灌木丛中。越南及老挝有分布。

**食用部位与食用方法**：浆果多汁味甜，可鲜食、制作果酱或酿酒。

## 7. 台湾山柑 鱼木（山柑科 / 白花菜科 Capparaceae）

*Capparis formosana* Hemsl.

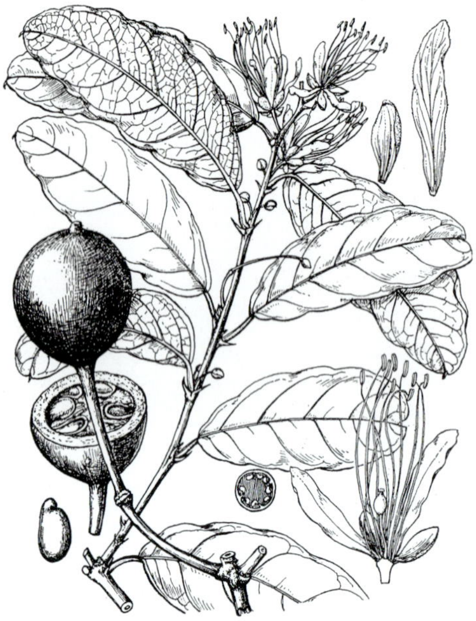

**识别要点：**灌木或乔木。3 小叶复叶，互生；叶柄长 8~13 cm；顶生小叶叶片卵形或卵状披针形，长 7~15 cm，宽 3~6 cm，先端渐尖或长渐尖，基部楔形，全缘，侧生小叶片基部不对称。花序顶生，着花 10~15 朵；花瓣绿黄色转淡紫色，叶状，长约 3 cm，有爪。浆果成熟时红色，球形或椭球形，直径 3~5 cm。种子多数，肾形，压扁状，长约 1.5 cm。果期 10~11 月。

**分布与生境：**产台湾、广东、海南及广西，生于海拔 700~1 000 m 的沟谷、平地、水边或石山林中。日本南部和越南北部有分布。

**食用部位与食用方法：**种子煮熟后可食。

## 8. 屈头鸡（山柑科 / 白花菜科 Capparaceae）

*Capparis versicolor* Griff.

**识别要点：**常绿灌木。单叶互生，近革质，叶片椭圆形或矩圆状椭圆形，长 3~8 cm，宽 1.5~3.5 cm，全缘；叶柄长 0.5~1 cm；托叶 2 枚，刺状，下弯。花白色或淡红色。浆果，成熟时黑色，球形，直径 3~5 cm；雌蕊柄长达 5 cm。种子多数，近肾形。果期 8 月至翌年 2 月。

**分布与生境：**产广东、海南及广西，生于海拔 100~2 000 m 的疏林或灌丛中。中南半岛有分布。

**食用部位与食用方法：**果可食，味甘凉。

**食疗保健与药用功能：**果味甘、微苦，性平，有生津利咽、平喘、清肺止咳、解毒清肝之功效，适用于咳嗽、胸痛、哮喘等症。

# 虎耳草科 Saxifragaceae

## 茶藨子属 *Ribes* L.

**识别要点：**落叶灌木。单叶互生，叶片常掌状分裂；有叶柄；无托叶。多总状花序，腋生；具苞片。浆果，多汁，顶端有宿存花萼。种子多数。

**分布与生境：**160 余种，主要分布于北半球温带和较寒冷地区，少数种至亚热带和热带山地。我国有 59 种。

**食用部位与食用方法：**成熟果实均可鲜食，或制作果酱、果酒、果糖及果汁。

**食疗保健与药用功能：**果富含大量维生素 A、维生素 B、维生素 C 和维生素 D、糖类、有机酸等，为优良保健食品，具有防治坏血病和多种传染病的作用。

**茶藨子属常见植物有下列 11 种：**

## 9. 刺果茶藨子 刺梨（虎耳草科 Saxifragaceae）

*Ribes burejense* Fr. Schmidt

**识别要点：**落叶灌木。茎下部节上着生 3~7 枚长达 1 cm 的粗刺，节间密生细刺。单叶互生，叶片宽卵形，长 1.5~4 cm，基部平截或心形，被毛，叶片掌状 3 或 5 裂，叶缘有粗钝锯齿；叶柄长 1.5~3 cm。雌花序具花 1~3 朵。浆果球形，直径约 1 cm，成熟时暗红黑色，有多数小刺。果期 7~8 月。

**分布与生境：**产黑龙江、吉林、辽宁、陕西、甘肃、内蒙古、河北、山西及河南，生于海拔 900~2 300 m 的山地针叶林、阔叶林或针阔叶混交林中、山坡灌丛或溪旁。朝鲜和俄罗斯有分布。

**食用部位与食用方法：**参见茶藨子属页。

**食疗保健与药用功能：**果味酸，性平，有清热解表之功效，适用于萎缩性胃炎、胆汁缺乏等症。

## 10. 长刺茶藨子（虎耳草科 Saxifragaceae）

*Ribes alpestre* Wall. ex Decne.

**识别要点：**落叶灌木。茎下部节上着生 3 枚粗刺，刺长 1~2 cm，节间常疏生针刺或腺毛。单叶互生，叶片宽卵形，长 1.5~3 cm，基部近平截或心形，两面被毛，叶片掌状 3 或 5 裂，叶缘具缺刻状粗钝齿或重锯齿；叶柄长 2~3.5 cm。花单生或 2~3 朵组成短总状花序，花梗长 5~8 mm。浆果近球形或椭球形，直径 1~1.2 cm，成熟时紫红色，具腺毛，味酸。果期 6~9 月。

**分布与生境：**产山西、陕西、甘肃、宁夏、青海、河南、湖北、四川、云南及西藏，生于海拔 1 000~3 900 m 的阳坡疏林下灌丛中、林缘、河谷草地或河边。不丹、阿富汗和克什米尔地区有分布。

**食用部位与食用方法：**参见茶藨子属页。

## 11. 水葡萄茶藨子（虎耳草科 Saxifragaceae）

*Ribes procumbens* Pall.

**识别要点：**落叶蔓性小灌木。单叶互生，叶片圆肾形，长 2.5~6 cm，宽达 8 cm，基部平截或心形，通常无毛，叶片掌状 3 或 5 裂，裂片卵圆形，叶缘有粗大钝齿；叶柄长 2~4 cm。雌花序具花 6~12 朵；花序轴无毛。浆果卵球形，直径 1~1.3 cm，成熟时紫褐色。果期 7~8 月。

**分布与生境：**产黑龙江北部及内蒙古东北部，生于低海拔地区落叶松林下、杂木林内阴湿处及河旁。亚洲东部有分布。

**食用部位与食用方法：**参见茶藨子属页。

## 12. 矮茶藨子（虎耳草科 Saxifragaceae）

*Ribes triste* Pall.

**识别要点：**落叶小灌木。高 20~40 cm。单叶互生，叶片肾形或圆肾形，长 3.5~6 cm，宽 4~7 cm；基部心形或平截，常 3 浅裂，裂片宽三角形，叶缘具粗锐齿；叶柄长 3~6 cm。雌花序具花 5~7 朵；花红色或紫红色。浆果卵球形，直径 7~10 mm，红色。果期 7~8 月。

**分布与生境：**产黑龙江、吉林、辽宁及内蒙古，生于海拔 1 000~1 500 m 的山地林下。日本、朝鲜、俄罗斯东部和北美有分布。

**食用部位与食用方法：**参见茶藨子属页。

## 13. 黑果茶藨子（虎耳草科 Saxifragaceae）

*Ribes nigrum* L.

**识别要点：**落叶灌木。单叶互生，叶片近圆形，长 4~9 cm，基部心形，被毛，叶片掌状 3 或 5 裂，裂片宽三角形，叶缘有不整齐粗锐齿；叶柄长 1~4 cm。雌花序具花 4~12 朵；花序轴被毛。浆果近球形，直径 0.8~1.4 cm，成熟时黑色。果期 7~8 月。

**分布与生境：**产黑龙江、吉林、辽宁、内蒙古和新疆，生于沟边或坡地针叶林或针、阔叶混交林下。亚洲东部、欧洲和北美洲有分布。

**食用部位与食用方法：**参见茶藨子属页。

## 14. 东北茶藨子（虎耳草科 Saxifragaceae）

*Ribes mandshuricum* (Maxim.) Kom.

**识别要点：**落叶灌木。单叶互生，叶片长、宽均 5~10 cm，基部心形，幼时被毛，叶片掌状 3 或 5 裂，裂片卵状三角形，叶缘有不整齐粗锯齿或重锯齿；叶柄长 4~7 cm。雌花序具花 40~50 朵；花序轴被毛；花浅黄绿色。浆果卵球形，直径 7~9 mm，红色。果期 7~8 月。

**分布与生境：**产黑龙江、吉林、辽宁、内蒙古、陕西、甘肃、山西、山东、河北及河南，生于海拔 300~1 900 m 的山坡或山谷针、阔叶混交林下。朝鲜半岛和俄罗斯东部有分布。

**食用部位与食用方法：**参见茶藨子属页。

**食疗保健与药用功能：**果味酸，性平，有清热解表之功效，适用于感冒等症。

## 15. 簇花茶藨子（虎耳草科 Saxifragaceae）

*Ribes fasciculatum* Sieb. & Zucc.

**识别要点：**落叶灌木。小枝无毛、无刺。单叶互生，叶片近圆形，长 2~4 cm，基部平截或浅心形，两面无毛或疏生毛，叶片掌状 3 或 5 裂，叶缘有粗钝单锯齿；叶柄长 1~3 cm。雌花 2~6 朵簇生，稀单生，花梗长 5~9 mm，具关节。浆果近球形，直径 7~10 mm，成熟时红褐色，无毛。果期 7~9 月。

**分布与生境：**产陕西、甘肃、青海、河南、山东、江苏、安徽、浙江、福建、江西、湖北及贵州，生于海拔 700~2 400 m 的山坡林下、竹林内、林缘、石质坡地或路边。日本和朝鲜有分布。

**食用部位与食用方法：**参见茶藨子属页。

## 16. 美丽茶藨子（虎耳草科 Saxifragaceae）

*Ribes pulchellum* Turcz.

**识别要点：**落叶灌木。茎下部节上常具 1 对小刺，节间无刺或小枝疏生细刺。单叶互生，叶片宽卵圆形，长 1~3 cm，基部近平截或浅心形，两面被毛，叶片掌状 3 或 5 裂，叶缘有粗锐或微钝单锯齿，或混生重锯齿；叶柄长 0.5~2 cm。雌花序具花 8~10 朵，长 2~3 cm。浆果球形，直径 5~8 mm，成熟时红色，无毛。果期 8~9 月。

**分布与生境：**产内蒙古、河北、山西、陕西、甘肃、宁夏及青海，生于海拔 300~2 800 m 的多石砾山坡、沟谷、黄土丘陵或阳坡灌丛中。蒙古和俄罗斯西伯利亚有分布。

**食用部位与食用方法：**参见茶藨子属页。

## 17. 长白茶藨子（虎耳草科 Saxifragaceae）

*Ribes komarovii* Pojark.

**识别要点：**落叶灌木。单叶互生，叶片宽卵形或近圆形，长 2~6 cm，基部圆或近平截，无毛，叶片掌状 3 浅裂，顶生裂片先端尖，叶缘有不整齐圆钝粗齿；叶柄长 0.6~1.7 cm。雌花序具花 5~10 朵；花序轴无毛。浆果球形或倒卵球形，直径 7~8 mm，成熟时红色。果期 8~9 月。

**分布与生境：**产黑龙江、吉林、辽宁、陕西、甘肃、山西、河北及河南，生于海拔 400~2 100 m 的山地林下、灌丛中或岩石坡地。朝鲜和俄罗斯东部有分布。

**食用部位与食用方法：**参见茶藨子属页。

## 18. 尖叶茶藨子（虎耳草科 Saxifragaceae）

*Ribes maximowiczianum* Kom.

**识别要点：**落叶灌木。单叶互生，叶片宽卵形或近圆形，长 2.5~5 cm，基部宽楔形或圆形，被毛，叶片掌状 3 浅裂，顶生裂片长渐尖，叶缘有粗钝齿；叶柄长 0.5~1 cm。雌花序具花 5~9 朵；花序轴疏生腺毛。浆果近球形，直径 6~8 mm，成熟时红色。果期 8~9 月。

**分布与生境：**产黑龙江、吉林、辽宁、陕西、甘肃、山西、河北及河南，生于海拔 900~2 700 m 的山坡或山谷林下及灌丛中。日本、朝鲜和俄罗斯东部有分布。

**食用部位与食用方法：**参见茶藨子属页。

## 19. 冰川茶藨子（虎耳草科 Saxifragaceae）

*Ribes glaciale* Wall.

**识别要点：**落叶灌木。单叶互生，叶片长卵形，长 3~5 cm，基部圆或近平截，被毛，叶片掌状 3 或 5 裂，顶生裂片先端长渐尖，叶缘有粗大锯齿；叶柄长 1~2 cm。雌花序具花 4~10 朵；花序轴有毛。浆果球形或倒卵球形，直径 5~7 mm，成熟时红色。果期 7~9 月。

**分布与生境：**产陕西、甘肃、青海、新疆、河南、安徽、浙江、湖北、湖南、贵州、四川、云南及西藏，生于海拔 1 900~3 000 m 的山坡、山谷林中或林缘。缅甸、不丹和克什米尔地区有分布。

**食用部位与食用方法：**参见茶藨子属页。

## 20. 黄皮（芸香科 Rutaceae）

*Clausena lansium* (Lour.) Skeels

**识别要点：**常绿小乔木。单数羽状复叶，互生；小叶 5~11 枚，小叶片卵形或卵状椭圆形，长 6~14 cm，叶缘波状或具浅锯齿，具透明油腺点；小叶柄长 4~8 mm。圆锥花序顶生。浆果球形或卵球形，长 1.3~3 cm，直径 1~2 cm，成熟时淡黄色至暗黄色，被毛，果肉乳白色。果期 6~8 月。

**分布与生境：**产福建、广东、海南、广西、贵州、四川及云南。

**食用部位与食用方法：**果味甜，可鲜食或糖渍。

**食疗保健与药用功能：**果味辛甘酸，性温，归肺、胃经，有行气、消食、化痰之功效，适用于食积胀满、脘腹疼痛、痰饮咳喘等症。

## 21. 小黄皮（芸香科 Rutaceae）

*Clausena emarginata* C. C. Huang

**识别要点：**常绿乔木。单数羽状复叶，互生；小叶 5~11 枚，小叶片斜卵状披针形或卵形，长 2~6 cm，具圆锯齿，有透明油腺点；近无柄。花序顶生或兼腋生。浆果球形或稍长，直径 0.8~1 cm，成熟时淡黄色或乳黄色，半透明。果期 6~7 月。

**分布与生境：**产广西及云南，生于海拔 300~800 m 的山谷密林石灰岩灌丛中。

**食用部位与食用方法：**果味酸甜，可食。

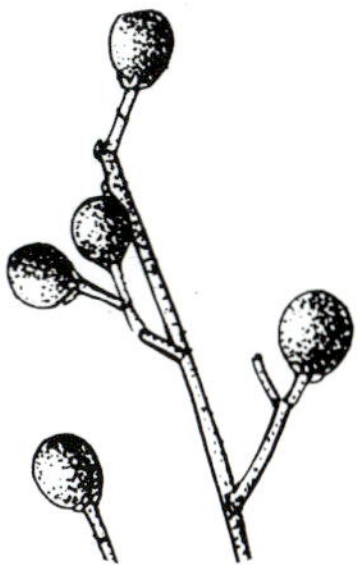

## 22. 刺葡萄（葡萄科 Vitaceae）

*Vitis davidii* (Roman. du Caill.) Föex.

**识别要点：**攀缘木质藤本。小枝被刺，刺长 2~4 mm。有卷须，2 叉分枝。单叶互生，叶片卵圆形或卵状椭圆形，长 5~15 cm，先端短尾尖，基部心形，边缘有 12~33 个锐齿，不分裂或微 3 浅裂，基出脉 5 条，叶背脉上常疏生小刺。圆锥花序与叶对生，长 7~24 cm。浆果球形，直径 1.2~2.5 cm，成熟时紫红色。果期 7~10 月。

**分布与生境：**产陕西、甘肃、河南、江苏、安徽、浙江、福建、江西、湖北、湖南、广东、广西、贵州、四川及云南，生于海拔 500~2 300 m 的山坡林中或灌丛中。

**食用部位与食用方法：**果味酸，可食，亦可酿酒。

## 23. 山葡萄（葡萄科 Vitaceae）

*Vitis amurensis* Rupr.

**识别要点：**攀缘木质藤本。全株无刺。有卷须，2~3 叉分枝。单叶互生，叶片卵圆形，长 6~24 cm，先端尖锐，基部宽心形，边缘有 28~36 个粗锐齿，不分裂、中裂或 3 浅裂，基出脉 5 条；叶柄被蛛丝状毛。圆锥花序与叶对生，疏散，长 5~13 cm。浆果球形，直径 1~1.5 cm，成熟时黑色。果期 7~9 月。

**分布与生境：**产黑龙江、吉林、辽宁、内蒙古、河北、山西、河南、山东、安徽、浙江及福建，生于海拔 100~2 100 m 的山坡、沟谷林中或灌丛中。朝鲜和俄罗斯有分布。

**食用部位与食用方法：**果味酸，可食，亦可酿酒或制醋。

**食疗保健与药用功能：**果味甘酸，性平，有生津、益气、补肾、壮腰、养血安神、降血压、开胃之功效，适用于肺虚咳嗽、血虚、神经衰弱、胃痛腹胀、心血管疾病等症。

# 24. 毛葡萄（葡萄科 Vitaceae）

*Vitis heyneana* Roem. & Schult.

**识别要点：**攀缘木质藤本。小枝被茸毛。有卷须，2叉分枝，密被茸毛。单叶互生，叶片卵圆形、长卵状椭圆形或五角状卵形，长 4~12 cm，先端急尖或渐尖，基部浅心形，边缘有 9~19 个锐齿，不分裂，基出脉 3~5 条，叶背密被茸毛。圆锥花序与叶对生，疏散，长 4~14 cm。浆果球形，直径 1~1.3 cm，成熟时紫黑色。果期 6~10 月。

**分布与生境：**产河北、山西、陕西、甘肃、河南、山东、江苏、安徽、浙江、福建、江西、湖北、湖南、广东、广西、贵州、四川、云南及西藏，生于海拔 100~3 200 m 的山坡林中或灌丛中。印度、不丹和尼泊尔有分布。

**食用部位与食用方法：**果味酸，可食，亦可酿酒。

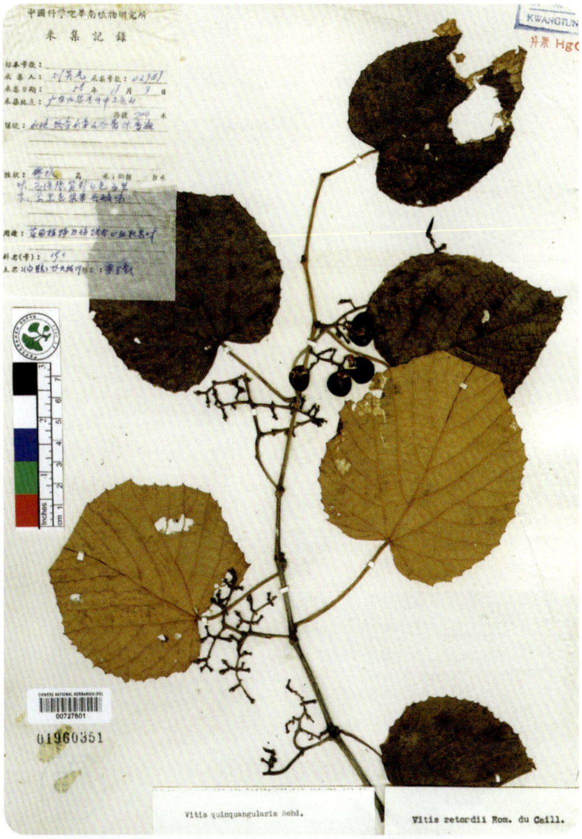

## 猕猴桃科 Actinidiaceae

### 猕猴桃属 *Actinidia* Lindl.

**识别要点：**落叶木质藤本，稀常绿。枝条髓心多片层状。单叶互生，叶缘通常有锯齿，具叶柄。浆果球形、卵球形或柱状长球形。种子极多，细小。

**分布与生境：**约 55 种，主产中国。我国约 52 种。

**食用部位与食用方法：**大多数种类的果实成熟后可鲜食，也可加工成罐头、果脯、果酱、果汁、果酒等。

**猕猴桃属常见有下列 14 种：**

## 25. 软枣猕猴桃（猕猴桃科 Actinidiaceae）

*Actinidia arguta* (Sieb. & Zucc.) Planch. ex Miq.

**识别要点：**落叶木质藤本。幼枝疏被毛，髓心片层状。叶片宽椭圆形或宽倒卵形，长 8~12 cm，叶缘有锐锯齿，叶面无毛，叶背脉腋处有毛；叶柄长 2~8 cm。花序腋生，花 3~6 朵，绿白色或黄绿色。浆果球形、椭球形或长球形，黄绿色，长 2~3 cm，直径约 1.8 cm，无毛，无斑点。

**分布与生境：**产黑龙江、吉林、辽宁、陕西、甘肃、河北、河南、山西、山东、安徽、浙江、福建、台湾、江西、湖北、湖南、贵州、四川及云南西北部，生于海拔 600~3 600 m 的山地林中。日本和朝鲜有分布。

**食用部位与食用方法：**参见猕猴桃属页。

**食疗保健与药用功能：**果味甘酸，性凉，有生津润燥、健胃之功效。

## 26. 黑蕊猕猴桃（猕猴桃科 Actinidiaceae）

*Actinidia melanandra* Franch.

**识别要点：**落叶木质藤本。小枝无毛，髓心片层状。叶片椭圆形或卵圆形，长 5~11 cm，叶缘有细齿，叶面无毛，叶背有白粉和脉腋处有毛；叶柄长 1.5~5 cm。雌花单生于叶腋，白色。浆果椭球形或卵球形，长 2.5~ 3 cm，直径约 2.5 cm，无毛，无斑点。

**分布与生境：**产陕西、甘肃、河南、安徽、浙江、福建、江西、湖北、湖南、贵州、四川及云南，生于海拔 100~1 600 m 的山地林中。

**食用部位与食用方法：**参见猕猴桃属页。

## 27. 狗枣猕猴桃（猕猴桃科 Actinidiaceae）

*Actinidia kolomikta* (Maxim. & Rupr.) Maxim.

**识别要点：**落叶木质藤本。小枝髓心褐色，片层状。叶片宽卵形、卵形至矩圆状倒卵形，长 6~15 cm，叶缘有重锯齿或兼单锯齿，叶面疏被毛；叶柄长 2.5~5 cm。花序腋生，花常 3 朵，白色或粉红色。浆果矩圆状卵球形，成熟时淡橘黄色，具深色纵纹，长 2~2.5 cm，无毛，无斑点。

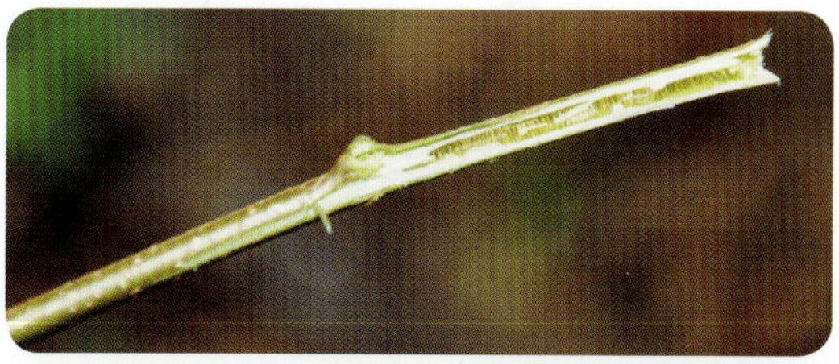

**分布与生境：**产黑龙江、吉林、辽宁、陕西、甘肃、山西、河北、河南、江苏、湖北、湖南、四川及云南东北部，生于海拔 800~2 900 m 的山地林中。日本、朝鲜和俄罗斯东部有分布。

**食用部位与食用方法：**参见猕猴桃属页。

**食疗保健与药用功能：**果味甘酸，性凉，有滋养强壮、生津润燥、健胃之功效，适用于维生素 C 缺乏症。

## 28. 葛枣猕猴桃（猕猴桃科 Actinidiaceae）

*Actinidia polygama* (Sieb. & Zucc.) Maxim.

**识别要点：**落叶木质藤本。小枝髓心白色，实心。叶片卵形或卵状椭圆形，长 7~14 cm，基部圆形或宽楔形，叶缘有细锯齿，叶面疏生小刺毛，叶背脉上有卷曲毛；叶柄长 1.5~4.5 cm。雌花单生于叶腋，白色。浆果卵球形或柱状卵球形，成熟时淡橘红色，长 2.5~3 cm，无毛，无斑点。

**分布与生境：**产黑龙江、吉林、辽宁、陕西、甘肃、内蒙古、河北、河南、山东、安徽、浙江、福建、湖北、湖南、贵州、四川及云南，生于海拔 500~1 900 m 的山地林中。日本、朝鲜和俄罗斯东部有分布。

**食用部位与食用方法：**参见猕猴桃属页。

注意事项：果有小毒，不宜多食。

## 29. 对萼猕猴桃（猕猴桃科 Actinidiaceae）

*Actinidia valvata* Dunn

**识别要点：** 落叶木质藤本。小枝近无毛，髓实心，白色。叶片宽卵形或长卵形，长 5~13 cm，先端渐尖或圆，基部宽楔形或平截稍圆，叶缘有细齿，无毛；叶柄长 1.5~2 cm。花序具花 1~3 朵，花白色。浆果卵球形或倒卵球形，长 2~2.5 cm，成熟后橙黄色，无毛，无斑点。

**分布与生境：** 产陕西、河南、江苏、安徽、浙江、福建、江西、湖北、湖南及广东，生于低山山谷林中。

**食用部位与食用方法：** 参见猕猴桃属页。

## 30. 大籽猕猴桃（猕猴桃科 Actinidiaceae）

*Actinidia macrosperma* C. F. Liang

**识别要点：** 落叶木质藤本。小枝近无毛，髓实心，白色。叶片卵形或椭圆形，长 3~8 cm，先端渐尖、骤尖或圆，基部宽楔形或圆，叶缘有圆齿或近全缘，叶面无毛，叶背脉腋处有毛；叶柄长 1~2.2 cm。花常单生，白色。浆果球形，直径 3~3.5 cm，成熟时橘红色，无毛，无斑点。

**分布与生境：** 产江苏、安徽、浙江、江西、湖北及广东，生于低山丘陵林中或林缘。

**食用部位与食用方法：** 参见猕猴桃属页。

## 31. 硬齿猕猴桃（猕猴桃科 Actinidiaceae）

*Actinidia callosa* Lindl.

**识别要点：**落叶木质藤本。小枝被茸毛，髓心淡褐色。叶片卵形或矩圆状卵形，两侧不对称，长 8~10 cm，先端长渐尖、骤尖或圆，基部宽楔形或圆形，叶缘有细锯齿，叶面无毛，叶背脉腋处有毛；叶柄长 2~8 cm。花常单生，白色。浆果近球形或椭球形，长 1.5~4.5 cm，成熟时墨绿色，有淡褐色斑点。

**分布与生境：**产陕西、甘肃、河南、安徽、浙江、台湾、福建、江西、湖北、湖南、贵州、四川、云南及西藏，生于海拔 400~2 600 m 的山谷溪边或山坡林中、林缘、灌丛中。印度和不丹有分布。

**食用部位与食用方法：**参见猕猴桃属页。

## 32. 金花猕猴桃（猕猴桃科 Actinidiaceae）

*Actinidia chrysantha* C. F. Liang

**识别要点：**落叶木质藤本。小枝被茸毛，髓心褐色，片层状。叶片宽卵形、卵形或披针状长卵形，长 7~14 cm，宽 4.5~6.5 cm，先端渐尖或骤短尖，基部浅心形、平截或宽楔形，叶缘有圆齿，两面无毛；叶柄长 2.5~5 cm。花序具花 1~3 朵，金黄色。浆果近球形，直径 2.5~4 cm，成熟时褐色或褐绿色，有枯黄色斑点。

**分布与生境：**产江西、湖南南部、广东北部、广西及贵州东南部，生于海拔 900~1 300 m 的山地灌丛、林中。

**食用部位与食用方法：**参见猕猴桃属页。

## 33. 中越猕猴桃（猕猴桃科 Actinidiaceae）

*Actinidia indochinensis* Merr.

**识别要点：**落叶木质藤本。小枝无毛，髓心褐色，片层状。叶片椭圆形或矩圆状椭圆形，长 3.5~12 cm，宽 3.5~5 cm，先端短钝尖至渐尖，基部宽楔形至圆形，叶缘有细齿或近全缘，叶面无毛，叶背有时有白粉，无毛或微被毛；叶柄长 2~3 cm。花序具花 1~3 朵，白色。浆果卵球形，长约 2.5 cm，直径 2 cm，成熟时黄褐色，无毛，有斑点。果期 11 月。

**分布与生境：**产福建、广东、广西及云南，生于海拔 600~1 300 m 的山地林中。越南有分布。

**食用部位与食用方法：**参见猕猴桃属页。

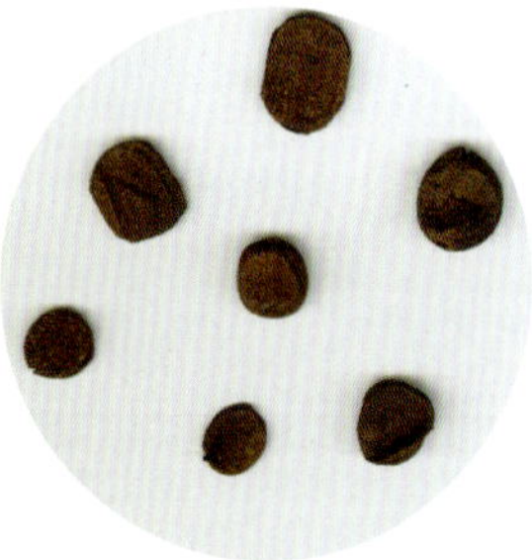

## 34. 美丽猕猴桃（猕猴桃科 Actinidiaceae）

*Actinidia melliana* Hand.-Mazz.

**识别要点：**半常绿木质藤本。小枝密被长 6~8 mm 的锈色硬毛，髓心白色，片层状。叶片长椭圆形或长披针形，长 6~15 cm，宽 2.5~9 cm，先端短尖或渐尖，基部浅心形或耳状浅心形，叶缘有细尖硬齿，叶面有长硬毛，叶背密被糙伏毛和霜粉；叶柄长 1~1.8 cm。花序被锈色长硬毛；花白色。浆果圆柱形，长 1.5~2.2 cm，直径 1~1.5 cm，无毛，有疣点。

**分布与生境：**产江西、湖南、广东、海南及广西，生于海拔 200~1 300 m 的山地林中。

**食用部位与食用方法：**参见猕猴桃属页。

## 35. 长叶猕猴桃（猕猴桃科 Actinidiaceae）

*Actinidia hemsleyana* Dunn

**识别要点：**落叶木质藤本。小枝髓心褐色，片层状。叶片长椭圆形或长披针形，长 8~ 22 cm，宽 3~8.5 cm，先端短尖或渐尖，基部楔形至圆形，叶缘有细齿或波状齿，两面无毛；叶柄长 1.5~5 cm。花序具花 1~3 朵；花淡红色。浆果卵状圆柱形，长约 3 cm，直径约 1.8 cm，幼时被黄色毛，老时渐脱落，有疣点。果期 10 月。

**分布与生境：**产浙江、福建及江西，生于海拔 500~900 m 的山地林中。

**食用部位与食用方法：**参见猕猴桃属页。

## 36. 阔叶猕猴桃　多花猕猴桃（猕猴桃科 Actinidiaceae）

*Actinidia latifolia* (Gardn. & Champ.) Merr.

**识别要点：**落叶木质藤本。小枝髓心白色。叶片宽卵形、近圆形或长卵形，长 8~13 cm，宽 5~8.5 cm，先端短渐尖或渐尖，基部圆形或稍心形，叶缘有细齿，叶面无毛，叶背密被星状毛；叶柄长 3~7 cm。花序 3~4 歧，花多数，花序梗长 2.5~8.5 cm。浆果圆柱形或卵状圆柱形，长 3~3.5 cm，直径 2~2.5 cm，成熟时暗绿色，有斑点，无毛或两端被疏毛。果期 11 月。

**分布与生境：**产安徽、浙江、福建、台湾、江西、湖北、湖南、广东、海南、广西、贵州、四川及云南，生于海拔 400~1 700 m 的山地灌丛或林中。越南、老挝、柬埔寨和马来西亚有分布。

**食用部位与食用方法：**参见猕猴桃属页。

# 37. 中华猕猴桃 猕猴桃（猕猴桃科 Actinidiaceae）

*Actinidia chinensis* Planch.

**识别要点：**落叶木质藤本。幼枝被毛。枝条髓心白色或淡褐色，片层状。叶片近圆形，长 6~17 cm，基部楔状稍圆，叶缘有细齿，叶背密被星状毛；叶柄长 3~10 cm，被毛。花初时白色，后橙黄色。浆果近球形，直径 4~6 cm，黄褐色，具淡褐色斑点。

**分布与生境：**产陕西、甘肃、河南、江苏、安徽、浙江、福建、江西、湖北、湖南、广东、广西、贵州、四川及云南，生于海拔 200~2 600 m 的山地林内及灌丛中。

**食用部位与食用方法：**果大，味美，营养丰富，可鲜食，或制成猕猴桃汁、猕猴桃罐头、猕猴桃果脯、猕猴桃酱，或酿猕猴桃酒等。

**食疗保健与药用功能：**果味甘酸，性寒，有清热、止渴、通淋、利咽、调理脾胃、调中理气、生津润燥、解热除烦之功效，适用于烦热、口渴、胃热伤阴、咽喉肿痛、脾胃气滞、消化不良等症。

## 38. 毛花猕猴桃（猕猴桃科 Actinidiaceae）

*Actinidia eriantha* Benth.

**识别要点：**落叶木质藤本。小枝、叶柄、花序密被毛。枝条髓心白色，片层状。叶片卵形或宽卵形，长 8~16 cm，基部圆形、平截或浅心形，叶缘有硬尖细齿，叶面初时有糙伏毛，叶背密被星状毛；叶柄长 1.5~3 cm，被毛。花序密被毛；花橙黄色，中部及基部粉红色。浆果柱状卵球形，长 3.5~4.5 cm，直径 2.5~3 cm，密被乳白色茸毛。果期 11 月。

**分布与生境：**产安徽、浙江、福建、江西、湖北、湖南、广东、广西及贵州，生于海拔 250~1 000 m 的山地灌丛中。

**食用部位与食用方法：**参见猕猴桃属页。

## 39. 木竹子 多花山竹子（藤黄科 Clusiaceae/Guttiferae）

*Garcinia multiflora* Champ. ex Benth.

**识别要点：**常绿乔木，具黄色树脂，全株无毛。单叶对生，叶片矩圆状卵形或矩圆状倒卵形，长 7~16 cm，基部楔形，全缘，侧脉 10~15 对；叶柄长 0.6~1.2 cm。花黄色。浆果卵球形或倒卵球形，长 3~5 cm，直径 2.5~3 cm，黄色，光滑。果期 11~12 月。

**分布与生境：**产台湾、福建、江西、湖南、广东、海南、广西、贵州及云南，生于海拔 100~1 900 m 的山坡林内、沟谷林缘及灌丛中。越南北部有分布。

**食用部位与食用方法：**果味甘美，内含黄色胶质，略带涩味，有小毒，不宜常食，不宜多食。

## 40. 大果藤黄（藤黄科 Clusiaceae/Guttiferae）

*Garcinia pedunculata* Roxb. ex Buck.-Ham.

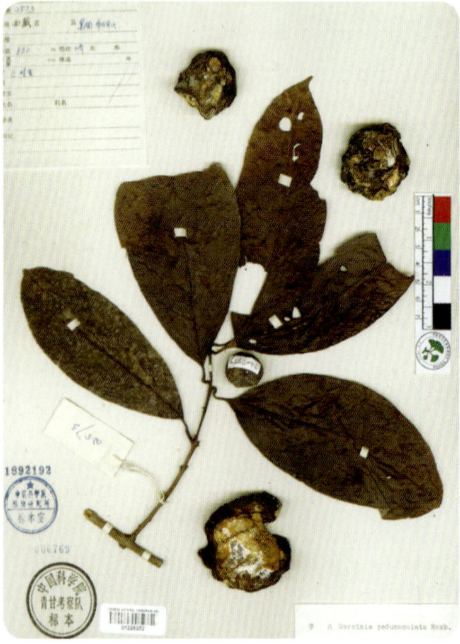

**识别要点：**常绿乔木，几无黄色树脂，全株无毛。单叶对生，叶片椭圆形、倒卵形或矩圆状披针形，长 12~25 cm，基部楔形，全缘，侧脉 9~14 对；叶柄长 2~2.5 cm。花黄色。浆果扁球形，两端凹陷，直径 10~20 cm，橙色，光滑。果期 12 月至翌年 1 月。

**分布与生境：**产云南西部及西藏东南部，生于海拔 250~1 500 m 的山坡密林中。印度有分布。

**食用部位与食用方法：**果多汁，味酸，可食。

## 41. 岭南山竹子（藤黄科 Clusiaceae/Guttiferae）

*Garcinia oblongifolia* Champ. ex Benth.

**识别要点：**常绿乔木，具黄色树脂，全株无毛。单叶对生，叶片矩圆形、倒卵状矩圆形或倒披针形，长 5~10 cm，基部楔形，全缘，侧脉 10~18 对；叶柄长约 1 cm。花橙黄色或淡黄色。浆果卵球形或球形，长 2~4 cm，直径 2~3.5 cm。果期 10~12 月。

**分布与生境：**产广东、海南、广西及贵州，生于海拔 200~1 200 m 的平坝、低丘沟谷林中。越南有分布。

**食用部位与食用方法：**果可食，带酸涩味，有小毒，不宜常食，不宜多食。

## 42. 山木瓜（藤黄科 Clusiaceae/Guttiferae）

*Garcinia esculenta* Y. H. Li

**识别要点：**常绿乔木，具黄色树脂，全株无毛。单叶对生，叶片椭圆形、卵状椭圆形或矩圆状椭圆形，长 12~20 cm，基部楔形微下延，全缘，侧脉 8~18 对；叶柄长 1~1.5 cm。花淡黄色。浆果卵球形，长 5~9 cm，橙黄色。

**分布与生境：**产云南西部及西北部，生于海拔 800~1 700 m 的山坡或沟谷林中。

**食用部位与食用方法：**果多汁，味酸甜，可食。

## 43. 马蛋果（大风子科 Flacourtiaceae）

*Gynocardia odorata* R. Br.

**识别要点：**常绿大乔木。全株无毛。单叶互生，叶片革质，矩圆形或椭圆状披针形，长 10~20 cm，全缘，侧脉 7~9 对；叶柄长 1~2.5 cm。花单生或数朵簇生于叶腋或老茎生花，芳香，淡黄色。浆果蒴果状，球形，直径 6~12 cm；果皮厚硬，粗糙；果梗粗，长 2~4 cm。种子多数，倒卵球形。果期夏秋季。

**分布与生境：**产云南及西藏，生于海拔 800~1 200 m 的雨林或沟谷林中。印度和缅甸有分布。

**食用部位与食用方法：**果味甜，可食。

## 44. 大叶刺篱木（大风子科 Flacourtiaceae）

*Flacourtia rukam* Zoll. & Mor.

**识别要点：**乔木。幼树有枝刺。单叶互生，叶片卵状矩圆形或矩圆状披针形，长 6~12 cm，叶缘有圆齿，叶背脉上有短毛，侧脉 5~11 对；叶柄长 6~8 mm。总状花序腋生。浆果肉质，深红色，球形，直径达 1.4 cm，顶端有宿存花柱。果期 8~11 月。

**分布与生境：**产台湾、广东、海南、广西及云南，生于海拔 300~2 000 m 的山地或丘陵常绿阔叶林中。印度、越南、泰国和马来西亚有分布。

**食用部位与食用方法：**果味甜，可鲜食或制作果酱、蜜饯。

## 45. 刺篱木（大风子科 Flacourtiaceae）

*Flacourtia indica* (Burm. f.) Merr.

**识别要点：**灌木。树干和粗枝常有枝刺。单叶互生，叶片倒卵形或矩圆状倒卵形，长 2~4 cm，叶缘中上部有锯齿，无毛或疏被短毛，侧脉 5~6 对；叶柄长 2~5 mm。总状花序短，顶生或腋生。浆果肉质，黄绿色，球形，直径 0.5~1 cm，顶端有宿存花柱。果期 5~7 月。

**分布与生境：**产福建、广东、海南及广西，生于海拔 1 400 m 以下的常绿阔叶林中。亚洲热带及非洲有分布。

**食用部位与食用方法：**果味甜，可鲜食或做蜜饯、酿酒等。

## 46. 大果刺篱木（大风子科 Flacourtiaceae）

*Flacourtia ramontchi* L' Hérit.

**识别要点：**乔木。幼树有枝刺。单叶互生，叶片宽椭圆形、椭圆形或椭圆状披针形，长 4~10 cm，叶缘有锯齿，无毛，侧脉 4~6 对；叶柄长 5~10 mm。总状花序。浆果肉质，红色，球形，直径 1.5~2.5 cm，顶端有宿存花柱。果期 3~5 月和 9~11 月。

**分布与生境：**产广西、贵州及云南，生于海拔 200~1 700 m 的常绿阔叶林中。亚洲热带、亚热带地区及非洲热带地区有分布。

**食用部位与食用方法：**果味甜，可鲜食或做果酱、蜜饯。

## 仙人掌科 Cactaceae

**识别要点：**多年生肉质草本、灌木或乔木。茎圆柱状、球状、侧扁或叶状；常有腋芽或短枝变态形成的刺。叶扁平，叶缘全缘，或圆柱状、针状、钻形或圆锥状，互生，或完全退化。花常单生，花被片多数，多轮，常无明显分化；雄蕊多数。浆果常具黏液。种子多数，细小。

**分布与生境：**近 2 000 种，分布于美洲热带至温带地区。我国引种 600 余种，其中 7 种已野化。

**食用部位与食用方法：**去除肉质茎的皮后，其肉可凉拌或炒食。一些种类的花、果实亦可食。

**仙人掌科常见植物有下列 6 种：**

### 47. 仙人掌（仙人掌科 Cactaceae）

*Opuntia dillenii* (Ker Gawl.) Haw.

**识别要点：**丛生肉质灌木，上部分枝宽倒卵形、倒卵状椭圆形或近圆形，长 10~40 cm，宽 7~25 cm，厚 1.2~2 cm，先端圆，边缘常不规则波状或全缘，基部楔形，绿或蓝绿色，无毛。小窠疏生，突出，窠内多刺，刺长 1.2~5 cm，坚硬。花黄色，瓣状花被片倒卵形或匙状倒卵形，长 2.5~3 cm。浆果倒卵球形，成熟后紫红色，长 4~6 cm，直径 2.5~4 cm。

**分布与生境：**广东、海南及广西有野化，全国各地公园或温室常有栽培。

**食用部位与食用方法：**肉质茎刮去外皮，入沸水中焯一下后，可炒食、炖菜、凉拌、做汤或裹面糊炸食。果味酸甜，去果皮和刺后可鲜食。

**食疗保健与药用功能：**味苦，性寒，归心、肺、胃经，有清热解毒、行气活血之功效，适用于心胃气痛、痢疾、痔血、咳嗽、咽喉痛、疔疮、蛇伤、腮腺炎等症。

## 48. 梨果仙人掌 仙桃（仙人掌科 Cactaceae）

*Opuntia ficus-indica* (L.) Mill.

**识别要点：**肉质灌木或小乔木，老株基部为圆柱状主干。分枝宽椭圆形、倒卵状椭圆形或矩圆形，长 25~60 cm，宽 7~20 cm，厚 2~2.5 cm，先端圆，边缘全缘，基部圆形或宽楔形，淡绿色或灰绿色，无毛。小窠疏生，窠内常无刺，有时具数根白色刺，刺长 0.3~3.2 cm。花深黄、橙黄或橙红色，瓣状花被片倒卵形或矩圆状倒卵形，长 2.5~3.5 cm。浆果椭球形或梨形，成熟后橙黄色，长 5~10 cm，直径 4~9 cm。

**分布与生境：**广西、贵州、四川、云南及西藏有野化，生于海拔 600~2 900 m 的干热河谷中。

**食用部位与食用方法：**茎去皮可熟食。果味美，可食。

## 49. 单刺仙人掌 绿仙人掌（仙人掌科 Cactaceae）

*Opuntia monacantha* Haw.

**识别要点：**肉质灌木或小乔木，老株常具圆柱状主干。分枝倒卵形、倒卵状矩圆形或倒披针形，长 10~30 cm，宽 7~13 cm，先端圆，边缘全缘，基部渐窄呈柄状，鲜绿色有光泽，无毛。小窠疏生，窠内常有 1~3 根灰色刺，刺通常长 1~5 cm。花深黄色，瓣状花被片倒卵形或矩圆状倒卵形，长 2.3~4 cm。浆果梨形或倒卵球形，成熟后紫红色，长 5~8 cm，直径 4~5 cm。

**分布与生境：**福建、台湾、广西及云南有野化，生于海边或山坡旷地。

**食用部位与食用方法：**茎去皮可熟食。果味酸甜，可食。

## 50. 胭脂掌 肉掌（仙人掌科 Cactaceae）

*Opuntia cochenillifera* (L.) Mill.

**识别要点：**肉质灌木或小乔木，老株圆柱状主干。分枝椭圆形、矩圆形、窄椭圆形或窄倒卵形，长 8~45 cm，宽 5~10 cm，先端及基部均圆，边缘全缘，暗绿或淡蓝绿色，无毛。小窠疏生，窠内常无刺或有 1~3 根淡灰色刺，刺长 3~9 mm。花红色，瓣状花被片卵形至倒卵形，长 1.3~1.5 cm。浆果椭球形，成熟后红色，长 3~5 cm，直径 2.5~3 cm。

**分布与生境：**广东、海南及广西有野化。

**食用部位与食用方法：**茎去皮可熟食。果可鲜食。

## 51. 量天尺 霸王鞭、霸王花、火龙果（仙人掌科 Cactaceae）

*Hylocereus undatus* (Haw.) Britt. & Rose

**识别要点：**攀缘肉质灌木，长达 15 m，具气生根。分枝具 3 角或棱，棱常翅状，深绿色或淡蓝绿色，无毛，老枝淡褐色。小窠沿棱排列，窠内有 1~3 根硬刺，刺长 2~10 mm。花白色，瓣状花被片矩圆状倒披针形，长 12~15 cm。浆果长球形，成熟后红色，长 7~20 cm，直径 5~15 cm。

**分布与生境：**1654 年引入中国，现福建、台湾、广东、海南及广西有野化。

**食用部位与食用方法：**茎去皮可熟食。花晒干后常用于煲汤食用。果可鲜食，商品名称“火龙果”。

## 52. 昙花（仙人掌科 Cactaceae）

*Epiphyllum oxypetalum* (DC.) Haw.

**识别要点：**附生肉质灌木，老茎圆柱状，木质化。分枝多数，叶状侧扁，披针形或矩圆状披针形，长 15~100 cm，宽 5~12 cm，先端长渐尖、急尖或圆，边缘波状或具深圆齿，基部楔形或渐窄呈柄状，深绿色，无毛。花夜间开放，白色，芳香，瓣状花被片倒卵状披针形或倒卵形，长 7~10 cm。浆果长球形，成熟后紫红色，具纵脊。

**分布与生境：**原产中美洲。我国各地有栽培，云南南部有野化。

**食用部位与食用方法：**茎去皮可熟食。花晒干后可用于煲汤食用或加冰糖做茶饮用，亦可鲜时煲汤食用。果可鲜食。

**食疗保健与药用功能：**花味淡，性平，有清肺、止咳、化痰之功效，适用于肺热咳嗽、吐血、心胃气痛等症。煎水加冰糖适用于肺热、气喘等症。

# 海桑科 Sonneratiaceae

## 53. 海桑（海桑科 Sonneratiaceae）

*Sonneratia caseolaris* (L.) Engl.

**识别要点：**常绿乔木。树干基部周围有很多与水面垂直而高出水面的呼吸根，全株无毛。叶对生，叶片革质，宽椭圆形、矩圆形或倒卵形，长 4~7 cm，先端钝尖或圆，基部渐窄并下延至叶柄，叶缘全缘；叶柄极短或不明显。花通常单生于枝顶；花梗短而粗壮；花瓣暗红色。浆果球形，直径 4~5 cm。果期春、夏季。

**分布与生境：**产海南，生于海边泥滩。东南亚热带地区至澳大利亚有分布。

**食用部位与食用方法：**嫩果味酸，可食。

## 54. 杯萼海桑（海桑科 Sonneratiaceae）

*Sonneratia alba* Smith

**识别要点：**常绿灌木或小乔木。树干基部周围有很多与水面垂直而高出水面的呼吸根，全株无毛。叶对生，叶片革质，倒卵形或宽椭圆形，长 4.5~8 cm，先端圆，基部楔形，叶缘全缘；叶柄长 5~10 mm。花通常单生于枝顶；花梗短而粗壮；花瓣白色，有时下部淡红色。浆果扁球形，长 2~2.5 cm，直径 3~4 cm。果期秋冬季。

**分布与生境：**产海南，生于海边泥滩和河流两侧潮水到达的红树林中。琉球群岛南部、亚洲热带浅海泥滩和非洲有分布。

**食用部位与食用方法：**嫩果味酸，可食。

# 桃金娘科 Myrtaceae

## 55. 桃金娘（桃金娘科 Myrtaceae）

*Rhodomyrtus tomentosa* (Ait.) Hassk.

**识别要点：**灌木。幼枝密被毛。单叶对生，叶片椭圆形或倒卵形，长 3~8 cm，先端圆钝，离基 3 出脉直达叶尖，侧脉 7~8 对，有边脉；叶柄长 4~7 mm。花腋生，常单花，紫红色，直径 2~4 cm。浆果卵状壶形，长 1.5~2 cm，成熟时紫黑色，种子多数。果期 7~8 月。

**分布与生境：**产浙江、福建、台湾、江西、湖南、广东、海南、广西、贵州及云南，生于丘陵坡地，为酸性土指示植物。日本、印度、越南、老挝、柬埔寨、泰国、马来西亚、菲律宾、印度尼西亚和斯里兰卡有分布。

**食用部位与食用方法：**果可鲜食、做甜汤，还可制果酱或酿酒。

**食疗保健与药用功能：**果味甘涩，性平，有补血、滋养、安胎、涩肠、固精之功效，适用于贫血、病后体虚、神经衰弱、耳鸣、血虚、吐血、便血、痢疾、脱肛、遗精、血崩、带下等症。

## 56. 乌墨（桃金娘科 Myrtaceae）

*Syzygium cumini* (L.) Skeels

**识别要点：**常绿乔木。单叶对生，叶片椭圆形或窄椭圆形，长 6~12 cm，两面多腺点，侧脉多而密，有边脉；叶柄长 1~2 cm。圆锥花序腋生；花白色。浆果卵球形、橄榄形或球形，长 1~2 cm，成熟时紫红色至黑色，有种子 1 枚。

**分布与生境：**产福建、广东、海南、广西、贵州及云南，常生于海拔 100~1 200 m 的丘陵地次生林及灌丛中。印度、越南、老挝、柬埔寨、泰国、马来西亚、印度尼西亚和澳大利亚有分布。

**食用部位与食用方法：**果可食。

**食疗保健与药用功能：**果味甘酸，性平，有收敛定喘、健脾利尿、生津、涩肠之功效，适用于劳咳、虚喘、津伤口渴、久泻久痢等症。

# 野牡丹科 Melastomataceae

## 57. 北酸角杆（野牡丹科 Melastomataceae）

*Medinilla septentrionalis* (W. W. Smith) H. L. Li

**识别要点：**灌木或小乔木。有时呈攀缘状灌木，全株无毛。单叶对生，叶片披针形或宽卵形，长 7~9 cm，先端尾状渐尖，基部钝或圆，叶缘中上部具疏细锯齿，基出脉 5 条，叶背有糠秕；叶柄长约 5 mm。花序腋生，花常 3 朵，粉红色、淡紫红色或紫红色。浆果坛状，长约 7 mm，不开裂。果期 2~5 月。

**分布与生境：**产广东、广西及云南，生于海拔 200~1 800 m 的山谷、山坡密林或林缘阴湿处。缅甸、越南及泰国有分布。

**食用部位与食用方法：**果可鲜食或制果酱。

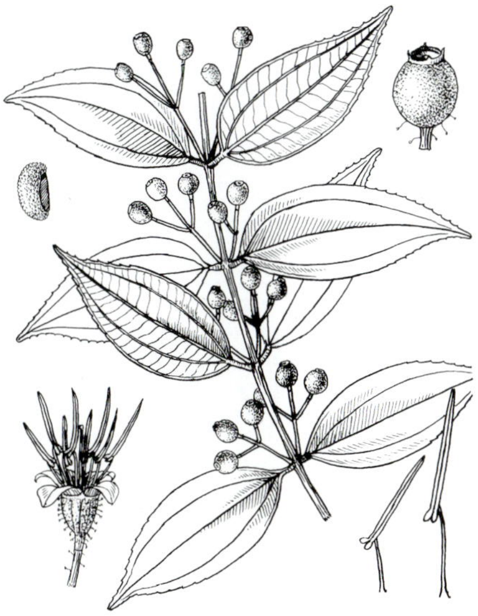

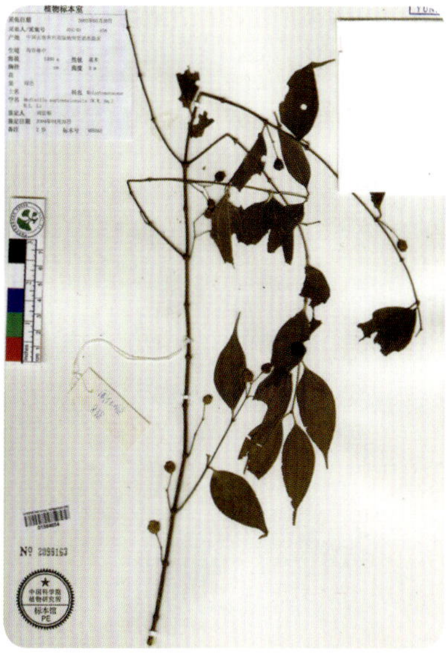

## 58. 红北极果（杜鹃花科 Ericaceae）

*Arctous ruber* (Rehd. & Wils.) Nakai

**识别要点：**落叶矮小灌木。茎匍匐于地面，高 6~20 cm，茎皮呈薄片剥离。单叶簇生于枝顶，叶片倒披针形或倒狭卵形，长 2~3 cm，宽 1~1.4 cm，先端钝或突尖，向基部渐变狭，下延于叶柄，边缘有粗钝锯齿；叶柄长约 1 cm，疏被毛。花 1~3 朵，出自叶丛中，淡黄绿色。浆果成熟时鲜红色，球形，直径 5~13 mm，无毛，有光泽，多汁。果期 8~9 月。

**分布与生境：**产吉林、内蒙古、甘肃、宁夏及四川北部，生于海拔 2 900~3 300 m 的溪边、山顶、苔藓丛中或石间，常见于富钙沉积地。日本、朝鲜和北美阿拉斯加有分布。

**食用部位与食用方法：**果可鲜食或制作果酱。

## 59. 南烛 乌饭树、米饭花（杜鹃花科 Ericaceae）

*Vaccinium bracteatum* Thunb.

**识别要点：**常绿灌木或小乔木。枝无毛。单叶互生，叶片椭圆形、菱状椭圆形、披针状椭圆形或披针形，长 4~9 cm，宽 2~4 cm，边缘有细齿，无毛；叶柄长 2~8 mm。总状花序长 4~10 cm，多花，花序轴密被毛；花白色，筒状。浆果紫黑色，球形，直径 5~8 mm，被毛。花期 6~7 月，果期 8~10 月。

**分布与生境：**产河南、江苏、安徽、浙江、福建、台湾、江西、湖北、湖南、广东、海南、广西、贵州、四川及云南，生于海拔 400~1 500 m 的山地林内或灌丛中。日本、朝鲜半岛、中南半岛、马来西亚和印度尼西亚有分布。

**食用部位与食用方法：**叶捣碎渍汁浸米，煮成乌饭，可食。果实风味独特，可食。

**食疗保健与药用功能：**叶渍汁煮成乌饭，久食能轻身明目，黑发驻颜、益气力而延年不衰。果味甘酸，性平，有强筋骨、益气、固精之功效，适用于身体虚弱、脾虚久泄、梦遗滑精、赤白带下等症。

## 60. 短尾越橘（杜鹃花科 Ericaceae）

*Vaccinium carlesii* Dunn

**识别要点：**常绿灌木或小乔木。幼枝常有毛。单叶互生，叶片卵状披针形或长卵形，长 2~7 cm，宽 1~2.5 cm，先端渐尖或长尾状，基部圆形或宽楔形，边缘有疏浅齿，叶面中脉被毛，两面余无毛；叶柄长 1~5 mm。总状花序长 2~3.5 cm；花白色，宽钟状，长 3~5 mm。浆果紫黑色，球形，直径约 5 mm，常被白粉。果期 8~10 月。

**分布与生境：**产安徽、浙江、福建、江西、湖北、湖南、广东、广西及贵州，生于海拔 270~1 230 m 的山地灌丛或林中。

**食用部位与食用方法：**果可鲜食或制作果酱。

## 61. 江南越橘（杜鹃花科 Ericaceae）

*Vaccinium mandarinorum* Diels

**识别要点：**常绿灌木或小乔木。单叶互生，叶片卵形或矩圆状披针形，长 3~9 cm，宽 1.5~3 cm，先端渐尖，基部钝圆或楔形，边缘有细齿；叶柄长 3~8 mm。总状花序长 2.5~7 cm；花多数，白色，有时淡红色，微香，筒状或筒状坛形，长 6~7 mm。浆果紫黑色，球形，直径 4~6 mm。果期 6~10 月。

**分布与生境：**产陕西、江苏、安徽、浙江、福建、江西、湖北、湖南、广东、广西、贵州、四川及云南，生于海拔 100~2 900 m 的山坡灌丛、次生林中或林缘。

**食用部位与食用方法：**果可鲜食或制作果酱。

## 62. 乌鸦果（杜鹃花科 Ericaceae）

*Vaccinium fragile* Franch.

**识别要点：**常绿小灌木。枝被腺毛和柔毛。单叶密生，叶片圆形或椭圆形，长 1.2~3.5 cm，宽 0.7~2.5 cm，革质，先端锐尖、渐尖或钝圆，基部钝圆或楔形，边缘有细齿，齿尖针芒状，两面被毛或近无毛；叶柄长 1~1.5 mm。总状花序腋生，长 1.5~6 cm；花多数，偏侧着生，白色，有红色脉纹，长 0.5~1 cm。浆果成熟后紫黑色，球形，直径 4~5 mm。果期 7~10 月。

**分布与生境：**产贵州、四川、云南及西藏，生于海拔 1 000~3 400 m 的松树林中或山坡灌丛中。

**食用部位与食用方法：**果可鲜食或制作果酱。

## 63. 黄背越橘（杜鹃花科 Ericaceae）

*Vaccinium iteophyllum* Hance.

**识别要点：**常绿灌木或小乔木。幼枝被毛。单叶互生，叶片卵形、长卵状披针形或披针形，长 4~9 cm，宽 2~4 cm，革质，边缘有疏齿或近全缘，叶面中脉被毛，叶背被黄褐色柔毛；叶柄长 2~5 mm，密被毛。总状花序腋生，长 3~7 cm，花序轴、花梗密被毛；花多数，白色或带淡红色，筒状或坛状，长 5~7 mm。浆果球形，直径 4~5 mm，被毛。果期 6~8 月。

**分布与生境：**产江苏、安徽、浙江、福建、江西、湖北、湖南、广东、广西、贵州、四川、云南及西藏，生于海拔 400~2 400 m 的山地灌丛或山坡林内。

**食用部位与食用方法：**果可鲜食，或制作果酱、饮料。

## 64. 越橘（杜鹃花科 Ericaceae）

*Vaccinium vitis-idaea* L.

**识别要点**：常绿矮小灌木。枝被灰白色柔毛。单叶互生，叶片椭圆形或倒卵形，长 0.7~2 cm，先端圆，有凸尖或微凹缺，边缘有浅钝齿，叶背有点状伏生短毛；叶柄长约 1 mm。总状花序长 1~1.5 cm，有 2~8 朵花，花序轴有微毛；花白色或淡红色，钟状。浆果紫红色，球形，直径 5~10 mm。花期 6~7 月，果期 8~9 月。

**分布与生境**：产黑龙江、吉林、内蒙古东部、陕西及新疆北部，生于海拔 900~3 200 m 的落叶松林或白桦林下、草原或水湿台地。日本、朝鲜半岛、俄罗斯、蒙古、欧洲和北美洲有分布。

**食用部位与食用方法**：果味酸甜，可鲜食，或制果酒、果酱，或加工成清凉饮料。

**食疗保健与药用功能**：果味酸，性温，有止痛止痢之功效，适用于肠炎、痢疾等症。

## 65. 苍山越橘（杜鹃花科 Ericaceae）

*Vaccinium delavayi* Franch.

**识别要点**：常绿小灌木，有时附生。幼枝被毛。单叶密生，叶片倒卵形或矩圆状倒卵形，长 0.7~1.5 cm，先端微凹，基部楔形，边缘疏生小齿或全缘，两面无毛；叶柄长 1~1.5 mm。总状花序顶生，长 1~3 cm，多花，花序轴被毛；花白色或淡红色，坛状，长 3~5 mm。浆果紫黑色，球形，直径 4~8 mm。果期 7~11 月。

**分布与生境**：产台湾、四川、云南及西藏东南部，生于海拔 2 000~3 700 m 的山地阔叶林内、干旱山坡、铁杉 – 杜鹃林或高山杜鹃灌丛中，有时附生于岩石或树干。缅甸有分布。

**食用部位与食用方法**：果可鲜食，或制作果酱、饮料。

## 66. 笃斯越橘（杜鹃花科 Ericaceae）

*Vaccinium uliginosum* L.

**识别要点：**落叶小灌木。幼枝有微毛。单叶互生，叶片倒卵形或矩圆形，长1~2.8 cm，先端圆，有时微凹，叶背疏被柔毛，叶缘全缘；叶柄长1~2 mm。花1~3朵，生于去年生枝顶叶腋，下垂，花绿白色，宽坛状。浆果蓝紫色，球形，直径约1 cm，被白粉。花期6月，果期7~8月。

**分布与生境：**产黑龙江、吉林、辽宁及内蒙古东北部，生于海拔900~2 300 m的山坡落叶松林下、林缘、高山草原或沼泽水湿地。日本、朝鲜半岛、俄罗斯、欧洲和北美洲有分布。

**食用部位与食用方法：**果味甜，可鲜食，或酿酒、制作饮料或果酱。

## 67. 黑果越橘（杜鹃花科 Ericaceae）

*Vaccinium myrtillus* L.

**识别要点：**落叶小灌木。全株无毛。单叶互生，叶片卵形或椭圆形，长1~2.8 cm，先端锐尖或钝圆，叶缘有细齿；叶柄长约1 mm。花1（~2）朵生于叶腋，下垂，花淡绿色，带淡红色，球状坛形。浆果成熟后蓝黑色，球形，直径6~10 mm，被白粉。花期6月，果期9月。

**分布与生境：**产新疆北部，生于海拔2 200~ 2 500 m的山坡落叶松－云杉林下，常成片。欧洲和亚洲有分布。

**食用部位与食用方法：**果味酸甜，可鲜食或制作果酱。

## 68. 红莓苔子（杜鹃花科 Ericaceae）

*Vaccinium oxycoccus* L.

**识别要点：**常绿亚灌木，高达 15 cm。茎皮条状剥离。单叶互生，叶片矩圆形或卵形，长 0.5~1.1 cm，先端锐尖，边缘反卷，全缘，无毛；叶柄长约 1 mm。花 2~4 朵生于枝顶，近伞形；花梗长 1~2 cm；花淡红色，分裂近达基部。浆果红色，球形，直径约 1 cm。花期 6~7 月，果期 7~8 月。

**分布与生境：**产黑龙江及吉林东南部，生于水湿台地苔藓丛，植株下部埋在苔藓丛中。日本、俄罗斯、欧洲和非洲有分布。

**食用部位与食用方法：**果味酸甜，可鲜食或制作果酱。

# 紫金牛科 Myrsinaceae

## 69. 银叶杜茎山（紫金牛科 Myrsinaceae）

*Maesa argentea* (Wall.) A. DC.

**识别要点：**灌木或小乔木。小枝密被毛。单叶互生，叶片纸质，卵形或椭圆状宽卵形，长 12~17 cm，叶缘有粗齿，几无毛。花序腋生；花白色。浆果球形或卵球形，直径 3~5 mm，具脉状腺纹；宿存花萼包裹顶部。果期 9~10 月。

**分布与生境：**产四川及云南，生于海拔 1 500~2 900 m 的山地林中、沟谷、山坡或水边。尼泊尔和印度有分布。

**食用部位与食用方法：**果味微甜，可食。

## 70. 杜茎山（紫金牛科 Myrsinaceae）

*Maesa japonica* (Thunb.) Moritzi. ex. Zoll.

**识别要点：**灌木。单叶互生，叶片革质，椭圆形至披针形，长 5~15 cm，叶缘有疏齿，无毛。花序腋生；花白色。浆果球形，直径 4~6 mm，具脉状腺纹；宿存花萼包裹顶部。果期 9~10 月。

**分布与生境：**产安徽、浙江、福建、台湾、江西、湖北、湖南、广东、广西、贵州、四川及云南，生于海拔 200~2 000 m 的山地林下或灌丛中。日本和越南有分布。

**食用部位与食用方法：**果味微甜，可食。

**食疗保健与药用功能：**果味苦，性寒，有祛风寒、消肿之功效，适用于腰痛、头痛、心烦口渴、头目晕眩等症。

## 71. 酸藤子 酸果藤（紫金牛科 Myrsinaceae）

*Embelia laeta* (L.) Mez.

**识别要点：**攀缘灌木或藤本。单叶互生，叶片倒卵形或矩圆状倒卵形，长 3~7 cm，先端圆钝或微凹，叶缘全缘，叶背常有白粉；叶柄长 5~8 mm。花序腋生、侧生或生于前年无叶枝上；花白色或黄色。浆果核果状，球形，直径 5 mm，腺点不明显。果期 4~6 月。

**分布与生境：**产福建、台湾、江西、广东、海南、广西及云南，生于海拔 100~2 000 m 的山地林下或林缘。越南、老挝、柬埔寨和泰国有分布。

**食用部位与食用方法：**嫩芽和叶可鲜食，味酸。果可食。

**食疗保健与药用功能：**果味甘酸，性平，有强壮补血之功效，适用于闭经、贫血、胃酸缺乏等症。

## 72. 密齿酸藤子 网脉酸藤子、矩叶酸藤子（紫金牛科 Myrsinaceae）

*Embelia vestita* Roxb.

**识别要点：**攀缘灌木、藤本或小乔木。单叶互生，叶片卵形、卵状矩圆形或椭圆状披针形，长 5~18 cm，宽 2~4 cm，叶缘具细齿，稀重锯齿，无毛，有腺点，近叶缘较多；叶柄长 4~8 mm。花序腋生；花白色或粉红色。浆果核果状，球形或略扁，直径 4~9 mm，红色或蓝黑色，具腺点。果期 10 月至翌年 2 月。

**分布与生境：**产浙江、福建、台湾、湖南、广东、海南、广西、贵州、四川、云南及西藏，生于海拔 200~1 900 m 的山谷、山坡林下或溪边、河边林中。尼泊尔、缅甸、印度和越南有分布。

**食用部位与食用方法：**果可鲜食，味酸甜。

**食疗保健与药用功能：**果与红糖拌食，可驱蛔虫。

# 山榄科 Sapotaceae

## 73. 紫荆木（山榄科 Sapotaceae）

*Madhuca pasquieri* (Dubard) Lam.

**识别要点：**常绿乔木，有乳汁。单叶互生，常密聚枝顶，叶片革质，倒卵形或倒卵状矩圆形，长 6~16 cm，叶缘全缘，侧脉 13~26 对；叶柄长 1.5~3.5 cm。花数朵簇生于叶腋；花黄绿色。浆果椭球形或球形，长 2~3 cm，果皮肥厚，初被毛；果梗长 3~6 cm。种子 1~5 枚，椭球形，长 1.8~2.7 cm。果期 10~12 月。

**分布与生境：**产广东、广西、贵州及云南，生于海拔 1 100 m 以下的山地林中。越南北部有分布。

**食用部位与食用方法：**种子可熟食，含油量达 30%。

## 74. 铁线子（山榄科 Sapotaceae）

*Manilkara hexandra* (Roxb.) Dubard

**识别要点：**常绿灌木或乔木。单叶互生，密聚枝顶，叶片革质，倒卵形或倒卵状椭圆形，长 5~10 cm，叶缘全缘，中脉在叶面下凹，侧脉细，平行；叶柄长 0.8~2 cm。花数朵簇生于叶腋；花白色。浆果倒卵球形或椭球形，长 1~1.5 cm。种子 1~2 枚，长 0.8~1 cm。果期 4~5 月。

**分布与生境：**产广西及海南，生于海拔 400 m 以下的旷野或海边林中。印度、斯里兰卡和中南半岛有分布。

**食用部位与食用方法：**种子可熟食，种仁含油量约 47%。

注意事项：种子含油量较多，易引起腹泻，故一次不宜多食，亦不宜连续食。

## 75. 台湾胶木（山榄科 Sapotaceae）

*Palaquium formosanum* Hayata

**识别要点：**常绿乔木，有乳汁。单叶互生，密聚枝顶，叶片厚革质，倒卵状矩圆形、倒卵形或匙形，长 10~17 cm，叶缘全缘，侧脉 10~12 对；叶柄长 0.7~1.2 cm。花单生或 3~6 朵簇生于叶腋；花淡黄白色。浆果椭球形，常偏斜，长 4~5 cm，果皮肉质。种子 1~4 枚，长约 3.5 cm。

**分布与生境：**产台湾北部，生于低海拔林中。菲律宾有分布。

**食用部位与食用方法：**果可食。

## 76. 金叶树（山榄科 Sapotaceae）

*Chrysophyllum lanceolatum* (Bl.) A. DC.

**识别要点**：乔木。单叶互生，叶片矩圆形或矩圆状披针形，长 5~12 cm，叶缘全缘，幼叶两面被毛，侧脉 12~37 对；叶柄长 2~7 mm。花数朵簇生于叶腋，花冠边缘具流苏。果肉质，近球形，直径 1.5~4 cm，具 5 条粗肋。种子 3~4 枚，倒卵球形，侧扁，长 1.1~1.3 cm。果期 10~12 月。

**分布与生境**：产广东、海南及广西，生于海拔 600 m 以下的山谷、溪边林中。中南半岛至东南亚有分布。

**食用部位与食用方法**：果可食。

## 77. 桃榄（山榄科 Sapotaceae）

*Pouteria annamensis* (Pierre) Baehni

**识别要点**：乔木，有乳汁。单叶互生，叶片矩圆状倒卵形或长椭圆状披针形，长 6~17 cm，叶缘全缘，幼叶两面被毛，侧脉 5~11 对；叶柄长 1.5~4.5 cm。花 1~3 朵簇生于叶腋，花白色。浆果球形，直径 2.5~4.5 cm，紫红色。种子 2~5 枚，卵球形，侧扁。果期 8~11 月。

**分布与生境**：产广东、海南及广西，生于海拔 800 m 以下的常绿阔叶林中。越南北部有分布。

**食用部位与食用方法**：果肉质多汁，香甜，可食。

## 78. 君迁子 黑枣（柿树科 Ebenaceae）

*Diospyros lotus* L.

**识别要点：**落叶乔木。单叶互生，叶片椭圆形或长椭圆形，长 5~13 cm，叶缘全缘，侧脉 7~10 对；叶柄长 0.7~1.5 cm。雌花单生于叶腋，淡绿色或带红色。浆果近球形或椭球形，直径 1~2 cm，初熟时黄褐色，熟透后蓝黑色，常被白色薄蜡层；宿存萼片卵形，长约 6 mm。果期 10~11 月。

**分布与生境：**产辽宁、陕西、甘肃、山西、山东、河南、江苏、安徽、浙江、福建、江西、湖北、湖南、广东、广西、贵州、四川、云南及西藏，生于海拔 500~2 500 m 的山坡、山谷灌丛或林缘。亚洲西部至欧洲南部有分布。

**食用部位与食用方法：**果实熟透后可供食用，又可制成柿饼、制糖、酿酒或制醋。若味较涩，则可置于 40 ℃水中浸泡 24~36 h，或置于配有生石灰、食盐水的溶液中浸泡 2~6 d 脱涩。

**食疗保健与药用功能：**果味甘涩，性平，有止渴、除烦之功效，适用于烦热、消渴、心悸等症。

## 79. 柿（柿树科 Ebenaceae）

*Diospyros kaki* Thunb.

**识别要点：**落叶乔木。单叶互生，叶片卵状椭圆形、倒卵形或近圆形，长 5~18 cm，叶缘全缘，侧脉 5~7 对；叶柄长 0.8~2 cm。雌花单生于叶腋，淡黄白色或带紫红色。浆果球形、扁球形或卵球形，直径 3.5~8.5 cm，成熟时黄色或橙黄色；宿存萼裂片宽 1.5~2 cm；果梗长 0.6~1.2 cm。果期 9~10 月。

**分布与生境：**原产长江流域，现全国各地有栽培。

**食用部位与食用方法：**果可鲜食，或制成柿饼、柿脯、柿汁，又可供制糖、酿酒、制醋。

**食疗保健与药用功能：**果味甘，性寒，有润肺生津、降压、止血之功效，鲜果适用于肺燥咳嗽、咽喉干痛、胃肠出血、止血润便、缓和痔疾肿痛、血压高等症；柿饼可润脾补胃、润肺止血、祛痰止咳等。

## 80. 油柿（柿树科 Ebenaceae）

*Diospyros oleifera* Cheng

**识别要点：**落叶乔木。单叶互生，叶片矩圆形、矩圆状倒卵形或倒卵形，长 6.5~17 cm，叶缘全缘，被毛，侧脉 7~9 对；叶柄长 0.6~1 cm。雌花单生于叶腋，淡黄白色。浆果球形、扁球形或卵球形，直径 4.5~7 cm，成熟时暗黄色，有易脱落的软毛；宿存萼裂片长 1.2~1.5 cm；果梗长 0.8~1 cm。果期 8~10 月。

**分布与生境：**产安徽、浙江、福建、江西、湖南、广东及广西，常生于河畔湿润肥沃地。

**食用部位与食用方法：**果可食，或制作柿饼、酿酒、制醋。

# 茄科 Solanaceae

## 枸杞属 *Lycium* L.

**识别要点：** 灌木，常具棘刺。单叶互生，常成丛，叶缘全缘。花单生或簇生于叶腋；花萼钟状，花后稍增大，宿存；花冠漏斗状或钟状，雄蕊着生于花冠筒中部或中部以下。浆果球形、卵球形或椭球形，通常红色。种子数枚。

**分布与生境：** 约 80 种，分布于温带地区。我国有 7 种。

**食用部位与食用方法：** 落叶种类春季的嫩叶可当作蔬菜食用，可做炒菜、沸水焯后凉拌或入汤（枸杞鸡蛋汤、枸杞猪肝汤、枸杞肉片汤等）。果实营养丰富而全面，可食，入菜、入药、泡茶或泡酒。

**食疗保健与药用功能：** 叶味甘，性凉，有补虚益精、清热止渴、祛风明目之功效，适用于虚劳发热、烦渴、目赤昏痛、夜盲、热毒疮肿等症。果味甘，性平，有滋肾润肺、补肝明目、益精安神之功效，适用于肝肾阴亏、腰膝酸软、头晕目眩、眼昏多泪、虚劳咳嗽、消渴、遗精等症。

**枸杞属常见植物有下列 2 种：**

## 81．宁夏枸杞 中宁枸杞（茄科 Solanaceae）

*Lycium barbarum* L.

**识别要点：** 落叶灌木，高 0.8~2 m。茎枝无毛，有棘刺。叶片披针形或长椭圆状披针形，长 2~3 cm，宽 3~6 mm。花在长枝上 1~2 朵腋生，在短枝上 2~6 朵簇生；花梗长 1~2 cm；花冠紫红色。浆果肉质多汁，红色或橙红色，宽椭球形、卵球形或近球形，长 0.8~2 cm，直径 0.5~1 cm。果期 8~11 月。

**分布与生境：** 产辽宁、陕西、甘肃、宁夏、青海、新疆、内蒙古、河北、山西及四川，生于山坡、荒地或丘陵地。

**食用部位与食用方法：** 嫩叶可作为蔬菜食用。成熟果实可食，可用于煲汤、煮粥、作炖料。

**食疗保健与药用功能：** 果有滋肝补肾、益精明目、抗肿瘤、提高免疫力、降血糖、降血脂、健脑之功效，适用于虚劳精亏、腰膝酸痛、眩晕耳鸣、阳痿遗精、内热消渴、血虚萎黄、目昏不明等症。

## 82. 枸杞（茄科 Solanaceae）

*Lycium chinense* Mill.

**识别要点：**落叶灌木，高 0.5~2 m。茎多分枝，枝条细，有棘刺。叶片卵形、卵状菱形、长椭圆形或卵状披针形，长 1.5~5 cm，宽 0.5~2.5 cm。花在长枝上 1~2 朵腋生，在短枝上簇生；花梗长 1~2 cm；花冠淡紫色。浆果肉质多汁，红色，卵球形，长 0.7~1.5 cm，直径 0.5~1 cm。果期 8~11 月。

**分布与生境：**产黑龙江、吉林、辽宁、陕西、甘肃、宁夏、青海、内蒙古、河北、河南、山西、山东、江苏、安徽、浙江、福建、台湾、江西、湖北、湖南、广东、广西、贵州、四川及云南，生于山坡、荒地、丘陵地和盐碱地。日本、朝鲜和欧洲有分布。

**食用部位与食用方法：**嫩茎叶可作为蔬菜食用（凉拌、炒食、做汤）；若味苦，则经沸水焯、清水漂洗后可除苦味。成熟果实可鲜食，亦可晒干后泡茶、煮粥、做汤、炖肉、酿酒等。

**食疗保健与药用功能：**果味甘，性平，归肝、肾经，有补肾滋肝、补虚益精、祛风明目、抗肿瘤、提高免疫力、降血糖、降血脂、健脑之功效，适用于肝肾阴亏、腰膝酸痛、眩晕耳鸣、内热消渴、目昏不明等症，常食可益寿延年。

## 83. 酸浆（茄科 Solanaceae）

*Physalis alkekengi* L.

**识别要点：**多年生草本，高 40~80 cm。茎被柔毛。单叶互生，叶片长卵形或宽卵形，长 5~15 cm，宽 2~8 cm，叶缘全缘、波状或有粗齿，两面被毛；叶柄长 1~3 cm。浆果单生于叶腋或枝腋，球形，黄色或橙红色，直径 1~1.5 cm，被宿存花萼包被；宿存花萼橙色或红色，卵球形，长 2.5~4 cm，直径 2~3.5 cm，网脉明显，有纵肋 10 条，被柔毛。果期 6~10 月。

**分布与生境：**除西藏外，全国各省区均有分布，生于海拔 2 500 m 以下的田野、沟边、山坡、草地、林下或水边。亚洲和欧洲有分布。

**食用部位与食用方法：**绿果味苦，成熟后呈淡黄色或橙红色，味甜，可鲜食，或糖渍、醋渍，制作果酱、罐头等。

**食疗保健与药用功能：**果味酸苦，性寒，归肺、脾经，富含维生素 C，有清热、利尿、解毒之功效，外敷有消炎、消肿功能，适用于热咳、咽痛、黄疸、痢疾、水肿、疔疮、丹毒等症。

注意事项：根有毒，不可食用。

## 84. 毛酸浆（茄科 Solanaceae）

*Physalis philadelphica* Lam.

**识别要点：**一年生草本。茎被柔毛。单叶互生，叶片宽卵形，长 3~8 cm，宽 2~6 cm，边缘具不等大三角形齿，两面疏被毛；叶柄长 3~8 cm，密被短毛。浆果单生于叶腋或枝腋，球形，黄或带紫色，直径约 1.2 cm，被宿存花萼包被；宿存花萼卵球形，长 2~3 cm，直径 2~2.5 cm，网脉明显，有纵肋 5 或 10 条。果期 6~11 月。

**分布与生境：**原产墨西哥，我国东北、华北、华东、华中及西南地区有栽培或已野化。

**食用部位与食用方法：**果实可食。

## 85. 金钱豹（桔梗科 Campanulaceae）

*Campanumoea javanica* Bl.

**识别要点：**多年生缠绕草本，有乳汁。根胡萝卜状。单叶，通常对生，心形或心状卵形，边缘有浅锯齿，长 3~11 cm，无毛，有长叶柄。花单生于叶腋，花钟状，白色或黄绿色，内面紫色，长 1.8~3 cm。浆果球状，黑紫色或紫红色，直径 1.2~2 cm。花果期 5~11 月。

**分布与生境：**产甘肃南部、安徽、浙江、福建、台湾、江西、湖北、湖南、广东、海南、广西、贵州及云南，生于海拔 2 400 m 以下的灌丛或疏林中。不丹、尼泊尔、印度、缅甸、印度尼西亚、老挝、越南和泰国有分布。

**食用部位与食用方法：**根为补药，可作药膳或蔬菜食用，适合于亚健康人群。果实味甜，可食。

**食疗保健与药用功能：**根有清热、镇静之功效，适用于神经衰弱等症。

## 忍冬科 Caprifoliaceae

### 86. 蓝果忍冬 蓝靛果、羊奶子忍冬（忍冬科 Caprifoliaceae）

*Lonicera caerulea* L.

**识别要点：**落叶灌木。幼枝被硬直糙毛或刚毛，壮枝节部常有大型盘状托叶，茎似贯穿其中。单叶对生，叶片矩圆形、卵状矩圆形或卵状椭圆形，长 2~5 cm，两面疏被毛。花成对生，腋生于总花梗顶端；花冠长 1~1.3 cm。浆果熟时蓝黑色，稍被白粉，椭球形或矩圆状椭球形，长 1.2~2 cm。果期 8~9 月。

**分布与生境：**产黑龙江、吉林、内蒙古、河北、河南、山西、陕西、甘肃、宁夏、青海、四川北部及云南西北部，生于海拔 2 600~3 500 m 的落叶林下或林缘阴处灌丛中。日本、朝鲜半岛、俄罗斯远东地区及欧洲和北美洲有分布。

**食用部位与食用方法：**果实味酸甜，可鲜食或酿酒，亦可加工制成饮料、果酱、果糕、蜜饯等。

**食疗保健与药用功能：**果有清热解毒之功效。

## 小檗科 Berberidaceae

### 87. 大黄檗（小檗科 Berberidaceae）

*Berberis francisci-ferdinandi* Schneid.

**识别要点：**落叶灌木。全株无毛。茎刺单生，长 0.5~2 cm。单叶互生，着生于侧生短枝，叶片卵形或椭圆形，长 2~7 cm，叶缘具 15~30 对刺齿，有时不明显；叶柄长 0.5~1.5 cm。圆锥花序长 5~14 cm；花黄色。浆果倒卵状椭球形，成熟时鲜红色，长 1~1.2 cm。果期 7~10 月。

**分布与生境：**产山西、甘肃、四川及西藏，生于海拔 1 400~4 000 m 的灌丛中、疏林下、林缘、山沟或草坡。

**食用部位与食用方法：**成熟果可食，亦可做果酱或果汁。

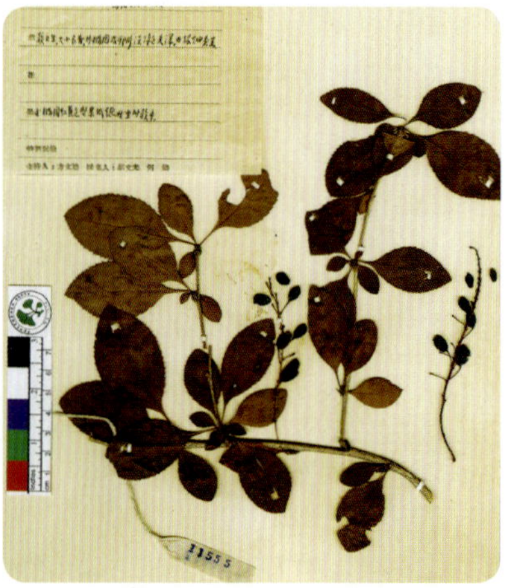

## 水鳖科 Hydrocharitaceae

### 88. 海菖蒲（水鳖科 Hydrocharitaceae）

*Enhalus acoroides* (L. f.) Royle

**识别要点：**多年生海生沉水草本。根状茎直径约 1.5 cm，节密集，常被纤维质残存叶鞘。叶片革质，带形，长 0.3~1.5 m，先端钝圆，基部扁平，具膜质叶鞘，叶缘全缘，叶脉 13~19 条；无叶柄。花单性，雌雄异株。雌花序梗长达 50 cm，花后螺旋状扭曲；佛焰苞片 2 枚，苞片长 4~6 cm，具 1 朵雌花。果实肉果状，卵球形，长 3~7 cm，具喙，密被 2 叉状附属物。花果期 8~10 月。

**分布与生境：**产海南沿海，生于中潮带沙滩。广布于西太平洋和印度洋沿海。

**食用部位与食用方法：**果炒熟后可食。

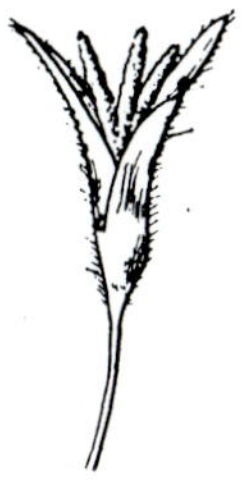

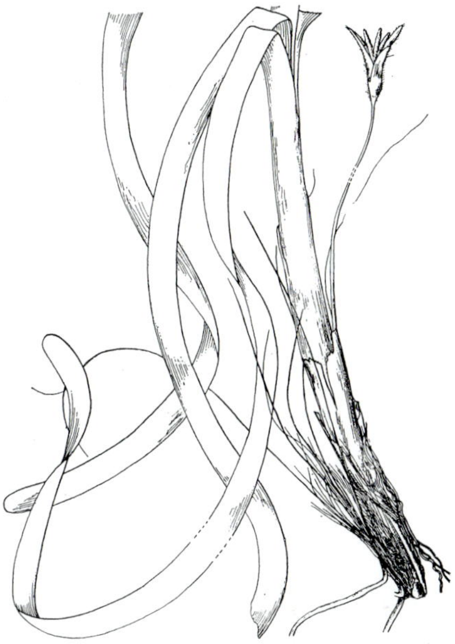

## 百合科 Liliaceae

### 89. 菝葜（百合科 Liliaceae）

*Smilax china* L.

**识别要点：**攀缘灌木。根状茎不规则块状，直径 2~3 cm。茎长 1~5 m，疏生刺。叶互生，圆形、卵形或宽卵形，长 3~10 cm，背面多少被粉霜，具 3~5 条主脉和网状细脉；叶柄基部有卷须。伞形花序，常球形；花黄绿色。浆果球形，直径 0.6~1.5 cm，成熟时红色。花期 2~5 月，果期 9~11 月。

**分布与生境：**产辽宁、山西、山东、江苏、安徽、浙江、福建、台湾、江西、湖北、湖南、广东、海南、广西、贵州、四川及云南，生于海拔 2 000 m 以下的林内、灌丛中、河谷或山坡。缅甸、越南、泰国和菲律宾有分布。

**食用部位与食用方法：**根状茎富含淀粉，可食用或酿酒。成熟果实可鲜食。

**食疗保健与药用功能：**根状茎有祛风湿、利小便、消肿毒之功效，适用于风湿性关节痛、跌打损伤、胃肠炎、痢疾、消化不良、糖尿病、癌症等症。果实味甘酸，性平，有祛风利湿、解毒消肿之功效。

## （二）柑果类群

柑果（Hesperidium）是外果皮和中果皮界线不明显，软而厚，外层有油囊，内果皮呈分隔瓣状，具多汁的毛细胞的肉果。

## 芸香科 Rutaceae

### 柑橘属 *Citrus* L.

**识别要点：**多常绿小乔木或灌木。单身复叶，互生，叶柄具翅及关节，稀 3 小叶复叶或单小叶，叶片密生芳香透明油腺点。柑果外果皮密生油胞，中果皮内层为网状橘络，内果皮具多个瓢囊。

**分布与生境：**约 20 余种，产于亚洲东南部至南部。我国约有 15 种。

**食用部位与食用方法：**果通常味甜或酸甜，可食。

**柑橘属常见植物有下列 5 种：**

### 1. 枳　枸橘（芸香科 Rutaceae）

*Citrus trifoliata* L.

**识别要点：**落叶小乔木。枝绿色，密生粗刺。3 小叶复叶，小叶片长 2~5 cm，密生芳香透明油腺点；叶柄具窄翅。花白色。柑果近球形，直径 3.5~6 cm，成熟时暗黄色，外果皮密生小而密的油胞，微有香气。果期 10~11 月。

**分布与生境：**产陕西、甘肃、山西、山东、河南、江苏、安徽、浙江、江西、湖北、湖南、广东、广西、贵州及四川。

**食用部位与食用方法：**果可食，味酸或带苦味。

**食疗保健与药用功能：**果味辛苦酸，性微寒，有破气消积、化痰除痞、疏肝、和胃、理气、止痛之功效，适用于饮食积滞、热结便秘、湿热泻痢、痰热结胸、胸痹心痛、脾胃气滞之腹胀腹痛、子宫脱垂、脱肛等症。

## 2. 金柑（芸香科 Rutaceae）

*Citrus japonica* Thunb.

**识别要点：**常绿小乔木或灌木状。枝具刺。单小叶，小叶片卵状椭圆形或矩圆状披针形，长 4~8 cm，密生芳香透明油腺点；叶柄具窄翅或不明显。柑果球形或宽卵球形，直径 1.5~2.5 cm，成熟时橙黄色或红色。果期 11 月至翌年 2 月。

**分布与生境：**产安徽、浙江、福建、江西、湖南、广东、海南及广西，生于海拔 600~1 000 m 的山地常绿阔叶林中。

**食用部位与食用方法：**鲜果可食，味酸甜。

## 3. 香橼（芸香科 Rutaceae）

*Citrus medica* L.

**识别要点：**常绿小乔木或灌木状。幼枝及芽暗紫红色，枝刺长达 4 cm。单叶，稀兼有单身复叶，叶片椭圆形或卵状椭圆形，长 6~12 cm，密生芳香透明油腺点；叶柄短，无翅。柑果椭球形、近球形或纺锤形，成熟时淡黄色，重可达 2 kg。果期 10~11 月。

**分布与生境：**产海南、广西、贵州、四川、云南及西藏。印度、缅甸、越南和老挝有分布。

**食用部位与食用方法：**果味酸或稍甜，有香气，可食，或制作蜜饯、果酱、果汁等。

**食疗保健与药用功能：**果味辛苦酸，性温，有疏肝解郁、理气宽中、化痰止咳之功效，适用于肝郁气滞、脾胃气滞、咳嗽痰多等症。

## 4. 柑橘（芸香科 Rutaceae）

*Citrus reticulata* Blanco

**识别要点：**常绿小乔木。刺较少。单身复叶，叶片披针形、椭圆形或宽卵形，长 5~9.5 cm，密生芳香透明油腺点；叶柄翅窄。花白色。柑果扁球形或近球形，成熟时淡黄色、朱红色或深红色，易剥离，网状橘络易分离。果期 10~12 月。

**分布与生境：**产秦岭、淮河以南地区。

**食用部位与食用方法：**果味甜或酸甜，为我国著名水果之一。

**食疗保健与药用功能：**果实可理气健脾、化痰；果皮味辛苦，性温，有理气健脾、燥湿化痰之功效，适用于寒湿中阻、脾胃气滞、脘腹胀痛、呕吐泄泻、湿痰咳嗽、寒痰咳嗽等症。

## 5. 香橙（芸香科 Rutaceae）

*Citrus junos* Sieb. ex Tanaka

**识别要点：**常绿小乔木。常具粗长刺。单身复叶，叶片卵形、卵状披针形或椭圆形，长 2.5~8 cm，密生芳香透明油腺点；叶柄翅长 1~2.5 cm，宽 0.4~1.5 cm。花白色。柑果扁球形或近梨形，直径 4~8 cm，成熟时淡黄色，易剥离，具香气。果期 10~12 月。

**分布与生境：**产陕西、甘肃、江苏、安徽、浙江、湖北、湖南、贵州、四川和云南。

**食用部位与食用方法：**果可食，味酸或带苦味。

**食疗保健与药用功能：**果味酸，性凉，有疏肝、和胃、理气、止痛、止呕、解酒、杀虫、解毒、宽胸膈之功效。

## （三）瓠果类群

瓠果（Pepo）是有花萼筒参与果实的形成，中果皮、内果皮肉质，一室多种子的肉果。

## 葫芦科 Cucurbitaceae

### 1. 罗汉果（葫芦科 Cucurbitaceae）

*Siraitia grosvenorii* (Swingle) C. Jeffrey ex A. M. Lu & Z. Y. Zhang

**识别要点：**攀缘草质藤本。茎、枝、叶柄均被柔毛和黑色腺鳞。单叶互生，叶片卵状心形、三角状卵形或宽卵状心形，长 12~23 cm，先端渐尖或长渐尖，基部心形，叶缘微波状，疏被毛和腺鳞。卷须侧生叶柄基部，分 2 叉。花序腋生。果球形或长球形，长 6~11 cm，直径 4~8 cm，果皮较薄，干后易脆。果期 7~9 月。

**分布与生境：**产江西、湖南、广东、广西及贵州，生于海拔 400~1 400 m 的山坡林下、河边湿地及灌丛中。朝鲜半岛和俄罗斯东部有分布。

**食用部位与食用方法：**果味甜，可泡开水做清凉饮料、做果冻等。

**食疗保健与药用功能：**果含糖量高，甜度是甘蔗的 300 倍。果味甘，性凉，归肺、大肠经，有清热润肺、利咽开音、润肠通便、生津止渴、祛痰、消暑之功效，适用于肺热燥咳、咽痛失音、肠燥便秘、冠心病、血管硬化、急慢性气管炎、急慢性扁桃体炎、胃炎和百日咳等症，还可用来辅助治疗糖尿病。

## 2. 油渣果 油瓜（葫芦科 Cucurbitaceae）

*Hodgsonia heteroclita* (Roxb.) Hook. f. & Thoms.

**识别要点：**常绿攀缘木质藤本，长达 30 m。茎枝粗，具纵棱。单叶互生，叶片厚革质，3~5 裂或不裂，长、宽均 15~24 cm，基部平截或微凹，两面无毛，基出脉 3~5 条；叶柄长 4~8 cm。卷须侧生叶柄基部，2~5 分枝。雌花单生于叶腋，花冠外面黄色，内面白色，5 深裂，裂片先端具长达 15 cm 的流苏。果扁球形，高 10~16 cm，直径约 20 cm，成熟后淡红褐色，被茸毛，具 12 条纵沟。种子长球形，长约 7 cm，两侧扁。果期 7~10 月。

**分布与生境：**产广西、云南及西藏，生于海拔 300~1 500 m 的山坡路旁或灌丛中。不丹、印度、缅甸、孟加拉国、泰国、越南、老挝、柬埔寨和马来西亚有分布。

**食用部位与食用方法：**种子富含油脂，可炸食，味胜腰果，亦可榨油。

## 3. 栝楼 瓜蒌、药瓜（葫芦科 Cucurbitaceae）

*Trichosanthes kirlowii* Maxim.

**识别要点：**攀缘草质藤本。块根圆柱状，淡黄褐色。茎被柔毛。单叶互生，叶片近圆形，直径 5~20 cm，常 3~5 浅裂至中裂，叶基心形，两面疏被毛，基出掌状脉 5 条；叶柄长 3~10 cm，被毛。卷须侧生叶柄基部，分 3~7 叉。雌花单生于叶腋。果椭球形或球形，长 7~11 cm，黄褐色、橙红色或橙黄色。种子卵状椭球形，扁，长 1.1~1.6 cm。果期 8~10 月。

**分布与生境：**产辽宁、河北、山西、陕西、甘肃、河南、山东、江苏、安徽、浙江、福建、江西、湖北、湖南、广西、贵州及四川，生于海拔 200~1 800 m 的山坡林下、灌丛、草地或村旁。日本、朝鲜半岛、越南和老挝有分布。

**食用部位与食用方法：**秋、冬季采挖块根，削去外皮，切段后用水浸泡 4~5 d，经捣烂并过滤出细粉，加糖后可用来做烧饼、煎饼等；鲜食时切片，可炖肉食用。栝楼瓤可用来煮粥，有甜味。种子炒熟后可食，称“天花籽”或“瓜蒌子”。

**食疗保健与药用功能：**根味甘、微苦，性凉，有清热化痰、养胃生津、解毒消肿之功效，适用于肺热燥咳、津伤口渴、消渴、疮疡疖肿等症。果肉（栝楼瓤）味甘、微苦，性寒，归肺、胃、大肠经，有清热化痰、宽胸散结、润肠通便之功效，适用于肺热咳嗽、痰浊黄稠、胸痹心痛、乳痈、肺痈、肠痈肿痛等症。种子味甘，性寒，归肺、胃、大肠经，有清热化痰、利气宽胸、润肺止咳、润肠之功效，适用于咳嗽痰黏、胸闷作痛、燥结便秘、冠心病、心绞痛等症。

注意事项：不宜多食，多食容易腹泻；不宜与乌头类药材同用。

## 4. 马㼎儿（葫芦科 Cucurbitaceae）

*Zehneria japonica* (Thunb.) H. Y. Liu

**识别要点：** 攀缘或平卧草质藤本。茎纤细，无毛。单叶互生，叶片三角状卵形、卵状心形或戟形，长 3~5 cm，不裂或 3~5 浅裂；叶柄长 2.5~3.5 cm。卷须侧生于叶柄基部，纤细，单一。雌花单生于叶腋，稀双生，花冠宽钟形，淡黄色。果长球形或窄卵球形，长 1~1.5 cm，成熟后橘红色或红色。果期 7~10 月。

**分布与生境：** 产河南、江苏、安徽、浙江、台湾、福建、江西、湖北、湖南、广东、海南、广西、贵州、四川及云南，生于海拔 500~1 600 m 的林中阴湿处、路旁、田边或灌丛。日本、朝鲜半岛、印度、越南、印度尼西亚和菲律宾有分布。

**食用部位与食用方法：** 嫩果可炒菜食用，成熟果实可鲜食。

## 5. 茅瓜（葫芦科 Cucurbitaceae）

*Solena heterophylla* Lour.

**识别要点：** 攀缘草质藤本。单叶互生，叶片三角形、矩圆形、卵状三角形或戟形，长 8~12 cm，不裂或 3~5 裂；叶柄长 0.5~1 cm。卷须侧生于叶柄基部，单一。雌花单生于叶腋，黄色。果长球形或近球形，长 2~6 cm，成熟后红褐色。种子数枚，灰白色，近球形或卵球形。果期 8~11 月。

**分布与生境：** 产台湾、福建、江西、广东、海南、广西、贵州、四川、云南及西藏，生于海拔 600~2 600 m 的山坡路旁、林下或灌丛中。尼泊尔、印度、越南和印度尼西亚有分布。

**食用部位与食用方法：** 成熟果实可鲜食或凉拌。

**食疗保健与药用功能：** 果味甘苦、微涩，性寒，归肺、肝、脾经，有利水、解毒、除痰散结之功效，适用于水肿腹胀、风湿痹痛、肺痈咳嗽、酒疸、湿疹、咽喉肿痛、痄腮、小便淋痛等症。

注意事项：果有小毒，不宜多食，不宜连续食用。

## （四）梨果类群

梨果（Pome）是花托与外果皮、中果皮愈合，厚而肉质，内果皮软骨质的肉果。

## 蔷薇科 Rosaceae

### 1. 火棘 救兵粮、救军粮（蔷薇科 Rosaceae）

*Pyracantha fortuneana* (Maxim.) H. L. Li

**识别要点：**常绿灌木，有枝刺。单叶互生，叶片倒卵形或倒卵状矩圆形，长 1.5~6 cm，先端圆钝或微凹，有时具短尖头，叶缘有钝锯齿，无毛；叶柄短。复伞房花序；花白色。梨果近球形，直径 5~8 mm，成熟时橘红或深红色。果期 8~11 月。

**分布与生境：**产陕西、河南、江苏、安徽、浙江、福建、江西、湖北、湖南、广东、广西、贵州、四川、云南及西藏，生于海拔 500~2 800 m 的山地、丘陵阳坡、灌丛、草地或河边。

**食用部位与食用方法：**果实香气浓郁、酸甜略涩，可鲜食或酿酒，也可加工制作果丹皮、饮料、果酱、果冻等，还可干后磨粉代粮。传说曹操征战，军中断粮时曾用此果充饥，故名“救军粮”。

**食疗保健与药用功能：**果味甘酸涩，性平，有健脾消积、活血止血之功效，适用于脾胃虚弱、消化不良、肠炎、痢疾、小儿疳积、崩漏、白带多、产后腹痛、腹泻等症。

### 2. 全缘火棘（蔷薇科 Rosaceae）

*Pyracantha atalantioides* (Hance) Stapf

**识别要点：**常绿灌木或小乔木，常有枝刺。单叶互生，叶片椭圆形或矩圆形，稀矩圆状倒卵形，长 1.5~4 cm，先端微尖或圆钝，有时刺尖，全缘或有不明显细齿，幼叶有毛，老叶无毛；叶柄长 2~5 mm。复伞房花序；花白色。梨果扁球形，直径 4~6 mm，成熟时亮红色。果期 9~11 月。

**分布与生境：**产陕西、湖北、湖南、广东、广西、贵州及四川，生于海拔 500~1 700 m 的山坡、谷地灌丛或疏林中。

**食用部位与食用方法：**成熟果实酸甜略涩，可鲜食或酿酒。

## 3. 山楂（蔷薇科 Rosaceae）

*Crataegus pinnatifida* Bunge

**识别要点：**落叶乔木，常有刺。单叶互生，宽卵形或三角状卵形，长 5~10 cm，有 3~5 对羽状深裂片，裂片卵状披针形或带形，叶缘疏生不规则重锯齿，叶背沿脉有毛或在脉腋处有毛；叶柄长 2~6 cm。伞形花序；花白色。梨果近球形或梨形，直径 1~2.5 cm，成熟时深红色。果期 9~10 月。

**分布与生境：**产黑龙江、吉林、辽宁、陕西、宁夏、新疆、内蒙古、河北、河南、山西、山东、江苏、安徽及浙江，生于海拔 100~2 000 m 的山坡林缘或灌丛中。朝鲜半岛有分布。

**食用部位与食用方法：**果实可鲜食、加工多种糖制品（山楂片、山楂糕、山楂冻、山楂果脯、蜜饯山楂等）、罐头（山楂酱、糖水山楂罐头等）、饮料（山楂汁、山楂汽酒、山楂露酒等）或做糖葫芦及酿酒。

**食疗保健与药用功能：**果味酸甘，性微温，归脾、胃、肝经，有消食化积、行气化瘀、化浊降脂、健胃、收敛、活血散瘀、驱虫止痢、化滞止痛之功效，适用于食积肉积、食滞不化、脘腹胀痛、痢疾泄泻、疝气疼痛、气滞血瘀、小腹疼痛、小儿消化不良、乳食停滞等症。

## 4. 云南山楂（蔷薇科 Rosaceae）

*Crataegus scabrifolia* (Franch.) Rehd.

**识别要点**：落叶乔木，常无刺。单叶互生，叶片卵状披针形或卵状椭圆形，长 4~8 cm，常不裂，叶缘疏生不规则圆钝重锯齿，叶背脉上有毛；叶柄长 1.5~4 cm。伞房花序或复伞房花序；花白色。梨果扁球形，直径 1.5~2 cm，疏生褐色斑点。果期 8~10 月。

**分布与生境**：产广西、贵州、四川及云南，生于海拔 1 500~3 000 m 的松树林林缘、灌丛中或溪岸林中。

**食用部位与食用方法**：果实可鲜食，或做果酱、果酒。

## 5. 湖北山楂（蔷薇科 Rosaceae）

*Crataegus hupehensis* Sarg.

**识别要点**：落叶乔木或灌木，常无刺。单叶互生，叶片卵形或卵状矩圆形，长 4~9 cm，有 2~3 对浅裂片，叶缘有圆钝锯齿，叶背脉腋处有毛；叶柄长 3.5~5 cm。伞房花序；花白色。梨果球形，直径约 2.5 cm，成熟时深红色。果期 8~9 月。

**分布与生境**：产陕西、甘肃、河南、山西、江苏、安徽、浙江、江西、湖北、湖南及四川，生于海拔 500~2 000 m 的山坡灌丛中。

**食用部位与食用方法**：果实可鲜食，或做山楂糕点及酿酒。

## 6. 野山楂（蔷薇科 Rosaceae）

*Crataegus cuneata* Sieb. & Zucc.

**识别要点：**落叶灌木，常具细刺。单叶互生，叶片宽倒卵形至倒卵状矩圆形，长 2~6 cm，常有 3 对浅裂片，稀 5 对浅裂片，叶缘有不规则重锯齿，叶背有毛，沿脉较密；叶柄两侧有翼，柄长 0.4~1.5 cm。伞房花序；花白色。梨果近球形或扁球形，直径 1~1.2 cm，成熟时红色或黄色。果期 9~11 月。

**分布与生境：**产陕西、河南、江苏、安徽、浙江、福建、江西、湖北、湖南、广东、广西、贵州及云南，生于海拔 250~2 000 m 的山谷、多石湿地或灌丛中。日本有分布。

**食用部位与食用方法：**果实可鲜食、酿酒或做果酱。

## 7. 毛山楂（蔷薇科 Rosaceae）

*Crataegus maximowiczii* Schneid.

**识别要点：**落叶灌木或小乔木，刺有或无。小枝幼时密被灰白色毛。单叶互生，叶片宽卵形或菱状卵形，长 4~6 cm，有 3~5 对浅裂，叶缘疏生重锯齿，叶面有疏毛，叶背密被灰白色长柔毛；叶柄长 1~2.5 cm。复伞房花序；花白色。梨果球形，直径约 8 mm，成熟时红色。果期 8~9 月。

**分布与生境：**产黑龙江、吉林、辽宁、陕西、宁夏、内蒙古、山西、河北及河南，生于海拔 200~1 000 m 的林中、林缘、河岸、沟边及路旁。亚洲东部有分布。

**食用部位与食用方法：**果实可鲜食或做果酱。

## 8. 贵州石楠 椤木石楠（蔷薇科 Rosaceae）

*Photinia bodinieri* Lévl.

**识别要点：**常绿乔木。小枝紫褐色或灰色。单叶互生，叶片革质，矩圆形或倒披针形，少椭圆形，长 5~15 cm，宽 3.5~5 cm，先端急尖或渐尖，有短尖头，叶缘有带腺的细锯齿而略反卷，无毛，侧脉 10~14 对。复伞房花序顶生；花白色。梨果球形或卵球形，直径 0.7~1 cm，成熟时黄红色，无毛。果期 9~10 月。

**分布与生境：**产陕西、江苏、安徽、浙江、福建、江西、湖北、湖南、广东、广西、贵州、四川及云南，生于海拔 300~1 300 m 的山地、丘陵灌丛、林中、山坡或路边。缅甸、越南和泰国有分布。

**食用部位与食用方法：**成熟果实可食。

## 9. 大花枇杷（蔷薇科 Rosaceae）

*Eriobotrya cavaleriei* (Lévl.) Rehd.

**识别要点：**常绿乔木。小枝无毛。单叶互生，叶片矩圆形、矩圆状披针形或矩圆状倒披针形，长 7~18 cm，叶缘疏生内弯浅锯齿，近基部全缘，叶面无毛，叶背近无毛；叶柄长 1.5~4 cm。圆锥花序顶生，直径 9~12 cm，花序梗和花梗被毛；花白色，直径 1.5~2.5 cm。梨果椭球形或近球形，直径 1~1.5 cm，橘红色，肉质，有颗粒状突起。果期 7~8 月。

**分布与生境：**产福建、江西、湖北、湖南、广东、广西、贵州及四川，生于海拔 500~2 000 m 的山坡、河边林中。越南北部有分布。

**食用部位与食用方法：**果味酸甜，可鲜食，或酿酒、做罐头。

## 10. 石斑木（蔷薇科 Rosaceae）

*Raphiolepis indica* (L.) Lindl.

**识别要点：**常绿灌木。幼枝被毛。叶集生于枝顶，叶片卵形或矩圆形，稀倒卵形或矩圆状披针形，长 3~8 cm，叶缘生细钝锯齿，叶面无毛，叶背近无毛，网脉明显且在叶面下陷；叶柄长 0.5~1.8 cm。花序顶生，被锈色毛；花白色或淡红色。梨果球形，直径约 5 mm，紫黑色；果梗长 0.5~1 cm。果期 7~8 月。

**分布与生境：**产安徽、浙江、福建、江西、湖南、广东、海南、广西、贵州及云南，生于海拔 150~1 600 m 的山坡、路边或溪边灌丛中。日本、越南、老挝、柬埔寨、泰国和印度尼西亚有分布。

**食用部位与食用方法：**果实可鲜食。

## 11. 花楸（蔷薇科 Rosaceae）

*Sorbus pohuashanensis* (Hance) Hedl.

**识别要点：**落叶乔木。幼枝被毛，后脱落无毛。单数羽状复叶，连叶柄长 12~20 cm，叶柄长 2.5~5 cm；小叶 5~7 对，间隔 1~2.5 cm，小叶片卵状披针形或椭圆状披针形，长 3~5 cm，叶缘生细锐锯齿，叶面近无毛，叶背常有茸毛；托叶宿存，宽卵形，有粗锐锯齿。花序顶生，被白色茸毛；花多数，白色。梨果近球形，直径 6~8 mm，成熟时红色或橘红色。果期 9~10 月。

**分布与生境：**产黑龙江、吉林、辽宁、内蒙古、河北、山西、陕西、甘肃、山东和安徽，生于海拔 900~2 500 m 的坡地或山谷林中。

**食用部位与食用方法：**果实可做果酱、果汁，或酿酒、酿醋。

## 12. 美脉花楸（蔷薇科 Rosaceae）

*Sorbus caloneura* (Stapf) Rehd.

**识别要点：**落叶乔木或灌木。单叶互生，叶片长椭圆形、卵状长椭圆形或倒卵状长椭圆形，长 7~12 cm，叶缘有圆钝锯齿，叶面常无毛，叶背脉上疏生柔毛，侧脉 10~18 对。复伞房花序顶生；花白色。梨果球形或倒卵球形，直径 1~1.4 cm，成熟时褐色，被皮孔。果期 8~10 月。

**分布与生境：**产福建、江西、湖北、湖南、广东、广西、贵州、四川及云南，生于海拔 600~2 100 m 的山地、丘陵、河谷或荒野林中。越南北部有分布。

**食用部位与食用方法：**成熟果实可鲜食或酿酒。

## 13. 木瓜（蔷薇科 Rosaceae）

*Chaenomeles sinensis* (Touin) Kochne

**识别要点**：落叶灌木或小乔木。枝无刺。单叶互生，叶片椭圆形或椭圆状矩圆形，长 5~8 cm，叶缘生刺芒状尖锐锯齿，齿尖有腺点，成熟叶无毛；叶柄长 0.5~1 cm；托叶膜质，卵状披针形，有腺齿。花后叶开放，单生于叶腋，淡粉红色。梨果长椭球形，长 10~15 cm，暗黄色；果梗短。果期 9~10 月。

**分布与生境**：产陕西、河北、山东、江苏、安徽、浙江、福建、江西、湖北、广东、广西及贵州。

**食用部位与食用方法**：果芳香，味涩，经水煮或浸渍糖液中可供食用，亦可蒸食或泡酒食用。

**食疗保健与药用功能**：果味甘酸，性温，归肝、脾经，有平肝和胃、舒筋活络、去痰、止痢、去湿之功效，适用于风湿痹痛、筋脉拘挛、脚气肿痛等症。

## 14. 贴梗海棠 皱皮木瓜（蔷薇科 Rosaceae）

*Chaenomeles speciosa* (Sweet) Nakai

**识别要点**：落叶灌木。枝有刺。单叶互生，叶片卵形至椭圆形，长 3~9 cm，叶缘具尖锐锯齿，成熟叶无毛；叶柄长约 1 cm；托叶草质，肾形或半圆形，有尖锐重锯齿。花先叶开放，数朵簇生，猩红色。梨果球形或卵球形，直径 4~6 cm，黄色或黄绿色，或带红色，表面有白色斑点。果期 9~10 月。

**分布与生境**：产陕西、甘肃、江苏、福建、湖北、广东、贵州、四川、云南及西藏，各地常见栽培。缅甸有分布。

**食用部位与食用方法**：果芳香，味涩，经水煮或浸渍糖液中可供食用，亦可蒸食、炒食、炖鱼、炖肉、煮汤或泡酒食用。

**食疗保健与药用功能**：果味酸，性温，归肝、脾经，有平肝和胃、舒筋活络之功效，适用于脚气、水肿、风湿痹痛、肢体酸重、筋脉拘挛、吐血转筋等症。

## 梨属 *Pyrus* L.

**识别要点：**落叶乔木或灌木。单叶互生，有锯齿或全缘；有叶柄及托叶。花先叶开放或与叶同放。伞形总状花序。花托钟状，花瓣 5 枚，通常白色。梨果，果肉多汁，富含石细胞。

**分布与生境：**约 25 种，分布在亚洲、欧洲及北美洲。我国有 15 种。

**食用部位与食用方法：**果实可鲜食、酿酒、榨果汁、做果酱，加冰糖或蜂蜜熬膏等。

**梨属常见植物有下列 7 种：**

## 15. 秋子梨（蔷薇科 Rosaceae）

*Pyrus ussuriensis* Maxim.

**识别要点：**乔木。单叶互生，叶片卵形至宽卵形，长 5~10 cm，叶缘生刺芒状尖锐锯齿，成熟叶无毛；叶柄长 2~5 cm。梨果近球形，直径 2~6 cm，黄色；果梗长 1~2 cm。果期 8~10 月。

**分布与生境：**产黑龙江、吉林、辽宁、陕西、甘肃、新疆、内蒙古、河北、山西、山东及浙江，生于海拔 100~2 000 m 的山区。亚洲东北部有分布。

**食用部分与食用方法：**参见梨属页。

**食疗保健与药用功能：**果味甘酸，性凉，有生津润燥、清热化痰之功效，适用于热病伤津烦渴、消渴热咳、发热咳嗽、高热惊厥、大便秘结等症。

## 16. 麻梨（蔷薇科 Rosaceae）

*Pyrus serrulata* Rehd.

**识别要点：**乔木。单叶互生，叶片卵形至长卵形，长 5~11 cm，叶缘有细锐锯齿，成熟叶无毛；叶柄长 3.5~7.5 cm。梨果近球形或倒卵球形，长 1.5~ 2.2 cm，深褐色，有浅色斑点；果梗长 3~4 cm。果期 6~8 月。

**分布与生境：**产江苏、浙江、福建、江西、湖北、湖南、广东、广西、贵州及四川，生于海拔 100~1 600 m 的灌丛中或林缘。

**食用部分与食用方法：**参见梨属页。

## 17. 白梨（蔷薇科 Rosaceae）

*Pyrus bretschneideri* Rehd.

**识别要点：**乔木。单叶互生，叶片卵形或椭圆状卵形，长 5~11 cm，叶缘有尖锐锯齿，齿尖有刺芒，两面初时被茸毛；叶柄长 2.5~7 cm。梨果卵球形或近球形，长 2.5~3 cm，直径 2~2.5 cm，黄色，有细密斑点；果梗肥厚。果期 8~9 月。

**分布与生境：**产陕西、甘肃、青海、新疆、河北、河南、山西及山东，生于海拔 100~2 000 m 的阳坡。

**食用部分与食用方法：**参见梨属页。

**食疗保健与药用功能：**果味甘、微酸，性凉，有清肺化痰、生津止渴之功效，适用于肺燥咳嗽、热病烦躁、津少口干、消渴、目赤等症。

## 18. 沙梨（蔷薇科 Rosaceae）

*Pyrus pyrifolia* (Burm. f.) Nakai

**识别要点：**乔木。单叶互生，叶片卵状椭圆形或卵形，长 7~12 cm，叶缘有刺芒锯齿，两面无毛；叶柄长 3~4.5 cm。梨果近球形，直径 2~2.5 cm，浅褐色，有浅色斑点；果梗长 3.5~5.5 cm。果期 8 月。

**分布与生境：**产陕西、甘肃、河北、山东、江苏、安徽、浙江、福建、江西、湖北、湖南、广东、广西、贵州、四川及云南，生于海拔 100~1 400 m 的山区。

**食用部分与食用方法：**参见梨属页。

## 19. 杜梨（蔷薇科 Rosaceae）

*Pyrus betulifolia* Bunge

**识别要点：**乔木，常具枝刺。单叶互生，叶片菱状卵形或矩圆状卵形，长 4~8 cm，叶缘有粗锐锯齿，叶背有毛；叶柄长 2~3 cm。梨果近球形，直径 0.5~1 cm，褐色，有浅色斑点；果梗具茸毛。果期 8~9 月。

**分布与生境：**产辽宁、陕西、甘肃、青海、内蒙古、河北、河南、山西、山东、江苏、安徽、浙江、江西、湖北、湖南、贵州、四川及西藏，生于海拔 1 800 m 以下的平原或山坡。

**食用部分与食用方法：**参见梨属页。

**食疗保健与药用功能：**果味甘酸涩，性寒，有敛肺涩肠、止咳止痢之功效，适用于久咳、久泻、久痢等症。

## 20. 褐梨（蔷薇科 Rosaceae）

*Pyrus phaeocarpa* Rehd.

**识别要点：**乔木。幼枝紫褐色。单叶互生，叶片椭圆状卵形至长卵形，长 6~10 cm，先端长渐尖，基部宽楔形，叶缘有尖锐锯齿，成熟叶无毛；叶柄长 2~6 cm。梨果球形或卵球形，直径 2~2.5 cm，褐色，有浅色斑点，萼片脱落；果梗长 2~4 cm。果期 8~9 月。

**分布与生境：**产河北、山西、陕西、甘肃、新疆、山东及河南，生于海拔 100~1 200 m 的山坡或黄土丘陵地区林中。

**食用部分与食用方法：**参见梨属页。

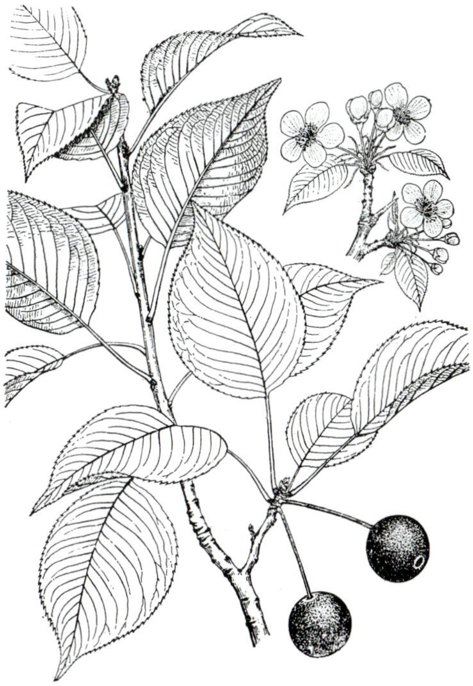

## 21. 豆梨（蔷薇科 Rosaceae）

*Pyrus calleryana* Dcne

**识别要点：**乔木。单叶互生，叶片宽卵形至卵形，长 4~8 cm，叶缘有钝锯齿，两面无毛；叶柄长 2~4 cm。梨果近球形，直径约 1 cm，黑褐色，有斑点；果梗细长。果期 8~9 月。

**分布与生境：**产陕西、甘肃、河南、山西、山东、江苏、安徽、浙江、福建、台湾、江西、湖北、湖南、广东及广西，生于海拔 1 800 m 以下的平原、山坡或山谷林中。越南有分布。

**食用部分与食用方法：**参见梨属页。

## 22. 山荆子（蔷薇科 Rosaceae）

*Malus baccata* (L.) Borkh.

**识别要点：**落叶乔木。单叶互生，叶片椭圆形或卵形，长 3~8 cm，先端渐尖，叶缘有细锐锯齿，幼时叶背微被毛；叶柄长 2~5 cm。花 4~6 朵集生于枝顶，白色。梨果近球形，直径 0.8~1 cm，红色或黄色，基部稍陷入；果梗长 3~4 cm。果期 9~10 月。

**分布与生境：**产黑龙江、吉林、辽宁、陕西、甘肃、宁夏、青海、内蒙古、河北、山西、山东、贵州、云南及西藏，生于海拔 1 500 m 以下的山坡林中及山谷阴处灌丛中。俄罗斯东部、蒙古和朝鲜有分布。

**食用部位与食用方法：**果实可鲜食，制作罐头、蜜饯、果汁或酿酒。

## 23. 毛山荆子（蔷薇科 Rosaceae）

*Malus mandshurica* (Maxim.) Kom. ex Juz.

**识别要点：**落叶乔木。幼枝密被毛。单叶互生，叶片卵形、椭圆形或倒卵形，长 5~8 cm，先端急尖或渐尖，叶缘有细锯齿，叶背脉上有毛；叶柄长 3~4 cm。花 3~6 朵集生于枝顶，白色。梨果椭球形或倒卵球形，直径 0.8~1.2 cm，红色；果梗长 3~5 cm。果期 8~9 月。

**分布与生境：**产黑龙江、吉林、辽宁、陕西南部、甘肃南部、青海、内蒙古、河北及山西，生于海拔 100~2 100 m 的山坡林中、山顶及山沟。

**食用部位与食用方法：**果实可鲜食或酿酒。

## 24. 花红（蔷薇科 Rosaceae）

*Malus asiatica* Nakai

**识别要点：**落叶小乔木。单叶互生，叶片卵形或椭圆形，长 5~11 cm，叶缘有细锐锯齿，叶面有短毛，叶背密被短柔毛；叶柄长 1.5~5 cm。梨果卵状扁球形或近球形，直径 4~5 cm，黄色或红色，基部凹陷。果期 8~9 月。

**分布与生境：**产黑龙江、吉林、辽宁、陕西、甘肃、青海、新疆、内蒙古、河北、河南、山西、山东、江苏、浙江、湖北、贵州、四川及云南，生于海拔 2 800 m 以下的山坡、沙壤中。

**食用部位与食用方法：**果实可鲜食，制作果干、果丹皮或酿酒。

## 25. 楸子 海棠果（蔷薇科 Rosaceae）

*Malus prunifolia* (Willd.) Borkh.

**识别要点：**落叶小乔木。单叶互生，叶片卵形或椭圆形，长 5~9 cm，叶缘有细锐锯齿，叶两面初时脉上有毛，成熟后仅叶背中脉有毛；叶柄长 1~5 cm。梨果卵球形，直径 2~2.5 cm，红色，果梗细长。果期 8~9 月。

**分布与生境：**产陕西、甘肃、宁夏、青海、新疆、内蒙古、河北、河南、山西及山东，生于海拔 50~1 300 m 的山坡、平地或山谷。

**食用部位与食用方法：**果实可鲜食、制果干，或加工制作果脯、果酱、果酒及果丹皮。

## 26. 西府海棠（蔷薇科 Rosaceae）

*Malus micromalus* Makino

**识别要点：**落叶小乔木。单叶互生，叶片长椭圆形或椭圆形，长 5~10 cm，叶缘有尖锐锯齿，叶两面初时有毛，成熟后脱落；叶柄长 2~3.5 cm。花常集生于枝顶，粉红色。梨果近球形，直径 1~1.5 cm，红色，两端下陷，果梗长 2~4 cm。果期 8~9 月。

**分布与生境：**产辽宁、内蒙古、河北、山东、山西、陕西、新疆、浙江、贵州及云南，生于海拔 100~2 400 m 的山坡、平地或山谷，常有栽培。

**食用部位与食用方法：**生果味涩，熟透后质地柔软、汁多、甜酸可口，可鲜食，或加工制作果脯、果酱、罐头、果丹皮等。

**食疗保健与药用功能：**果味甘酸，性平，有开胃消食、增强食欲之功效。

## 27. 陇东海棠（蔷薇科 Rosaceae）

*Malus kansuensis* (Batal.) Schneid.

**识别要点：**落叶灌木或小乔木。单叶互生，叶片卵形或宽卵形，长 5~8 cm，叶缘有细锐重锯齿，常 3 浅裂，稀不规则分裂或不裂，裂片三角形，叶背有疏短毛；叶柄长 1.5~4 cm。花序有花 4~10 朵；花白色。梨果椭球形或倒卵状椭球形，直径 1~1.5 cm，黄红色，有少量石细胞，果梗长 2~3.5 cm。果期 7~9 月。

**分布与生境：**产河南、陕西、甘肃、青海、湖北、贵州及四川，生于海拔 1 500~3 000 m 的杂木林中或灌丛中。

**食用部位与食用方法：**果可鲜食，制作果酱、酿酒。

## 28. 河南海棠（蔷薇科 Rosaceae）

*Malus honanensis* Rehd.

**识别要点：**落叶灌木或小乔木。单叶互生，叶片宽卵形至长椭圆状卵形，长 4~7 cm，叶缘有尖锐重锯齿，有 3~6 对浅裂，裂片宽卵形，幼时两面被毛，后叶面脱落无毛；叶柄长 1.2~2.5 cm。花序有花 5~10 朵；花粉白色。梨果近球形，直径约 8 mm，黄红色。果期 8~9 月。

**分布与生境：**产河北、山西、河南、湖北、陕西南部及甘肃南部，生于海拔 800~2 600 m 的山谷或山坡林中。

**食用部位与食用方法：**果可酿酒或酿醋。

## （五）核果类群

核果（Drupe）是外果皮薄，中果皮肉质，内果皮坚硬（称核）的一类肉果。

## 杨梅科 Myricaceae

### 1. 杨梅（杨梅科 Myricaceae）

*Myrica rubra* Sieb. & Zucc.

**识别要点：**常绿乔木。芽及小枝无毛。单叶互生，叶片楔状倒卵形或长椭圆状倒卵形，长 6~16 cm，先端钝或短尖，叶缘全缘，稀中上部疏生锐齿；叶柄长 0.2~1 cm。核果球形，直径 1~1.5 cm，成熟时深红色或紫红色，密被乳头状凸起，果皮肉质，多液汁，味酸甜。果期 6~7 月。

**分布与生境：**产江苏、安徽、浙江、福建、台湾、江西、湖北、湖南、广东、广西、贵州、四川、云南及西藏，生于海拔 100~1 500 m 的山坡或山谷林中。日本、朝鲜和菲律宾有分布。

**食用部位与食用方法：**果可鲜食，制作果酱、罐头、蜜饯、果汁或酿酒。

**食疗保健与药用功能：**果实味甘酸，性平，有健胃、止呕、生津、解渴之功效，适用于口干、食欲减退、腹痛、咽喉炎等症。

### 2. 毛杨梅（杨梅科 Myricaceae）

*Myrica esculenta* Buch.-Ham.

**识别要点：**常绿乔木。小枝及芽密被毡毛。单叶互生，叶片长椭圆状倒卵形或披针状倒卵形，长 5~18 cm，先端钝圆或尖，叶缘全缘或中上部有不明显圆齿；叶柄长 0.3~2 cm，密生毡毛。核果椭球形，长 1~2 cm，成熟时红色，密被乳头状凸起，果皮肉质，多液汁。果期 3~4 月。

**分布与生境：**产广东、广西、贵州、四川及云南，生于海拔 300~2 500 m 的疏林或干燥山坡。中南半岛有分布。

**食用部位与食用方法：**果味酸甜，可食，同杨梅。

## 3. 青杨梅（杨梅科 Myricaceae）

*Myrica adenophora* Hance.

**识别要点：**常绿灌木。小枝密被毡毛。单叶互生，叶片椭圆状倒卵形或短楔状倒卵形，长 2~7 cm，先端尖或钝，叶缘中上部疏生锯齿，中脉被毛；叶柄长 0.2~1 cm，密生毡毛。核果椭球形，长 0.7~1 cm，成熟时红色或白色，密被乳头状凸起，果皮肉质，多液汁。果期 2~5 月。

**分布与生境：**产台湾、广东、海南及广西，生于山谷或林中。

**食用部位与食用方法：**果实供鲜食、盐渍（称“青梅”），制作果干、果酱。

**食疗保健与药用功能：**果有祛痰、解酒、止吐之功效。

## 4. 云南杨梅（杨梅科 Myricaceae）

*Myrica nana* Cheval.

**识别要点：**常绿灌木。芽及小枝无毛。单叶互生，叶片楔状倒卵形或长椭圆状倒卵形，长 2.5~8 cm，先端钝圆或尖，叶缘中上部疏生粗齿；叶柄长 1~4 mm。核果球形，直径 1~1.5 cm，成熟时红色，密被乳头状凸起，果皮肉质，多液汁。果期 6~7 月。

**分布与生境：**产贵州、四川、云南及西藏，生于海拔 1 500~3 500 m 的山坡、林缘及灌丛中。

**食用部位与食用方法：**果可食，味极酸，可制作果酱、果汁、果酒。

## 5. 胡桃 核桃（胡桃科 Juglandaceae）

*Juglans regia* L.

**识别要点：**落叶乔木。单数羽状复叶，互生，长 25~30 cm；幼时叶柄及叶轴被腺毛和腺鳞；小叶 5~9 枚，小叶片椭圆状卵形或长椭圆形，长 6~15 cm，叶缘全缘，侧脉 11~15 对，脉腋具簇生毛，余无毛。雄花序下垂，长 5~15 cm。果序短，俯垂，具 1~3 枚果；核果球形，直径 4~6 cm，无毛；果核近球形，稍皱曲，具 2 条纵棱。花期 4~5 月，果期 9~10 月。

**分布与生境：**产新疆，全国各地有栽培或野化。中亚和南亚有分布。

**食用部位与食用方法：**雄花序经沸水焯、清水浸泡后，可制作凉拌菜。核仁可直接食用，亦可做菜、煮粥、制作糕点、制作核桃乳等。

**食疗保健与药用功能：**雄花序营养丰富而全面，富含蛋白质及钾、铁、锰、锌、硒、β-胡萝卜素、核黄素、抗坏血酸、维生素 E 等，是天然的营养保健食品。核仁味甘，性温，归肾、肺、大肠经，富含优质脂肪、蛋白质、碳水化合物，以及磷、钙、铁、钾、镁、硒、维生素 A、维生素 $B_1$、维生素 $B_2$、维生素 E、肌醇、咖啡酸、亚油酸、核黄酸等，有健胃、润肺、补肾、纳气平喘、润肠通便、补血、养颜之功效，适用于肾阳虚证、虚寒咳喘、肠燥便秘等症，是温补肺肾良药，还有补脑健脑、延缓衰老的作用。

## 6. 泡核桃（胡桃科 Juglandaceae）

*Juglans sigillata* Dode

**识别要点：**落叶乔木。单数羽状复叶，互生，长 15~50 cm；叶柄及叶轴被毛；小叶 9~15 枚，小叶片卵状披针形或椭圆状披针形，长 6~18 cm，叶缘全缘，侧脉 17~23 对，脉腋具簇生毛，余无毛。雄花序下垂，长 13~18 cm。果序短，俯垂，具 1~3 枚果；核果卵球形或近球形，直径 3~6 cm，幼时有毛，成熟后无毛；果核倒卵球形，两侧稍扁，皱曲，具 2 条纵棱。花期 3~4 月，果期 9 月。

**分布与生境：**产贵州、四川、云南及西藏，生于海拔 1 300~3 300 m 的山坡或山谷林中。不丹和印度北部有分布。

**食用部位与食用方法：**雄花序可作为蔬菜食用。核仁可食，亦可做菜、做糕点、煮粥。

**食疗保健与药用功能：**雄花序营养丰富，含蛋白质、碳水化合物、31 种氨基酸、脂肪、多种维生素和多种矿物质，是天然的营养保健食品。核仁富含脂肪、蛋白质、胡萝卜素、多种维生素（维生素 $B_1$、维生素 $B_2$、维生素 C）及多种无机盐（钙、磷、铁、铜、碘），有健胃、补血、润肺、益肾和补脑之功效，适用于肾虚耳鸣、腰膝酸软、虚寒咳喘、肠风血病、遗精阳痿、中耳发炎等症，对儿童大脑发育及预防中老年人高血压、血管栓塞、动脉硬化等心血管疾病有积极作用。

## 7. 胡桃楸 野核桃（胡桃科 Juglandaceae）

*Juglans mandshurica* Maxim.

**识别要点：**落叶乔木。单数羽状复叶，互生，长 40~50 cm；小叶 15~23 枚，小叶片椭圆形、长椭圆形至长椭圆状披针形，边缘有细锯齿，两面有毛。雄花序下垂，长 9~20 cm。果序长 10~15 cm，俯垂，具 5~7 枚果；核果球形或卵球形，长 3.5~7.5 cm，密被腺毛；果核皱曲，具 8 条纵棱，2 条较明显。花期 5 月，果期 8~9 月。

**分布与生境：**产黑龙江、吉林、辽宁、陕西、甘肃、内蒙古、山西、河北、河南、江苏、安徽、浙江、福建、台湾、江西、湖北、湖南、广西、贵州、四川及云南，生于海拔 800~2 800 m 的土质肥厚、湿润、排水良好的沟谷或山坡阔叶林中。朝鲜有分布。

**食用部位与食用方法：**雄花序经沸水焯、清水浸泡后，可制作凉拌菜。核仁可生食、炒食、炖汤、炖肉，还可制作糕点、糖果、罐头、果露，榨油等。

**食疗保健与药用功能：**核仁味甘，性温，有健胃、补血、养气、润肺、润肠、健脑、养颜化痰、益命门、利三焦之功效，适用于虚寒咳嗽、下肢酸痛等症。

## 8. 喙核桃（胡桃科 Juglandaceae）

*Annamocarya sinensis* (Dode) Leroy

**识别要点：**落叶乔木。单数羽状复叶，互生，长 30~40 cm；小叶 7~11 枚，小叶片长椭圆形或长椭圆状披针形，长 12~15 cm，叶缘全缘，先端渐尖，基部歪斜；叶柄长 5~7 cm，幼时被星状毛和黄色腺鳞。雄花序下垂，多花；雌花序具少数花。果序短，直立；核果近球形或卵球形，长 6~8 cm，顶端具渐尖头，干后木质，不规则 4~9 瓣裂，裂瓣先端具喙状渐尖头；果核球形或卵球形，具 6~8 条纵棱，长 5.5~7.5 cm。果期 11~12 月。

**分布与生境：**产广西、贵州及云南，生于海拔 200~1 500 m 的溪边林中。越南有分布。

**食用部位与食用方法：**核仁可食，亦可做菜、做糕点、煮粥。

## 9. 山核桃（胡桃科 Juglandaceae）

*Carya cathayensis* Sarg.

**识别要点：**落叶乔木。芽、幼枝密被黄色腺鳞。单数羽状复叶，互生，长 16~30 cm；小叶 5~7 枚，小叶片披针形或倒卵状披针形，长 10~18 cm，边缘有细锯齿。雄花序长 10~15 cm，3 序成束。核果倒卵球形或椭圆状卵球形，长 2~2.5 cm，直径 1.5~2 cm，微具 4 条纵棱。花期 4~5 月，果期 9 月。

**分布与生境：**产安徽、浙江、江西、湖北及贵州，生于海拔 200~1 500 m 的山麓疏林中或山谷。

**食用部位与食用方法：**雄花序经沸水焯、清水浸泡后，可做凉拌菜。核仁味美，富含油脂，可生食、炒食、煮粥、做糕点馅、凉拌、榨油等。

**食疗保健与药用功能：**核仁味甘，性平，有补养滋润、温肺定喘、润肠之功效，可防治高血压和冠心病。

## 10. 越南山核桃（胡桃科 Juglandaceae）

*Carya tonkinensis* Lecomte

**识别要点：**落叶乔木。幼枝被黄色腺鳞。单数羽状复叶，互生，长 15~25 cm，叶柄及叶轴被毛和黄色腺鳞；小叶 5~7 枚，小叶片长椭圆状披针形或倒卵状披针形，长 7~15 cm，中脉被毛。核果近球形，直径 2.2~2.5 cm，有被毛及腺鳞。果期 9 月。

**分布与生境：**产广西及云南，生于海拔 1 300~2 200 m 的山坡林中。越南有分布。

**食用部位与食用方法：**核仁可食。

## 11. 湖南山核桃（胡桃科 Juglandaceae）

*Carya hunanensis* W. C. Cheng & R. H. Chang ex R. H. Chang & A. M. Lu

**识别要点：**落叶乔木。芽、幼枝、叶背密被褐色腺鳞。单数羽状复叶，互生，长 20~30 cm，叶轴密被毛；小叶 5~7 枚，小叶片长椭圆形或长椭圆状披针形，长 16~18 cm，边缘有细锯齿，中脉密被毛。核果倒卵球形，长 3~4 cm，直径 2.5~3 cm，具 4 条纵棱，密被黄色腺鳞。

**分布与生境：**产湖南、广西及贵州，生于海拔 900~1 000 m 的山谷、溪边土层深厚地带。

**食用部位与食用方法：**核仁可鲜食、炒食、做糕点、榨油等。

## 榆科 Ulmaceae

## 12. 糙叶树（榆科 Ulmaceae）

*Aphananthe aspera* (Thunb.) Planch.

**识别要点：**落叶乔木。树皮纵裂，粗糙。单叶互生，叶片卵形或卵状椭圆形，长 5~10 cm，先端渐尖或长渐尖，基部宽楔形或浅心形，基部 3 出脉，侧脉 6~10 对，伸达叶缘齿尖，叶缘锯齿锐尖，叶面被平伏刚毛，叶背疏被平伏细毛；叶柄长 0.5~1.5 cm。核果近球形、卵状球形或椭球形，长 0.8~1.3 cm，被平伏细毛；果梗长 0.5~1 cm。果期 8~10 月。

**分布与生境：**产陕西、山东、江苏、安徽、浙江、台湾、福建、江西、湖北、湖南、广东、广西、贵州、四川及云南，生于海拔 1 600 m 以下的山谷、溪边林中。日本、朝鲜半岛和越南有分布。

**食用部位与食用方法：**幼嫩果实可做汤或和面食用；成熟果实味甘甜，可鲜食。

## 铁青树科 Olacaceae

### 13. 蒜头果（铁青树科 Olacaceae）

*Malania oleifera* Chun & S. K. Lee

**识别要点：**常绿乔木。单叶互生，叶片长椭圆形、矩圆形或矩圆状披针形，长 7~15 cm，叶缘全缘，中脉在叶面下凹，侧脉 3~5 对；叶柄长 1~2 cm，基部具关节。花序腋生。核果扁球形或近梨形，直径 3~4.5 cm。种子 1 枚，直径约 1.8 cm，胚乳丰富。果期 5~10 月。

**分布与生境：**产广西及云南，生于海拔 300~1 700 m 的石灰岩或砂页岩山地林中或稀树灌丛中。

**食用部位与食用方法：**种子炒熟或煮熟后可食。

注意事项：种子一次不宜多食，亦不宜连续食用，因含油较多，易引起腹泻。

## 檀香科 Santalaceae

### 14. 秦岭米面蓊（檀香科 Santalaceae）

*Buckleya graebneriana* Diels

**识别要点：**半寄生落叶灌木。幼枝被短刺毛。单叶对生，叶片绿色，常带红色，常呈长椭圆形或倒卵状矩圆形，长 2~8 cm，先端锐尖或短渐尖，边缘有微锯齿，两面被短刺毛；近无柄。雌花单一，顶生。核果椭球形，长 1~1.5 cm，成熟时橙黄色，粗糙，先端有 4 枚叶状物；果梗长不及 5 mm。果期 6~7 月。

**分布与生境：**产陕西、甘肃、河南及湖北，生于海拔 700~1 800 m 的山地林中。

**食用部位与食用方法：**嫩叶可作为蔬菜，炒食、凉拌或做馅。果实富含淀粉，可供酿酒，或盐渍后食用，或炒熟、煮熟后食用。

## 15. 米面蓊（檀香科 Santalaceae）

*Buckleya henryi* Diels

**识别要点：**半寄生落叶灌木。单叶对生，叶片宽卵形至披针形，长 3~9 cm，先端尾状渐尖，叶缘全缘，侧脉 5~12 对；近无柄。雌花单一，顶生或腋生。核果椭球形或倒圆锥形，长约 1.5 cm，先端有 4 枚长 3~4 cm 的叶状物；果梗细长，长 8~15 mm。果期 9~10 月。

**分布与生境：**产陕西、甘肃、宁夏、山西、河南、安徽、浙江、湖北及四川，生于海拔 700~1 800 m 的山区林中。

**食用部位与食用方法：**果实富含淀粉，可盐渍后食用或炒熟后食用。

注意事项：叶有毒，不可食用，但可外用治皮肤瘙痒。

## 16. 檀梨 华檀梨（檀香科 Santalaceae）

*Pyrularia edulis* (Wall.) A. DC.

**识别要点：**落叶小乔木或灌木。单叶互生，叶片卵状矩圆形或椭圆形，稀倒卵状矩圆形，连叶柄长 7~15 cm，全缘，侧脉 4~6 条，被毛；叶柄长 6~8 mm。总状花序，顶生或腋生。核果梨形或卵球形，长 2.5~5 cm，成熟时橙红色，顶端有脐状突起，外果皮肉质并有黏胶质；果梗粗壮，长 1.2~2 cm。种子近球形，胚乳油质。果期 7~10 月。

**分布与生境：**产安徽、福建、江西、湖北、湖南、广东、广西、贵州、四川、云南及西藏，生于海拔 700~2 700 m 的常绿阔叶林中。印度和尼泊尔有分布。

**食用部位与食用方法：**成熟果实味甜，可食；种子可熟食。

注意事项：种子一次不宜多食，亦不宜连续食用，因含油较多，易引起腹泻。

## 17. 山鸡椒（樟科 Lauraceae）

*Litsea cubeba* (Lour.) Pers.

**识别要点：**落叶小乔木或灌木状，高达 10 m，全株无毛。枝、叶及果实揉碎后均有芳香味。单叶互生，叶片披针形或矩圆形，长 4~11 cm，先端渐尖，基部楔形，叶缘全缘，侧脉 6~10 对；叶柄长 0.6~2 cm。花单生或数朵簇生；花序梗长 0.6~1 cm。核果浆果状，球形，黑褐色，直径约 5 mm，成熟后黑色；果梗长 2~4 mm。果期 7~8 月。

**分布与生境：**产江苏、安徽、浙江、台湾、福建、江西、湖北、湖南、广东、海南、广西、贵州、四川、云南及西藏，生于海拔 200~3 200 m 的向阳山地、水边、灌丛或林中。东南亚也有分布。

**食用部位与食用方法：**叶及果可提取芳香油，做调味油，或直接取叶和幼果做调味食材。

**食疗保健与药用功能：**果味辛苦，性温，有温中散寒、行气止痛之功效，适用于脾胃寒证、寒疝腹痛、胃痛、感冒头痛、消化不良等症。

## 18. 山胡椒（樟科 Lauraceae）

*Lindera glauca* (Sieb. & Zucc.) Bl.

**识别要点：**落叶小乔木或灌木状，高达 8 m。小枝灰色或灰白色。单叶互生，叶片宽椭圆形、椭圆形或倒卵形，长 4~9 cm，叶缘全缘，叶背被白色柔毛；翌年发新叶时落叶。核果浆果状，球形，黑褐色，直径约 6 mm；果梗长 1~1.5 cm。叶及果揉碎后均有香味。果期 7~9 月。

**分布与生境：**产陕西、甘肃、河南、山东、江苏、安徽、浙江、福建、湖北、湖南、广西、贵州及四川，生于海拔 900 m 以下的山坡及林缘。朝鲜、日本及越南有分布。

**食用部位与食用方法：**叶及果可提取芳香油，做调味油，或直接取叶和幼果做调味食材。

**食疗保健与药用功能：**叶及果味辛，性温，适用于胃寒呕吐、胃痛、心腹冷痛、中风不语等症。

## 19. 川桂（樟科 Lauraceae）

*Cinnamomum wilsonii* Gamble

**识别要点：**常绿乔木。单叶互生，叶片卵形或卵状长圆形，先端钝尖，叶缘全缘而内卷，背面灰绿色，初被白色丝毛，离基 3 出脉；叶柄长 1~1.5 cm，无毛。树皮、幼枝及叶揉碎均具香味。核果浆果状，卵球形。果期 8~10 月。

**分布与生境：**产陕西、河南、安徽、江西、湖北、湖南、广东、广西、贵州及四川，生于海拔 300~2 400 m 的山谷、阳坡、沟边及林中。

**食用部位与食用方法：**枝皮、叶及果实可做罐头香料或火锅香料。

## 20. 肉桂（樟科 Lauraceae）

*Cinnamomum cassia* (L.) D. Don

**识别要点：**常绿乔木。树皮灰褐色，老树皮厚达 1.3 cm；幼枝稍四棱，黄褐色，具纵纹，密被灰黄色茸毛。叶片长椭圆形或近披针形，长 8~16 cm，叶缘全缘，背面疏被毛，离基 3 出脉；叶柄长 1.2~2 cm，被黄色茸毛。树皮、幼枝及叶揉碎均具香味。核果浆果状，椭球形，长约 1 cm，黑紫色。果期 10~12 月。

**分布与生境：**产福建、江西、广东、海南、广西、贵州及云南，生于海拔 1 000~1 400 m 的山地林中或灌丛中。印度、缅甸、越南、印度尼西亚及菲律宾有分布。

**食用部位与食用方法：**树皮、叶及果实可做罐头香料或火锅香料。

**食疗保健与药用功能：**果味辛甘，性热，归肾、脾、心、肝经，有补火助阳、引火归源、活血通经、散寒、补肾、止痛之功效，适应于腰膝痛、胃痛、消化不良、腹痛吐泻、闭经等症。

## 山柑科 / 白花菜科 Capparaceae

### 21. 斑果藤（山柑科 / 白花菜科 Capparaceae）

*Stixis suaveoleus* (Roxb.) Pierre

**识别要点：**木质大藤本。单叶互生，叶片矩圆形或矩圆状披针形，长 10~25 cm，宽 4~10 cm，先端近圆或骤尖，基部近圆形，边缘稍卷曲，全缘；叶柄长 1.5~5 cm，有水泡状小突起，近顶部膨大。总状花序腋生。核果椭球形，长 3~5 cm，直径 2.5~4 cm，成熟时黄色，有淡黄色鳞秕 / 鳞片状毛，果梗长 7~13 mm。果期 5~10 月。

**分布与生境：**产广东、海南、广西、云南及西藏，生于海拔 1 500 m 以下的灌丛或疏林中。不丹、尼泊尔、印度、孟加拉国、缅甸、越南、老挝、柬埔寨和泰国有分布。

**食用部位与食用方法：**嫩叶可作茶叶代用品，果可食。

## 蔷薇科 Rosaceae

### 22. 扁核木（蔷薇科 Rosaceae）

*Prinsepia utilis* Royle

**识别要点：**落叶灌木。小枝具枝刺，刺长可达 3.5 cm。单叶互生，叶片矩圆形或卵状披针形，长 3.5~9 cm，叶缘全缘或有浅锯齿，无毛；叶柄长约 5 mm。总状花序长 3~6 cm，生于叶腋或侧枝顶端；花白色。核果长球形或卵状长球形，暗紫色或黑色，无毛，被白粉。

**分布与生境：**产贵州、四川、云南及西藏，生于海拔 1 000~2 600 m 的山坡荒地、山谷或路边。印度、尼泊尔、不丹和巴基斯坦有分布。

**食用部位与食用方法：**嫩芽可作蔬菜食用，俗名青刺尖。果可鲜食或酿酒、制醋。

## 23. 东北蕤核 东北扁核木（蔷薇科 Rosaceae）

*Prinsepia sinensis* (Oliv.) Oliv.

**识别要点：**落叶小灌木。小枝具枝刺，刺长 0.5~1 cm。单叶互生或簇生，叶片卵状披针形或披针形，长 3~6.5 cm，叶缘全缘或有稀疏锯齿，无毛；叶柄长 5~10 mm。花单生，或 2~4 朵簇生于叶腋；花黄色。核果近球形或长球形，直径 1~1.5 cm，紫红色或紫黑色，无毛。果期 8 月。

**分布与生境：**产黑龙江、吉林、辽宁及内蒙古，生于林中、阴坡林间、山坡开阔处或河边。

**食用部位与食用方法：**果肉质，有香味，可食，或酿酒、制醋。

## 24. 蕤核（蔷薇科 Rosaceae）

*Prinsepia uniflora* Batal.

**识别要点：**落叶小灌木。小枝具钻形枝刺，刺长 0.5~1 cm。单叶互生或簇生，叶片矩圆状披针形或窄矩圆形，长 2~5.5 cm，叶缘全缘，无毛；近无柄。花单生，或 2~4 朵簇生于叶腋；花白色，有紫色脉纹。核果球形，直径 0.8~1.2 cm，红褐色或黑褐色，无毛。果期 8~9 月。

**分布与生境：**产陕西、甘肃、宁夏、青海、内蒙古、山西、河南及四川，生于海拔 800~2 200 m 的阳坡或山麓下。

**食用部位与食用方法：**果可食，或酿酒、制醋。

**食疗保健与药用功能：**果味甘，性微寒，归肝经，有养肝明目、疏风散热之功效，适用于目翳多泪、目赤肿痛、消化不良、食积等症。

## 25. 山桃（蔷薇科 Rosaceae）

*Amygdalus davidiana* (Carr.) de Vos ex Henry

**识别要点**：落叶乔木。枝皮暗紫色，光滑。单叶互生，叶片卵状披针形，长 5~13 cm，叶面无毛，叶缘有细锐锯齿；叶柄长 1~2 cm，无毛，常具腺体。花单生，先叶开放，粉红色或白色。核果近球形，直径 2.5~3.5 cm，成熟后淡黄色，密被柔毛，果梗短而深入果洼，果肉较薄，不裂；核球形或近球形，两侧扁，顶端钝圆，具纵、横沟纹和孔穴，与果肉分离。果期 7~8 月。

**分布与生境**：产黑龙江、辽宁、内蒙古、河北、河南、山东、山西、陕西、甘肃、青海、新疆、四川及云南，生于海拔 800~3 200 m 的山坡、山谷、沟底、林内或灌丛中。

**食用部位与食用方法**：桃胶（夏季破损树皮处流出的树脂，或切割树皮流出的树脂）经收集后，通过水浸，清除杂质，晒干备用；食用前用水泡发，可与瘦猪肉片或鸡蛋做汤食用；或用开水充分泡发（约 24 h），打成浆，加入糖，拌匀，置于冰箱中，冷却后呈果冻状，作为冷饮食用。果味苦，可煮熟后食用，或酿酒、制作果酱及果脯等；核仁经烘干、焙干、炒熟后可食。

**食疗保健与药用功能**：桃胶味甘苦，性平，适用于石淋、血淋等症，止痢疾。果肉味甘酸、性微温，可预防贫血和便秘，有补气养血、养阴生津、润肠通便之功效。核仁味甘苦，性平，有活血祛瘀、润肠通便、止咳平喘之功效，适用于风痹、血瘀经闭、跌打损伤、瘀血肿痛、肠燥便秘、咳嗽气喘等症。

## 26. 光核桃（蔷薇科 Rosaceae）

*Amygdalus mira* (Koehne) Ricker

**识别要点：**落叶乔木。单叶互生，叶片披针形至卵状披针形，长 5~11 cm，叶面无毛，叶背沿中脉被短柔毛，叶缘有圆钝锯齿，齿端常有小腺体；叶柄长 0.8~1.5 cm，无毛，常具扁平紫红色腺体。花单生，先叶开放，粉红色。核果近球形，直径约 3 cm，密被柔毛，肉质，不裂；核扁卵球形，顶端急尖，表面光滑，有少数不明显纵向沟纹。果期 8~9 月。

**分布与生境：**产四川、云南及西藏，生于海拔 2 000~4 000 m 的山坡林内或山谷沟边。

**食用部位与食用方法：**桃胶经收集后，通过水浸，清除杂质，可食用，方法同山桃。果含糖量高，可鲜食或制作罐头、果脯。核仁味苦或甜，经炒或烘干后可食，可榨油或酿酒。

**食疗保健与药用功能：**桃胶味甘苦，性平，适用于石淋、血淋等症，亦可止痢疾。核仁有活血祛瘀、润肠通便、止咳化痰之功效。

## 27. 杏（蔷薇科 Rosaceae）

*Armeniaca vulgaris* Lam.

**识别要点：**落叶乔木。单叶互生，叶片宽卵形或圆卵形，长 5~9 cm，两面无毛或叶背脉腋处有毛，叶缘有钝圆锯齿；叶柄长 2~3.5 cm，无毛，基部常有腺体。花单生，先叶开放，白色带红晕。核果球形，直径 2.5 cm 以上，微被柔毛，果肉多汁，熟后不裂，白、黄或黄红色，常具红晕；核扁卵球形，顶端钝圆。果期 6~7 月。

**分布与生境：**产新疆天山，生于海拔 600~1 200 m 的地带，我国大部分省区有栽培，少数地区已野化。

**食用部位与食用方法：**果肉可鲜食，或加工制成杏脯、杏干、杏酱、杏汁、杏酒等；杏仁（种仁）加工后亦可食，可与绿豆、粳米磨成浆，加白糖煮熟饮用，是夏天解暑、清热润肺的饮料——杏仁茶，还可制成杏仁霜、杏仁露、杏仁酪、杏仁酱、杏仁点心、杏仁酱菜、杏仁油等食用。

**食疗保健与药用功能：**果实味酸甘，性温，有润肺平喘、生津止咳之功效，适用于咽干口渴、急慢性咳嗽、肠燥便结、视力减退等症；核仁（杏仁）味苦，性温，有小毒，有祛痰止咳、平喘、润肠通便之功效，适用于外感咳嗽、喉痹、肠燥便秘等症。

注意事项：杏仁含苦杏仁苷，可分解成有毒物质氢氰酸，不可鲜食和多食。

## 28. 李梅杏 杏梅（蔷薇科 Rosaceae）

*Armeniaca limeixing* J. Y. Zhang & Z. M. Wang

**识别要点：**落叶小乔木。单叶互生，叶片椭圆形或倒卵状椭圆形，长 6~8 cm，先端渐尖或尾尖，无毛或叶背脉腋处有毛，叶缘有浅钝锯齿；叶柄长 1.8~2.1 cm，有 2~4 腺体。花常 2~3 朵簇生，花叶同时开放或先花后叶，白色。核果近球形或卵球形，直径 3~5 cm，被柔毛，熟后不裂，黄白、橘黄或黄红色，味酸甜，果肉粘核。果期 6~7 月。

**分布与生境：**产黑龙江、吉林、辽宁、山东、河北、河南、山西和陕西，栽培或野生。

**食用部位与食用方法：**果可鲜食、盐渍、干制或加工成罐头。

## 29. 山杏（蔷薇科 Rosaceae）

*Armeniaca sibirica* (L.) Lam.

**识别要点：**落叶灌木或小乔木。单叶互生，叶片卵形或近圆形，长 5~10 cm，先端长渐尖或尾状尖，两面无毛，叶缘有细钝锯齿；叶柄长 2~3.5 cm，无毛。花单生，先叶开放，白色或粉红色。核果扁球形，直径 1.5~2.5 cm，被柔毛，熟后不裂，黄或橘红色，常具红晕；核扁球形，两侧扁，顶端圆，易与果肉分离。果期 6~7 月。

**分布与生境：**产黑龙江、吉林、辽宁、陕西、甘肃、青海、新疆、内蒙古、山西、河北及河南，生于海拔 400~2 500 m 的干旱阳坡、山沟石崖、林下或灌丛中。蒙古和俄罗斯东部有分布。

**食用部位与食用方法：**青杏味酸，生食口感不大好，可加工制作青丝、果脯、果丹皮、罐头、酒等；杏仁营养丰富，加工熟后可食，亦可制作糕点、糖果、杏仁霜、杏仁露等。

**食疗保健与药用功能：**杏仁味苦，性温，有小毒，有止咳祛痰、理气平喘、润肠通便之功效，适用于咳嗽气喘、大便秘结等症。

注意事项：生杏仁含有毒物质氢氰酸，加热脱毒后才可食用。

## 30. 东北杏（蔷薇科 Rosaceae）

*Armeniaca mandshurica* (Maxim.) Skv.

**识别要点：**落叶乔木。树皮木栓质发达，深裂。单叶互生，叶片宽卵形或宽椭圆形，长 5~12 cm，先端渐尖或尾状，幼时两面被毛，老时仅叶背脉腋处有毛，叶缘具细长尖锐重锯齿；叶柄长 1.5~3 cm，常有 2 腺体。花单生，先叶开放，白色或粉红色。核果近球形，直径 1.5~2.6 cm，被柔毛，熟后不裂，黄色，向阳面常具红晕；核近球形，两侧扁，顶端钝或微尖。果期 6~7 月。

**分布与生境：**产黑龙江、吉林和辽宁，生于海拔 200~1 000 m 的山坡灌丛、山地林中或荒野中。朝鲜半岛和俄罗斯东部有分布。

**食用部位与食用方法：**大果类型可食，有香味；杏仁加工熟后可食。

**食疗保健与药用功能：**杏仁味苦，性温，有小毒，有止咳祛痰、理气平喘、润肠通便之功效，适用于咳嗽气喘、肠燥便秘等症。

注意事项：杏仁有小毒，用量不宜过大，不可鲜食。婴儿慎用；阴虚咳喘、大便溏泻者忌用。

## 31. 梅（蔷薇科 Rosaceae）

*Armeniaca mume* Sieb.

**识别要点：**落叶小乔木。单叶互生，叶片卵形或椭圆形，长 4~8 cm，先端尾状，幼时两面被毛，老时仅叶背脉腋处有毛，叶缘具细小锐锯齿；叶柄长 1~2 cm，常有腺体。花单生或 2 朵生于 1 芽内，先叶开放，白色或粉红色，香味浓。核果近球形，直径 2~3 cm，被柔毛，熟后不裂，黄色或绿白色，味酸，果肉粘核；核椭球形，顶端圆。果期 5~6 月。

**分布与生境：**产四川和云南，生于海拔 3 100 m 以下的山坡、溪边或开阔林中，全国各地有栽培。

**食用部位与食用方法：**果可鲜食、盐渍或干制。

**食疗保健与药用功能：**果味酸涩，性平，有敛肺止咳、涩肠止泻、生津止渴、安蛔止痛、收敛止血之功效，适用于肺虚久咳、久泻久痢、虚热消渴、蛔厥腹痛、崩漏下血、便血尿血等症。

## 32. 李（蔷薇科 Rosaceae）

*Prunus salicina* Lindl.

**识别要点：**落叶乔木。单叶互生，叶片矩圆状倒卵形或长椭圆形，长 6~10 cm，先端渐尖至短尾尖，两面无毛或叶背沿中脉有毛或脉腋处有毛，叶缘具圆钝重锯齿；叶柄长 1~2 cm，有腺体或无。花常 3 朵簇生，先叶开放，白色。核果球形或卵球形，直径 4~7 cm，熟后绿色、黄色或浅红色，外有蜡粉；核卵球形，有皱纹。果期 7~8 月。

**分布与生境：**产黑龙江、吉林、辽宁、陕西、甘肃、宁夏、河南、山西、山东、江苏、安徽、浙江、福建、台湾、江西、湖北、湖南、广东、广西、贵州、四川和云南，生于海拔 200~2 600 m 的山坡灌丛中、山谷疏林中、水边或沟底。我国各地有栽培，有野化。

**食用部位与食用方法：**果可鲜食，或做果脯、果酱。

**食疗保健与药用功能：**果味甘酸苦，性平，有清热、生津、消积之功效，适用于虚劳骨蒸、消渴、食积等症。

注意事项：不宜过量食用，否则会引起脑涨虚热。

## 33. 东北李（蔷薇科 Rosaceae）

*Prunus ussuriensis* Kov. & Kost.

**识别要点：**落叶乔木。单叶互生，叶片矩圆形或倒卵状矩圆形，长 4~8 cm，先端尾尖至急尖，叶面无毛，叶背有微毛，叶缘有单锯齿或重锯齿，齿尖带腺；叶柄长不及 1 cm，被毛，叶基部两侧各有 1 腺体。花常 2~3 朵簇生，先叶开放，白色。核果卵球形或近球形，直径 1.5~2.5 cm，熟后紫红色；核长球形，有不明显蜂窝状突起。果期 6~9 月。

**分布与生境：**产黑龙江、吉林和辽宁，生于海拔 400~800 m 的林缘或溪边。俄罗斯东部有分布。

**食用部位与食用方法：**果可鲜食。

## 34. 毛樱桃（蔷薇科 Rosaceae）

*Cerasus tomentosa* (Thunb.) Wall.

**识别要点：**落叶灌木。嫩枝密被毛。单叶互生，叶片椭圆形或倒卵状椭圆形，长 2~7 cm，先端急尖或渐尖，叶面有皱纹，疏被柔毛，叶背密被茸毛，叶缘有锯齿；叶柄长 3~5 mm。花单生或 2~3 朵簇生，花叶同时开放，白色或粉红色。核果近球形，直径 0.5~1.2 cm，熟后红色，微生毛。果期 6~8 月。

**分布与生境：**产黑龙江、吉林、辽宁、陕西、甘肃、宁夏、青海、新疆、内蒙古、河北、河南、山西、山东、江苏、安徽、浙江、福建、江西、湖北、贵州、四川、云南及西藏，生于海拔 100~3 700 m 的山坡林中、林缘、灌丛或草地。

**食用部位与食用方法：**果酸甜，可鲜食，亦可制作果酱、果汁、蜜饯、罐头及果酒等。

**食疗保健与药用功能：**味甘酸，性平，有健胃、益气、固精之功效，适用于食积泻痢、便秘、脚气、遗精滑泄等症。

## 35. 郁李（蔷薇科 Rosaceae）

*Cerasus japonica* (Thunb.) Lois.

**识别要点：**落叶灌木。枝无毛。单叶互生，叶片卵形或卵状披针形，长 3~7 cm，两面无毛，或叶背有疏毛，叶缘有缺刻状尖锐重锯齿；叶柄长 2~3 mm；托叶长 4~6 mm，有腺齿。花单生或 2~3 朵簇生，花叶同时开放或先叶开放，白色或粉红色。核果近球形，直径约 1 cm，熟后深红色；核光滑。果期 7~8 月。

**分布与生境：**产黑龙江、吉林、辽宁、河北、河南、山西、山东、江苏、安徽、浙江、福建、江西及广东北部，生于低海拔丘陵、山坡林下或灌丛中。日本及朝鲜半岛有分布。

**食用部位与食用方法：**果可鲜食或酿酒，核仁亦可食。

**食疗保健与药用功能：**果味辛甘酸苦，性平，归脾、大肠、小肠经，有润肠缓下、下气、利尿之功效，适用于津枯肠燥、食积气滞、腹胀便秘、浮肿、脚气等症；核仁有健胃润肠、利尿消肿之功效。

## 36. 欧李（蔷薇科 Rosaceae）

*Cerasus humilis* (Bunge) Sok.

**识别要点：**落叶灌木，高 0.4~1.5 m。单叶互生，叶片倒卵状矩圆形或倒卵状披针形，长 2.5~5 cm，先端渐尖或尾状尖，叶面无毛，叶背无毛或有稀疏短毛，叶缘有单锯齿或重锯齿；叶柄长 2~4 mm。花单生或 2~3 朵簇生，花叶同时开放，白色或粉红色。核果近球形，直径 1.5~1.8 cm，熟后红色或紫红色。果期 6~10 月。

**分布与生境：**产黑龙江、吉林、辽宁、内蒙古、河北、河南、山西、山东及江苏，生于海拔 400~1 800 m 的阳坡沙地或山地灌丛中。

**食用部位与食用方法：**果肉多汁，味酸甜鲜美，除可鲜食外，还可做果汁、果酒、罐头等。

**食疗保健与药用功能：**种仁味辛苦甘，性平，归脾、大肠、小肠经，有润肠通便、下气利水之功效，适用于肠燥便秘、水肿胀满、脚气浮肿等症。

## 37. 麦李（蔷薇科 Rosaceae）

*Cerasus glandulosa* (Thunb.) Sok.

**识别要点：**落叶灌木。枝无毛。单叶互生，叶片矩圆状倒卵形或椭圆状披针形，长 2.5~6 cm，两面无毛或中脉有疏毛，叶缘有细钝重锯齿；叶柄长 1.5~3 mm。花单生或 2 朵簇生，花叶同时开放，白色或粉红色。核果近球形，直径 1~1.3 cm，熟后红色或紫红色。果期 5~8 月。

**分布与生境：**产辽宁、河北、陕西、河南、山东、江苏、安徽、浙江、福建、江西、湖北、湖南、广东、广西、贵州、四川及云南，生于海拔 800~1 300 m 的山坡、沟边或灌丛中。

**食用部位与食用方法：**果可鲜食或酿酒。

## 38. 钟花樱桃 福建山樱桃（蔷薇科 Rosaceae）

*Cerasus campanulata* (Maxim.) Vass.

**识别要点：**落叶乔木或灌木。单叶互生，叶片卵形、卵状椭圆形或倒卵状椭圆形，长 4~7 cm，先端渐尖，叶面无毛，叶背无毛或脉腋有簇毛，叶缘有尖锯齿；叶柄长 0.8~1.3 cm，无毛，顶端常有 2 个腺体。花 2~5 朵聚生，先叶开放，红色或粉红色。核果卵球形，顶端尖，长约 1 cm，熟后红色。果期 4~5 月。

**分布与生境：**产浙江、台湾、福建、江西、湖南、广东、海南及广西，生于海拔 100~600 m 的山谷林中或林缘。日本和越南有分布。

**食用部位与食用方法：**成熟果实可鲜食，味甜，微带酸涩。

## 39. 樱桃（蔷薇科 Rosaceae）

*Cerasus pseudocerasus* (Lindl.) Loudon

**识别要点：**落叶乔木。单叶互生，叶片卵形或矩圆状倒卵形，长 5~12 cm，先端渐尖或尾状尖，叶面无毛，叶背有疏毛，叶缘有尖锐重锯齿，齿尖有小腺体；叶柄长 0.7~1.5 cm，被毛，先端有 1~2 个大腺体。花序有花 3~6 朵，先叶开放，白色。核果近球形，直径 0.9~1.3 cm，熟后红色或橙红色。果期 5~6 月。

**分布与生境：**产辽宁、陕西、甘肃、河北、河南、山西、山东、江苏、安徽、浙江、福建、江西、湖北、湖南、广西、贵州、四川及云南，生于海拔 300~1 300 m 的山坡阳处或沟边。

**食用部位与食用方法：**果可鲜食，也可做果汁、果酱、罐头或酿酒。

**食疗保健与药用功能：**果味甘、微酸，性温，归脾、胃、肾经，有益气祛风湿之功效，适用于气短心悸、食少倦怠、瘫痪、四肢麻木、风湿腰腿痛等症。

## 40. 绢毛稠李（蔷薇科 Rosaceae）

*Padus wilsonii* Schneid.

**识别要点：**落叶乔木。单叶互生，叶片椭圆形、矩圆形或矩圆状倒卵形，长 6~16 cm，先端短渐尖或短尾尖，叶缘疏生圆钝锯齿，中脉和侧脉在叶面下凹，叶背淡绿色，幼时密被白色绢状柔毛；叶柄长 7~8 mm，顶端两侧各有 1 个腺体或叶片基部边缘各有 1 个腺体。总状花序长 7~14 cm；花白色。核果球形或卵球形，直径 0.8~1.1 cm，成熟时黑紫色；果梗增粗，皮孔大。果期 6~10 月。

**分布与生境：**产陕西、甘肃、江苏、安徽、浙江、福建、江西、湖北、湖南、广东、广西、贵州、四川、云南及西藏，生于海拔 900~2 500 m 的山坡、山谷或沟底。

**食用部位与食用方法：**成熟果实可鲜食或酿酒。

# 白刺科 Nitrariaceae

## 41. 大白刺（白刺科 Nitrariaceae）

*Nitraria roborowskii* Kom.

**识别要点：**落叶灌木。多分枝，多平卧，少直立，枝刺白色。单叶肉质，幼枝之叶 2~3 枚簇生，矩圆状匙形或倒卵形，长 2.5~4 cm，宽 0.7~2 cm，全缘或先端 2~3 齿裂。花稀疏，白色。核果卵球形或椭球形，长 1.2~1.8 cm，直径 0.8~1.5 cm，熟时深红色，果汁紫黑色；果核窄卵形，长 0.8~1 cm。果期 7~8 月。

**分布与生境：**产内蒙古、陕西、甘肃、宁夏、青海及新疆，生于沙漠地区、湖盆边缘、绿洲外围沙地。蒙古有分布。

**食用部位与食用方法：**果味酸甜可口，清香味美，营养丰富，有“沙漠樱桃”之称，可做饮料。

## 42. 小果白刺（白刺科 Nitrariaceae）

*Nitraria sibirica* Pall.

**识别要点：**落叶灌木。多分枝，小枝灰白色，先端刺尖。单叶，肉质，幼枝之叶 4~6 枚簇生，叶片倒披针形或倒卵状匙形，长 6~15 mm，宽 2~5 mm，叶缘全缘。花序长 1~3 cm；花黄绿色或近白色。核果椭球形或近球形，长 6~8 mm，熟时暗红色或紫红色，果汁暗蓝紫色；果核卵形，长 4~5 mm。果期 7~8 月。

**分布与生境：**产吉林、辽宁、内蒙古、河北、山西、山东、陕西、甘肃、宁夏、青海及新疆，生于盐渍化沙地及沿海沙地。蒙古、西伯利亚地区及中亚地区有分布。

**食用部位与食用方法：**果味甜、微咸，可鲜食，亦可做果酱、酿酒等。

## 43. 白刺（白刺科 Nitrariaceae）

*Nitraria tangutorum* Bobr.

**识别要点：**落叶灌木。多分枝，幼枝白色，先端针刺状。单叶肉质，幼枝之叶 2~3 枚簇生，叶片宽倒披针形或长椭圆状匙形，长 1.8~3 cm，宽 6~8 mm，叶缘全缘，稀先端 2~3 齿裂。花较密，白色。核果卵球形，长 8~12 mm，直径 6~9 mm，熟时深红色，果汁玫瑰色；果核窄卵形，长 5~6 mm。果期 7~8 月。

**分布与生境：**产内蒙古、陕西、甘肃、宁夏、青海、新疆及西藏，生于荒漠及半荒漠湖盆沙地、河流阶地、山前平原积沙地。

**食用部位与食用方法：**鲜果酸甜适口，可做果酒、饮料、食品添加剂等。

**食疗保健与药用功能：**果味甘酸，性微咸温，有滋补强壮、调经活血、健脾胃、助消化、安神、解表、下乳之功效，适用于脾胃虚弱、气血两亏、月经不调、腰腹疼痛、消化不良、神经衰弱、感冒等症。

## 芸香科 Rutaceae

### 44. 山油柑（芸香科 Rutaceae）

*Acronychia pedunculata* (L.) Miq.

**识别要点：**常绿乔木。单叶对生，叶片椭圆形、倒卵形或倒卵状椭圆形，长 7~18 cm，叶缘全缘，具透明油腺点；叶柄长 1~2 cm。圆锥花序。果序下垂；核果淡黄色，半透明，近球形而稍具棱角，直径 1~1.5 cm，有 4 条浅沟纹。果期 8~12 月。

**分布与生境：**产福建、台湾、广东、海南、广西及云南，生于海拔 400~600 m 的山坡林中或河谷林缘。东南亚有分布。

**食用部位与食用方法：**果实味甜，可食。

**食疗保健与药用功能：**果有活血、健脾、止咳之功效。

## 橄榄科 Burseraceae

### 45. 橄榄（橄榄科 Burseraceae）

*Canarium album* (Lour.) Rauesch.

**识别要点：**常绿乔木。单数羽状复叶互生；小叶 3~6 对，小叶片披针形、椭圆形或卵形，长 6~14 cm，先端渐尖，叶缘全缘。雌花序总状，腋生。果序长 1.5~15 cm，具 1~6 枚果；核果卵球形或纺锤形，长 2.5~3.5 cm，成熟时黄绿色，果核渐尖。果期 10~12 月。

**分布与生境：**产福建、台湾、广东、海南、广西、贵州、四川及云南，生于海拔 1 300 m 以下的沟谷或山坡林中。越南有分布。

**食用部位与食用方法：**果味酸甜，回味清甜，可鲜食，或糖渍后食用，或做果脯。

**食疗保健与药用功能：**果味甘酸涩，性平，有清热解毒、生津利咽、清肺之功效，适用于咽喉肿痛、肺热咳嗽、咽干口渴、咳嗽吐血等症。

## 46. 乌榄（橄榄科 Burseraceae）

*Canarium pimela* K. D. Koenig

**识别要点：**常绿乔木。单数羽状复叶互生；小叶 4~6 对，小叶片宽椭圆形、卵形或圆形，长 6~17 cm，先端骤渐尖，叶缘全缘。圆锥花序腋生。果序长 8~35 cm，具 1~4 枚果；核果窄卵球形，长 3~4 cm，成熟时紫黑色。果期 5~11 月。

**分布与生境：**产广东、海南、广西及云南，生于海拔 540~1 280 m 的林中。越南、老挝和柬埔寨有分布。

**食用部位与食用方法：**果可鲜食或腌制“榄果”做菜；榄仁为饼食及菜配料佳品。

# 大戟科 Euphorbiaceae

## 47. 五月茶（大戟科 Euphorbiaceae）

*Antidesma bunius* (L.) Spreng.

**识别要点：**乔木或灌木。单叶互生；叶片矩圆形或长椭圆形，长 8~23 cm，先端圆钝、急尖或渐尖，基部楔形，叶缘全缘，侧脉 7~11 对；叶柄长 3~10 mm；托叶披针形。雌花序总状，顶生。核果近球形，长 8~10 mm，成熟时红色。果期 6~12 月。

**分布与生境：**产福建、江西、湖南、广东、海南、广西、贵州、云南及西藏，生于海拔 1 500 m 以下的山地疏林或平原林中。亚洲热带地区及澳大利亚有分布。

**食用部位与食用方法：**果味微酸，成熟时可鲜食或制作果酱。

## 48. 蝴蝶果（大戟科 Euphorbiaceae）

*Cleidiocarpon cavaleriei* (Lévl.) Airy Shaw

**识别要点：**乔木。幼枝、叶疏生星状毛。单叶互生；叶片椭圆形、矩圆形或披针形，长 6~22 cm，先端渐尖，基部楔形，叶缘全缘；叶柄长 1~4 cm；托叶长 1.5~2.5 mm。圆锥花序顶生，长 10~15 cm，密生星状毛；雄花生于花序上部；雌花生于花序基部或中部。核果卵球形或双球形，直径 3~5 cm，被微毛；果梗长 1.5 cm。花果期 5~11 月。

**分布与生境：**产贵州、广西及云南，生于海拔 150~1 000 m 的石灰岩山地常绿林中。越南有分布。

**食用部位与食用方法：**种子含淀粉和油脂，煮熟后去胚，子叶可食，亦可榨油。

# 漆树科 Anacardiaceae

## 49. 豆腐果（漆树科 Anacardiaceae）

*Buchanania latifolia* Roxb.

**识别要点：**落叶乔木。小枝粗，幼枝被毛。单叶互生，叶片椭圆形或倒卵状椭圆形，长 12~24 cm，先端圆或凹缺，叶缘全缘，背面有锈色毛，侧脉 2~20 对。圆锥花序顶生，被锈色茸毛。核果双凸镜状，直径约 9 mm，厚约 6 mm，成熟时紫褐色。

**分布与生境：**产海南及云南，生于海拔 120~900 m的沟谷疏林中。印度、马来西亚和中南半岛有分布。

**食用部位与食用方法：**种子富含淀粉，可磨豆腐食用。

## 50. 杧果（漆树科 Anacardiaceae）

*Mangifera indica* L.

**识别要点：**常绿乔木。单叶互生，叶片矩圆形或矩圆状披针形，长12~30 cm，先端渐尖，叶缘全缘，侧脉20~25对。圆锥花序顶生；花淡黄色。核果肾形，长5~10 cm，直径3~4.5 cm，成熟时黄色或黄绿色，稀紫红色，果核扁。

**分布与生境：**产福建、台湾、广东、海南、广西及云南，生于海拔200~1 350 m的沟谷林中。印度、马来西亚和中南半岛有分布。

**食用部位与食用方法：**果可鲜食，或做果酱、做罐头、酿酒。

## 51. 槟榔青（漆树科 Anacardiaceae）

*Spondias pinnata* (L. f.) Kurz.

**识别要点：**落叶乔木。单数羽状复叶互生，小叶5~9枚，小叶片矩圆状椭圆形或卵状矩圆形，长7~12 cm，先端尾状尖，叶缘全缘，侧脉密而平行，无毛。花先叶开放，圆锥花序顶生，长25~35 cm。核果椭球形，长3.5~5 cm，成熟时黄褐色。果期5~9月。

**分布与生境：**产海南、广西及云南，生于海拔300~1 200 m的沟谷或山坡林中。亚洲东南部有分布。

**食用部位与食用方法：**果可食，但不甚可口，还可经烤熟加盐等捣烂做佐料酱食用。

## 52. 人面子（漆树科 Anacardiaceae）

*Dracontomelon duperreanum* Pierre

**识别要点：**常绿大乔木。单数羽状复叶互生，长 30~45 cm；小叶 5~7 对，小叶片矩圆形，叶缘全缘，中脉被毛，下面脉腋处被毛，中脉及细脉两面凸起。圆锥花序长 10~23 cm；花白色。核果扁球形，长约 2 cm，直径 1.7~1.9 cm，成熟时黄色；果核扁，形如人面。果期 8 月。

**分布与生境：**产广东、海南、广西及云南，生于海拔 100~350 m 的林中。越南有分布。

**食用部位与食用方法：**果可鲜食，亦可做菜、腌渍、做果酱等。

**食疗保健与药用功能：**果味甘酸，性平，有健脾消食、生津止渴、醒酒、解毒之功效，适用于消化不良、食欲减退、热病口渴、偏身风毒疮痒、咽喉肿痛等症。

## 53. 南酸枣（漆树科 Anacardiaceae）

*Choerospondias axillaris* (Roxb.) Burtt & Hill.

**识别要点：**落叶乔木。单数羽状复叶互生，长 25~40 cm，小叶 7~11 对，小叶片窄长卵形或矩圆状披针形，长 4~12 cm，先端长渐尖，基部宽楔形，叶缘全缘，背面脉腋处具簇生毛。雄花及假两性花组成圆锥花序，雌花单生于上部叶腋。核果椭球形，长 2.5~3 cm，成熟时黄色，中果皮肉质浆状。果期 8~10 月。

**分布与生境：**产甘肃、安徽、浙江、福建、江西、湖北、湖南、广东、海南、广西、贵州、四川、云南及西藏，生于海拔 2 000 m 以下的山坡、丘陵或沟谷林中。日本、印度和中南半岛有分布。

**食用部位与食用方法：**果实味酸甜，可鲜食，亦可酿酒，制作果冻、果糕、南酸枣片、酸枣粑粑等。

**食疗保健与药用功能：**果味酸涩，性凉，有消食导滞、解毒、收敛、止血、止痛之功效，适用于消化不良、腹胀腹痛、食欲减退、烧烫伤、外伤出血等症。

## 54. 盐麸木（漆树科 Anacardiaceae）

*Rhus chinensis* Mill.

**识别要点：**落叶小乔木或灌木状。单数羽状复叶，小叶 7~13 枚，叶轴具叶状宽翅，叶轴及叶柄密被锈色柔毛，小叶椭圆形或卵状椭圆形，长 6~12 cm，边缘有粗锯齿；小叶无柄。圆锥花序顶生。核果扁球形，直径 4~5 mm，熟时红色，被柔毛及腺毛。果期 9~10 月。

**分布与生境：**产辽宁、河北、山西、陕西、甘肃、河南、山东、江苏、安徽、浙江、台湾、福建、江西、湖北、湖南、广东、海南、广西、贵州、四川及云南，生于海拔 2 700 m 以下的阳坡、丘陵、沟谷疏林或灌丛中。日本、朝鲜半岛、中南半岛、印度、马来西亚和印度尼西亚有分布。

**食用部位与食用方法：**成熟果实可鲜食，或代盐、代醋食用。

**食疗保健与药用功能：**果味酸咸，性凉，有清热解毒、散瘀止血之功效，适用于喉痹、痰火咳嗽、酒毒黄疸、疟瘴、体虚多汗、顽癣等症。

# 鼠李科 Rhamnaceae

## 55. 北枳椇（鼠李科 Rhamnaceae）

*Hovenia dulcis* Thunb.

**识别要点：**落叶乔木。单叶互生；叶片卵圆形或椭圆状卵形，长 7~17 cm，先端渐尖，基部平截，叶缘有锯齿；叶柄长 2~4.5 cm。圆锥花序顶生或兼有腋生，无毛。核果浆果状，近球形，直径 6~8 mm，成熟时黑色；花序轴在果时膨大，肉质。果期 8~10 月。

**分布与生境：**产陕西、甘肃、河北、河南、山西、山东、江苏、安徽、浙江、江西、湖北、贵州及四川，生于海拔 1 400 m 以下的丘陵或山地林中。日本和朝鲜半岛有分布。

**食用部位与食用方法：**果序轴富含糖分，可鲜食、酿酒、制醋或熬糖。

## 56. 枳椇 拐枣（鼠李科 Rhamnaceae）

*Hovenia acerba* Lindl.

**识别要点：**落叶大乔木。单叶互生；叶片宽卵形、椭圆状卵形或心形，长 8~17 cm，先端渐尖，基部平截或心形，叶缘有钝细齿；叶柄长 2~5 cm。圆锥花序顶生或腋生，被褐色毛。核果浆果状，近球形，直径 5~6.5 mm，成熟时褐色；果序轴膨大，肉质。果期 8~10 月。

**分布与生境：**产陕西、甘肃、河南、江苏、安徽、浙江、福建、江西、湖北、湖南、广东、广西、贵州、四川及云南，生于海拔 2 100 m 以下的丘陵、山地山坡林缘或疏林中。印度、尼泊尔、不丹和缅甸有分布。

**食用部位与食用方法：**果序轴肥厚，富含糖分，可鲜食、酿酒、制醋、熬糖或制作果脯。

**食疗保健与药用功能：**果序轴味甘酸，性平，有清热利尿、健胃、补血、醒酒除烦、解热止渴、润五脏之功效，适用于热病烦渴、呃逆、呕吐、醉酒、口渴、二便不通等症。

## 57. 枣（鼠李科 Rhamnaceae）

*Ziziphus jujuba* Mill.

**识别要点：**落叶小乔木或灌木。具长枝、短枝和无芽小枝；有 2 个托叶刺，长刺长达 3 cm，粗直，短刺长 4~6 mm，下弯。单叶互生；叶片卵形或卵状椭圆形，长 3~7 cm，先端钝或圆，边缘有圆齿，基部 3 出脉；叶柄长 1~6 mm。花小，黄绿色，腋生。核果长球形，长 2~3.5 cm，直径 1.5~2 cm，成熟时红色，中果皮肉质，味甜。果期 8~9 月。

**分布与生境：**产吉林、辽宁、陕西、甘肃、宁夏、新疆、内蒙古、河北、河南、山西、江苏、安徽、浙江、福建、江西、湖北、湖南、广东、广西、贵州、四川及云南，生于海拔 1 700 m 以下的山区、丘陵或平原。

**食用部位与食用方法：**果味甜，可鲜食，或做蜜饯、果脯、果酱、糕点、枣酒、枣醋等。

**食疗保健与药用功能：**果味甘，性温，归脾、胃经，是上等滋补佳品，富含维生素 C 和糖分，有养胃、健脾、滋补、益气血、安心神、和药性之功效，适用于气血不足、贫血、脾胃虚弱、脏燥、肺虚咳嗽、神经衰弱、乏力便溏、心悸失眠、高血压、败血病等症。

## 58. 酸枣（鼠李科 Rhamnaceae）

*Ziziphus jujuba* Mill. var. *spinosa* (Bunge) Hu ex H. F. Chow

**识别要点：**与枣的区别在于酸枣常为灌木；叶较小；核果近球形，直径 0.7~1.2 cm，中果皮薄，味酸。

**分布与生境：**产辽宁、陕西、甘肃、宁夏、新疆、内蒙古、河北、河南、山西、山东、江苏、安徽及福建，生于向阳、干燥山坡、丘陵、岗地或平原。朝鲜和俄罗斯有分布。

**食用部位与食用方法：**果肉富含维生素 C，可鲜食、煮汤，做果酱、酸枣酒、醋、饮料等。种仁可鲜食或炒熟后食用。

**食疗保健与药用功能：**果味甘酸，性平微温，归肝、胆、心经，有宁心安神、镇静催眠、养肝敛汗、健胃之功效，适用于虚烦不眠、惊悸怔忡、神经衰弱、烦渴、虚汗等症。种仁味甘酸，性平，有养心益肝、宁心安神、生津敛汗之功效，适用于心神不安、伤津口渴、自汗、盗汗等症。

## 59. 滇刺枣（鼠李科 Rhamnaceae）

*Ziziphus mauritiana* Lam.

**识别要点：**常绿乔木或灌木。幼枝密被毛。单叶互生；叶片卵形、矩圆状椭圆形或近圆形，长 2.5~6 cm，先端圆，边缘有细齿，基部 3 出脉，叶背被茸毛；叶柄长 5~13 mm；托叶刺 2 枚。花小，腋生。核果长球形或球形，长 1~1.2 cm，直径约 1 cm，成熟时黑色。果期 9~12 月。

**分布与生境：**产广东、海南、广西、贵州、四川及云南，生于海拔 1 800 m 以下的山坡、丘陵、河边林内或灌丛中。亚洲南部和东南部、澳大利亚和非洲有分布。

**食用部位与食用方法：**果可鲜食或制成干果，亦可加工成蜜饯、果酱、果汁。

**食疗保健与药用功能：**果有清凉解热之功效。

## 60. 黄背勾儿茶（鼠李科 Rhamnaceae）

*Berchemia flavescens* (Wall.) Brongn.

**识别要点：**藤状灌木，全株无毛。单叶互生；叶片卵圆形、卵状椭圆形或矩圆形，长 7~15 cm，基部圆形或近心形，叶缘全缘，侧脉 12~18 对；叶柄长 1.3~2.5 cm。花序生于侧枝顶端；花梗长 2~3 mm。核果近圆柱形，长 7~11 mm，顶端具小尖头，成熟时紫红色或紫黑色；果梗长 3~5 mm。果期 5~7 月。

**分布与生境：**产陕西、甘肃、江西、湖北、四川、云南及西藏，生于海拔 1 200~4 000 m 的山坡灌丛或林下。印度、尼泊尔和不丹有分布。

**食用部位与食用方法：**成熟果可鲜食，味酸甜，可做果酱、果汁。

## 61. 雀梅藤（鼠李科 Rhamnaceae）

*Sageretia thea* (Osbedk) Johnst.

**识别要点：**藤状或灌木。小枝具刺，被柔毛。单叶互生；叶片椭圆形、卵状椭圆形或卵形，长 1~4.5 cm，基部圆或近心形，叶缘全缘；叶柄长 2~7 mm。疏散穗状或圆锥状穗状花序；花无梗，黄色，芳香。核果近球形，黑色或紫黑色。果期 3~5 月。

**分布与生境：**产甘肃、河南、江苏、安徽、浙江、福建、台湾、江西、湖北、湖南、广东、广西、四川及云南，生于海拔 2 100 m 以下的丘陵、山地林下或灌丛中。日本、朝鲜半岛、印度和越南有分布。

**食用部位与食用方法：**成熟果可食，味酸，可做果酱、果汁。

## 62. 山茱萸（山茱萸科 Cornaceae）

*Cornus officinalis* Sieb. & Zucc.

**识别要点：**落叶乔木或灌木。小枝对生，棕褐色。单叶对生，叶片卵状披针形或卵形，长 5~10 cm，基部楔形，叶缘全缘，叶背脉腋被毛；叶柄长 0.6~1.2 cm。伞形花序生于枝侧；花黄色。核果长球形，长 1.2~2 cm，直径 5~9 mm，成熟时红色或紫红色；核骨质，具纵肋纹。果期 7~9 月。

**分布与生境：**产陕西、甘肃、河北、河南、山西、山东、江苏、安徽、浙江、江西、湖北、湖南、贵州、四川及云南，生于海拔 400~2 100 m 的林缘或林中。

**食用部位与食用方法：**果味酸涩微甘，可食。

**食疗保健与药用功能：**果味酸涩，性微温，归肝、肾经，有补肝益肾、涩精气、固虚脱之功效，适用于肝肾亏虚、腰膝酸软疼痛、头晕耳鸣、阳痿遗精、内热消渴、小便频数、虚汗不止、体虚欲脱、崩漏下血、月经过多等症。

## 63. 川鄂山茱萸（山茱萸科 Cornaceae）

*Cornus chinensis* Wanger.

**识别要点：**落叶乔木。小枝对生，幼时紫红色。单叶对生，叶片宽椭圆形或椭圆形，长 6~14 cm，基部圆形或浅心形，叶缘全缘，叶背脉腋被毛；叶柄长 1~2.5 cm。伞形花序生于叶下枝两侧；花黄色。核果长椭球形，长 0.6~1 cm，直径 3~4 mm，成熟时紫褐色或暗褐色；核骨质，具纵肋纹。果期 7~9 月。

**分布与生境：**产陕西、甘肃、河南、浙江、湖北、湖南、广东、贵州、四川、云南及西藏，生于海拔 750~2 500 m 的林缘、山谷或山坡疏林中。

**食用部位与食用方法：**果可食。

**食疗保健与药用功能：**果味酸涩，性微温，归肝、肾经，有补肝、益肾、涩精、敛汗之功效，适用于肝肾亏虚、头晕目眩、耳聋耳鸣、遗精、尿频、体虚多汗等症。

## 64. 尖叶四照花 狭叶四照花（山茱萸科 Cornaceae）

*Cornus elliptica* (Pojark.) Q. Y. Xiang & Bouff.

**识别要点：**常绿乔木或灌木。小枝对生。单叶对生，叶片椭圆形或长椭圆形，长 5~12 cm，先端渐尖或尾状渐尖，叶缘全缘，叶背密被毛，侧脉 3~4 对；叶柄长 0.5~1.2 cm。花序顶生，球形，下具 4 枚大型白色总苞片，椭圆形或倒卵形。核果密集，藏于由花托发育而愈合的果序中，果序球形，直径约 2.5 cm，成熟时红色；果序梗长 6~10.5 cm。果期 10~11 月。

**分布与生境：**产江西、湖北、湖南、广东、广西、贵州及四川，生于海拔 300~2 200 m 的山地林中。

**食用部位与食用方法：**成熟果序可食用及酿酒。

## 65. 头状四照花（山茱萸科 Cornaceae）

*Cornus capitata* Wall.

**识别要点：**常绿乔木。小枝对生。单叶对生，矩圆形或矩圆状倒卵形，长 6~12 cm，全缘，被伏毛，侧脉 4~5 对；叶柄长 0.6~1.2 cm。花序顶生，球形，下具 4 枚大型白色总苞片，卵形或宽椭圆形。核果密集，藏于由花托发育而愈合的果序中，果序扁球形，直径 2.5~3.5 cm，成熟时紫红色；果序柄长 4~6 cm。

**分布与生境：**产贵州、四川、云南及西藏，生于海拔 1 000~3 200 m 的山地林中。印度、尼泊尔和巴基斯坦有分布。

**食用部位与食用方法：**成熟果序可食用及酿酒。

## 66. 香港四照花 东京四照花（山茱萸科 Cornaceae）

*Cornus hongkongensis* Hemal.

**识别要点：**常绿乔木或灌木。小枝对生。单叶对生，叶片椭圆形、长椭圆形或矩圆形，长 6~13 cm，叶缘全缘，幼时被毛，侧脉 3~4 对；叶柄长 0.5~1.2 cm。花序顶生，球形，下具 4 枚大型白色总苞片，宽椭圆形或倒卵状椭圆形。核果密集，藏于由花托发育而愈合的果序中，果序球形，直径 2.5~3 cm，成熟时黄色或红色；果序梗长 3.5~10 cm。果期 9~12 月。

**分布与生境：**产浙江、福建、江西、湖南、广东、广西、贵州、四川及云南，生于海拔 200~2 500 m 的山地林中。越南和老挝有分布。

**食用部位与食用方法：**成熟果序可食用及酿酒。

## 67. 四照花（山茱萸科 Cornaceae）

*Cornus kousa* F. Buerg. ex Hance var. *chinensis* (Dsbon) Q. Y. Xiang

**识别要点：**落叶小乔木。小枝对生。单叶对生，叶片卵形或卵状椭圆形，长 5~11.5 cm，叶缘全缘或具细齿，被伏毛，侧脉 4~5 对；叶柄长 0.5~1 cm。花序顶生，球形，下具 4 枚大型白色总苞片，卵形或卵状披针形。核果密集，藏于由花托发育而愈合的果序中，果序球形，成熟时红色；果序梗长 5.5~6.5 cm。

**分布与生境：**产陕西、甘肃、内蒙古、山西、河南、江苏、安徽、浙江、福建、台湾、江西、湖北、湖南、贵州、四川及云南，生于海拔 400~2 500 m 的山地林中。

**食用部位与食用方法：**成熟果序可鲜食、酿酒或制醋。

**食疗保健与药用功能：**果序味苦涩，性平，有清热解毒、暖胃、通经活血之功效，适用于肺热咳嗽、痢疾等症。

## 68. 多脉四照花（山茱萸科 Cornaceae）

*Cornus multinervosa* (Pojark.) Q. Y. Xiang

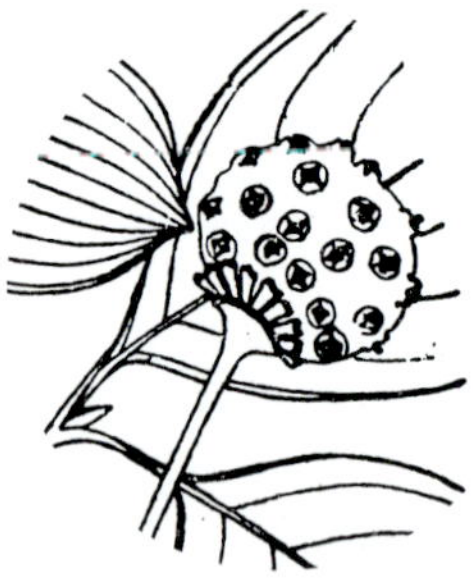

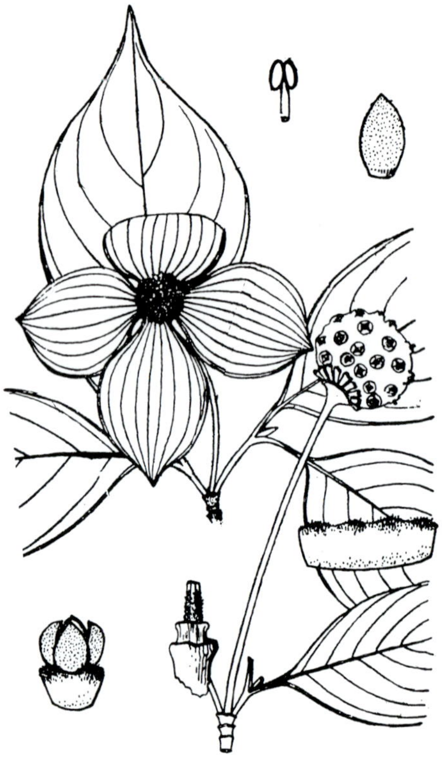

**识别要点：**落叶乔木或灌木。小枝对生。单叶对生，叶片长椭圆形或卵状椭圆形，长 7~13 cm，全缘或微波状，被伏毛，侧脉 5~7 对；叶柄长 0.8~1.6 cm。花序顶生，球形，下具 4 枚大型白色或黄色总苞片，宽椭圆形或卵状三角形。核果密集，藏于由花托发育而愈合的果序中，果序球形，成熟时红色，直径 1.2~1.5 cm；果序梗长 7~10 cm。果期 8~11 月。

**分布与生境：**产四川及云南，生于海拔 900~2 500 m 的林缘、山谷或山坡疏林中。

**食用部位与食用方法：**成熟果序可食用及酿酒。

# 杜鹃花科 Ericaceae

## 69. 东北岩高兰（杜鹃花科 Ericaceae）

*Empetrum nigrum* L. var. *japonicum* K. Koch.

**识别要点：**常绿匍匐小灌木。高 20~50 cm；多分枝，小枝红褐色。单叶，轮生或交互对生，密集，叶片线形，长 3~5 mm，中脉在叶面下凹；无叶柄。花 1~3 朵生于上部叶腋，暗红色。核果浆果状，球形，直径约 5 mm，成熟时紫红色或黑色，有 6~9 核。果期 7~8 月。

**分布与生境：**产黑龙江、吉林及内蒙古东北部，生于海拔 770~1 450 m 的石山或林中。日本、朝鲜半岛、俄罗斯东部和蒙古有分布。

**食用部位与食用方法：**果味酸甜，可鲜食、酿酒，做果酱、果冻、饮料等。

**食疗保健与药用功能：**果适用于肝炎、心脏病等病。

## 70. 朱砂根 石膏子（紫金牛科 Myrsinaceae）

*Ardisia crenata* Sims

**识别要点：**常绿灌木。不分枝，有匍匐根状茎。单叶互生，叶片革质，椭圆形、椭圆状披针形或倒披针形，长 7~15 cm，宽 2~4 cm，边缘皱波状或波状，有边缘腺点，两面有突起腺点；叶柄长约 1 cm。花序顶生，花枝近顶端常具 2~3 枚叶。核果球形，直径 6~8 mm，鲜红色，具腺点。果期 10~12 月。

**分布与生境：**产陕西、河南、江苏、安徽、浙江、福建、台湾、江西、湖北、湖南、广东、广西、贵州、四川、云南及西藏，生于海拔 2 500 m 以下的山地林中或阴湿灌丛中。日本、印度、缅甸、马来西亚和印度尼西亚有分布。

**食用部位与食用方法：**果可食。

## 71. 百两金 地杨梅（紫金牛科 Myrsinaceae）

*Ardisia crispa* (Thunb.) A. DC.

**识别要点：**常绿灌木。单叶互生，叶片椭圆状披针形或窄矩圆状披针形，长 7~15 cm，宽 1.5~4 cm，全缘或波状，有边缘腺点，叶背有黑腺点；叶柄长 5~8 mm。花序顶生；花白色或粉红色。核果球形，直径 5~6 mm，鲜红色，具腺点。果期 10~12 月。

**分布与生境：**产陕西、甘肃、河南、江苏、安徽、浙江、福建、台湾、江西、湖北、湖南、广东、广西、贵州、四川及云南，生于海拔 2 500 m 以下的山坡林中或竹林中。日本和印度尼西亚有分布。

**食用部位与食用方法：**果可食。

## 72. 破布木（紫草科 Boraginaceae）

*Cordia dichotoma* Forst.

**识别要点：**乔木。单叶互生，叶片卵形或卵状椭圆形，长 6~12 cm，先端骤短尖，基部宽楔形或近圆形，叶缘近全缘或有波状钝齿；叶柄长 2~4 cm。花序生于侧枝顶端，长 6~10 cm；花白色或黄白色，长约 1 cm。核果近球形，黄色或带红色，直径 1~1.5 cm，被宿存浅杯状花萼包被，中果皮具胶质。果期 7~8 月。

**分布与生境：**产台湾、福建、广东、海南、广西、贵州、云南及西藏东南部，生于海拔 2 000 m 以下的山坡或河谷溪边。日本南部、印度北部、东南亚和澳大利亚有分布。

**食用部位与食用方法：**果实可食，用清水浸去部分胶质黏液，用盐水煮熟后可做菜或罐头。

**食疗保健与药用功能：**果可祛痰、止咳、利尿，或作为缓下剂。

## 73. 粗糠树（紫草科 Boraginaceae）

*Ehretia dicksonii* Hance.

**识别要点：**落叶乔木。小枝被糙毛。单叶互生，叶片椭圆形或倒卵形，长 10~20 cm，先端骤尖，基部宽楔形或近圆形，叶缘有细锯齿，叶面密被具基盘的糙伏毛，叶背有短柔毛；叶柄长 1~4 cm，被柔毛。花序顶生，直径 6~9 cm；花白色。核果近球形，成熟后黄色，直径 1~1.5 cm，内有 2 枚种子分核。果期 6~7 月。

**分布与生境：**产陕西、甘肃、青海南部、河南、江苏、安徽、浙江、台湾、福建、江西、湖北、湖南、广东、海南、广西、贵州、四川、云南及西藏，生于海拔 2 300 m 以下的丘陵、山坡、山谷或林缘。日本、不丹、尼泊尔和越南有分布。

**食用部位与食用方法：**嫩果经洗净，加盐揉碎塑成球状，盛于容器中，再加盐水浸渍 2~3 d 可佐食；成熟果实可鲜食。

**食疗保健与药用功能：**果味甘，性平，有清热解毒、益气、健脾、消食健胃之功效，适用于食积腹胀、小儿消化不良等症。

## 棕榈科 Arecaceae/Palmae

**识别要点**：常绿木本。茎常不分枝，单生或丛生，被残存叶柄基部。叶在芽时折叠（扇）状，成熟后通常羽状分裂或掌状分裂，叶柄基部常有具纤维的鞘。核果。

**分布与生境**：有 2 800 余种，主产于北半球热带地区，生于林中。

**食用部位与食用方法**：植株顶部受保护着的芽称棕心，质地细嫩、美味可口，可熟食或罐制食用。有些种类的果实、树干髓心等可食。

**棕榈科常见可食用野果植物有下列 5 种：**

### 74. 水椰 （棕榈科 Arecaceae/Palmae ）

*Nypa fructicans* Wurmb

**识别要点**：茎丛生。根状茎粗壮，具匍匐茎。叶羽状全裂，外折，长 4~7 m，羽片多数，线状披针形，长 50~80 cm，宽 3~5 cm，叶缘全缘，下面沿中脉近基部有纤维束状、“丁”字着生的膜质小鳞片。花序单生于叶间，长达 1 m，直立，分枝 5（6）级；雄花序柔荑状，着生雌花序侧边；雌花序头状，顶生。果序球形，32~38 枚果簇生；核果状，褐色，有光泽，倒卵球形，长 9~11 cm，具 6 条棱，外果皮光滑，中果皮肉质具纤维，内果皮海绵状。

**分布与生境**：产海南东南部，生于沿海港湾泥沼地带。亚洲东部及南部和澳大利亚、所罗门群岛有分布。

**食用部位与食用方法**：花序割取汁液可制糖、酿酒、制醋，嫩果可鲜食或糖渍食用。

## 75. 刺葵（棕榈科 Arecaceae/Palmae）

*Phoenix loureiroi* Kunth

**识别要点：**茎丛生或单生，高 2~5 m，直径达 30 cm 以上。叶长达 2 m，羽状全裂；羽片线形，长 15~35 cm，单生或 2~3 枚聚生，4 列，基部羽片刺状。花序梗长 60 cm 以上；雌花序分枝粗短，长 7~15 cm，“之”字形曲折。果长球形，长 1.5~2 cm，成熟时紫黑色，杯状花萼宿存。

**分布与生境：**产福建、台湾、广东、香港、海南、广西及云南，生于海拔 800~1 500 m 的阔叶林或针、阔叶混交林中。

**食用部位与食用方法：**嫩芽（棕心）可作为蔬菜或鲜食，果可鲜食或加工成果酱。

## 76. 蒲葵（棕榈科 Arecaceae/Palmae）

*Livistona chinensis* (Jacq.) R. Br. ex Martius

**识别要点：**茎单生，高达 20 m。叶肾状扇形，直径达 1 m 以上，掌状深裂；裂片多数，单折，线状披针形，长达 50 cm，宽 1.8~2 cm；叶柄长 1~2 m，叶柄下部两侧有下弯黄绿色或淡褐色短刺。花序长 1 m 左右，腋生；花黄绿色。核果椭球形，长 1.8~2.2 cm，直径 1~1.2 cm，黑褐色。种子椭球形，长 1.5 cm 左右。花果期 4~5 月。

**分布与生境：**产福建、台湾、广东、香港、海南、广西及云南，生于海岸边林中，喜多沙土壤。日本南部和越南有分布。

**食用部位与食用方法：**嫩芽（棕心）可作为蔬菜食用。种子煮熟后，再放入糯米饭团中做成夹心馅食用，味道香甜独特。

**食疗保健与药用功能：**种子味苦，性寒，有小毒，具抗癌、凉血、止血、止痛之功效，适用于食道癌、绒毛膜上皮癌、白血病等症。

注意事项：种子宜先煮熟，将水倒掉，去除毒性，然后再与糯米或其他食料混合做成食品。

## 77. 桄榔 莎木（棕榈科 Arecaceae/Palmae）

*Arenga westerhoutii* Griff.

**识别要点**：乔木状，高约 5 m，直径 15~20 cm，有疏离环状叶痕。叶簇生茎顶，长 3.5~5.5 m，羽状全裂；羽片 2 列，线形，长 0.6~1.5 m，基部有耳垂，顶端有齿或 2 裂，叶背苍白色；叶鞘具黑色网状纤维和针刺状纤维。花序腋生，长 0.45~1.5（~1.8）m，从上部至下部生出若干花序，最下部花序的果成熟时，植株死亡；花序梗粗壮，下弯，分枝多，长 0.4~1.2 m。果近球形，直径 4~5 cm，钝 3 棱，成熟时灰褐色。种子 3 枚，黑色，卵状三棱形，胚乳均匀。

**分布与生境**：产海南、广西、云南及西藏，通常生于海拔 600 m 以下的雨林中。中南半岛及东南亚有分布。

**食用部位与食用方法**：幼嫩茎尖作为蔬菜食用；树干髓心含淀粉，可食用；花序汁液可制糖、酿酒；幼嫩种子胚乳可用糖渍制成蜜饯。

注意事项：果肉汁液有强烈刺激性和腐蚀性，必须小心取出种子。果肉和种子需经煮沸、浸泡等加工后才可食用。

## 78. 椰子（棕榈科 Arecaceae/Palmae）

*Cocos nucifera* L.

**识别要点**：乔木状，高 15~30 m。茎粗壮，有环状叶痕，基部粗，常有簇生气根。叶羽状全裂，长 3~4 m，簇生于茎顶，羽片多数，外折，线状披针形，长 0.7~1 m；叶柄粗壮，长 1 m 以上。圆锥花序生于叶丛中，长 1.5~2 m，多分枝。果卵球形或近球形，长 15~25 cm，顶端微具 3 棱，外果皮薄，中果皮厚纤维质，内果皮木质。果腔富含胚乳（称果肉或椰仁）和汁液（称椰子水）。果期主要在秋季。

**分布与生境**：产广东南部、海南及云南南部，产区多栽培。

**食用部位与食用方法**：全株有很高的经济价值，未熟种子胚乳称“椰仁”，用于制作高级点心和糖果；椰子水营养丰富，是制作饮料和进行组织培养的良好促进剂；成熟种子胚乳称“椰肉”，含脂肪达 70%，可榨取椰油。

# 中文名称索引

## J



## K

## L



## M



## N

## Z

# 拉丁学名索引

## A



## B

## C

## D



## E



## F



## G

## H



## I



## J



## K



## L



## M

## N



## O



## P



## Q



## R

## S

## T



## U



## V



## X



## Z

# 参考文献

[1] Flora of China，Vol. 1~25. Beijing: Science Press & St. Louis: Missouri Botanical Garden Press, 1989–2013.
[2] 尤立辉 . 中国航天员救生训练 . 北京 ：国防工业出版社，2013.
[3] 车晋滇 . 野菜鉴别与食用保健 . 北京 ：中国农业出版社，1998.
[4] 车晋滇 . 二百种野菜鉴别与食用手册 . 北京 ：化学工业出版社，2012.
[5] 中国高等植物，1–14 卷 . 青岛 ：青岛出版社，1999–2012.
[6] 中国高等植物图鉴，1–5 卷 . 北京 ：科学出版社，1972–1976.
[7] 中国植物志，1–80 卷 . 北京 ：科学出版社，1959–2004.
[8] 田关森，王嫩仙，陈煜初，等 . 中国森林蔬菜 . 北京 ：中国林业出版社，2009.
[9] 关佩聪，刘厚诚，罗冠英 . 中国野生蔬菜资源 . 广州 ：广东科技出版社，2013.
[10] 刘孟军 . 中国野生果树 . 北京 ：中国农业出版社，1998.
[11] 刘正才 . 四季野菜 . 成都 ：四川科学技术出版社，1998.
[12] 朱立新 . 中国野菜开发与利用 . 北京 ：金盾出版社，1996.
[13] 朱国福 . 中药学 . 北京 ：清华大学出版社，2012.
[14] 周自恒 . 中国的野菜 . 海口 ：南海出版社，2008.
[15] 陈杭 . 中国传统蔬菜图谱 . 杭州 ：浙江科学技术出版社，1996.
[16] 陈建国 . 野菜的识别与食用方法 . 天津 ：天津科技翻译出版公司，2010.
[17] 陈冀胜，郑硕 . 中国有毒植物 . 北京 ：科学出版社，1987.
[18] 张哲普 . 野菜的食用及药用 . 北京 ：金盾出版社，1997.
[19] 张汝霖 . 贵州高原野生食用蔬菜 . 贵阳 ：贵州教育出版社，1999.
[20] 杨毅，傅运生，王万贤 . 野菜资源及其开发利用 . 武汉 ：武汉大学出版社，2000.
[21] 郗荣庭，刘孟军 . 中国干果 . 北京 ：中国林业出版社，2005.
[22] 董淑炎 . 400 种野菜采摘图鉴 . 北京 ：化学工业出版，2012.
[23] 董淑炎 . 营养保健野菜 . 北京 ：科学技术文献出版社，1996.

# 编者及工作单位

安明态
邮政编码：550025，贵州省，贵阳市，贵州大学林学院

毕海燕
邮政编码：100050，北京，天桥，北京自然博物馆

陈玉秀[2]　李林[2]　林云[1, 2]　罗翀[1, 2]　于勇[2]　郑慧芝[2]
邮政编码：410208，湖南省，长沙市，1. 湖南省医药技工学校，2. 湖南食品药品职业学院

段林东
邮政编码：422004，湖南省，邵阳市，湖南邵阳学院

李明红
邮政编码：421900，湖南省，南岳区，湖南南岳衡山国家级自然保护区管理局

林祁　杨志荣
邮政编码：100093，北京，香山，中国科学院植物研究所国家植物标本馆（PE）

吴轩　尤立辉　张贵平　赵阳　周晓艳
邮政编码：100094，北京，北清路，中国航天员科研训练中心

喻勋林　赵运林
邮政编码：410004，湖南省，长沙市，中南林业科技大学林学院

# 本书承蒙以下项目的大力支持

中国高等植物编研（KZ952-S1-129），中国科学院重点项目

植物标本采集制作与管理，中国科学院教育局项目

五味子科植物系统分类，中国科学院特别支持项目

八角科植物系统分类与演化研究（39370056），国家自然科学基金项目

八角目植物分类学研究（30270103），国家自然科学基金项目

中国科学院植物研究所标本馆数据库建设（2005DKA21401：2006-2008），国家科技基础条件平台工作重点项目之专题

中国科学院植物研究所标本馆模式标本数据库建设（2005DKA21401：2006-2008），国家科技基础条件平台工作重点项目之专题

中国科学院植物研究所国家植物标本馆（PE）植物标本数字化与共享（2005DKA21401：2014-2015），国家标本资源共享平台项目之专题

《中国野菜野果的识别与利用》之编研（KT201401），湖南食品药品职业学院教科研项目